普通高等院校计算机基础教育"十四五"规划教材

Java 程序设计应用开发

张西广　夏敏捷　罗　菁◎编著

中国铁道出版社有限公司
CHINA RAILWAY PUBLISHING HOUSE CO., LTD.

内容简介

本书主要介绍 Java 程序设计应用开发知识，内容包括 Java 概述、Java 编程基础、Java 面向对象基础、Java 面向对象高级特性、Java 异常处理、Java 常用类、Java 集合、图形用户界面开发、多线程、Java 网络程序设计、I/O（输入/输出）和 JDBC 技术，读者通过学习可以掌握 Java 语言的基本知识内容和程序编写方法。本书从基本的程序设计思想入手，逐步展开 Java 语言教学。对每个知识点，通过多个实用例子进行描述和说明，例子选取贴近生活，增加读者对知识点的理解。本书注重程序设计能力的培养和项目实践，同时纳入了 Java 的新功能，增强了实用性，使读者掌握 Java 的精髓。

本书适合作为普通高等院校计算机类专业 Java 课程教材，也可作为程序设计人员和 Java 语言学习者的参考书。

图书在版编目（CIP）数据

Java 程序设计应用开发/张西广，夏敏捷，罗菁编著. —北京：中国铁道出版社有限公司，2023.1

普通高等院校计算机基础教育"十四五"规划教材

ISBN 978-7-113-29847-0

Ⅰ.①J… Ⅱ.①张…②夏…③罗… Ⅲ.①JAVA 语言-程序设计-高等学校-教材 Ⅳ.①TP312.8

中国版本图书馆 CIP 数据核字（2022）第 221329 号

书　　名：	Java 程序设计应用开发
作　　者：	张西广　夏敏捷　罗　菁

策　　划：	韩从付	编辑部电话：	（010）63549501
责任编辑：	贾　星　徐盼欣		
封面设计：	刘　颖		
责任校对：	苗　丹		
责任印制：	樊启鹏		

出版发行：中国铁道出版社有限公司（100054，北京市西城区右安门西街 8 号）
网　　址：http:// www.tdpress.com/51eds/
印　　刷：河北宝昌佳彩印刷有限公司
版　　次：2023 年 1 月第 1 版　2023 年 1 月第 1 次印刷
开　　本：787 mm×1 092 mm　1/16　印张：18.25　字数：454 千
书　　号：ISBN 978-7-113-29847-0
定　　价：49.80 元

版权所有　侵权必究

凡购买铁道版图书，如有印制质量问题，请与本社教材图书营销部联系调换。电话：（010）63550836
打击盗版举报电话：（010）63549461

前言

Java 语言迎合了人们对应用程序跨平台运行的需求，已成为软件设计开发者应当掌握的一门基础语言，很多新的技术领域都涉及了 Java 语言。目前无论是高等院校的计算机专业还是 IT 培训学校都将 Java 语言作为主要的教学内容之一，这对于培养学生的计算机应用能力具有重要的意义，掌握 Java 语言已经成为人们的共识。经过多年的发展，Java 已经集动画、多媒体集成、人机交互、网络通信、数据处理等功能于一身。目前学习和关注 Java 语言的人越来越多，Java 语言已是目前世界上最为流行的程序开发语言之一。由于具有功能丰富、表达能力强、使用方便灵活、执行效率高、跨平台、可移植性好等优点，Java 成为编程学习的首选语言之一。

编著者长期从事 Java 教学与应用开发，在工作学习中积累了丰富的经验和教训，能够了解在学习编程的时候需要什么样的书才能提高 Java 开发能力，如何能以最少的时间投入得到最快的实际应用。

本书最大的特色在于以开发案例为导向，让读者对 Java 语言学习充满乐趣，在案例设计开发过程中，不知不觉地学会这些技术；通过学习本书，读者将学会 Java 编程技术和技巧，学会面向对象的设计技术，了解程序设计的相关知识。本书部分案例如酒店客房管理、网络五子棋游戏、Java 图形处理、JDBC 应用案例，由于篇幅限制进行数字化处理，读者可扫二维码阅读设计思路和相关代码。

需要说明的是，学习编程是一个实践的过程，而不仅仅是看书、看资料的过程，动手编写、调试程序才是至关重要的。通过实际的编程以及积极思考，读者可以很快掌握编程技术，在编程过程中能够积累许多宝贵的实践经验，这对编程人员来说尤为重要。

本书是中原工学院 2021 年度校级教材建设立项项目之一。本书的出版得到了"中原工学院 2021 年度校级教材建设项目立项"的支持，其立项名单见中原工学院通知公告"关于 2021 年度校级教材建设项目结果的公示项目 6"。本书由张西广（中原工学院）、夏敏捷（中原工学院）和罗菁（中原工学院）编著，参与编写的有黄蓉（国家知识产权局专利局审查协作河南中心）、窦桂琴（中原工学院）、潘惠勇（中原工学院）和尚展垒（郑州轻工业大学）。具体编写分工如下：张西广编写第 1、2 章，夏敏捷编写第 3 章，窦桂琴编写第 4 章，潘惠勇编写第 5 章，黄蓉编写第 6、7 章，尚展垒编写第 8~11 章，罗菁编写第 12 章。在本书的编写过程中，为确保内容的正确性，参阅了很多资料，在此向其作者表示感谢；得到了资深 Java 程序员的支持，在此谨向他们表示衷心的感谢。

由于编著者水平有限，书中难免存在疏漏之处，敬请广大读者批语指正，在此表示感谢。

欢迎与作者进行交流，作者电子邮件：xmj@zut.edu.cn。

编著者

2022 年 7 月

目 录

第1章 Java 概述 ... 1
1.1 认识 Java ... 1
1.1.1 Java 简介 ... 1
1.1.2 Java 语言的特点 ... 3
1.1.3 Java 语言的应用 ... 4
1.2 JDK 的使用 ... 5
1.2.1 JDK 的安装 ... 5
1.2.2 Java 程序运行机制 ... 8
1.2.3 Java 程序开发过程 ... 9
1.3 Java 语言的集成开发环境 ... 10
1.3.1 Eclipse ... 10
1.3.2 NetBeans ... 15
1.3.3 IntelliJ IDEA ... 15
习题 ... 15

第2章 Java 编程基础 ... 16
2.1 关键字标识符与数据类型 ... 16
2.1.1 关键字 ... 16
2.1.2 标识符 ... 16
2.1.3 数据类型 ... 17
2.2 常量与变量 ... 18
2.2.1 常量 ... 18
2.2.2 变量 ... 20
2.3 运算符和表达式 ... 21
2.3.1 算术运算符和算术表达式 ... 22
2.3.2 赋值运算符和赋值表达式 ... 23
2.3.3 关系运算符和关系表达式 ... 24
2.3.4 逻辑运算符和逻辑表达式 ... 25
2.3.5 位运算符和位运算表达式 ... 25
2.3.6 条件运算符和条件表达式 ... 28
2.3.7 运算符优先级 ... 28
2.3.8 类型转换 ... 29
2.3.9 打印语句 ... 30
2.3.10 Java 语言注释 ... 31
2.4 逻辑控制语句 ... 31
2.4.1 选择结构语句 ... 31
2.4.2 循环结构语句 ... 35
2.4.3 循环的嵌套 ... 39
2.4.4 跳转语句 ... 40

```
        2.4.5   三种循环的比较 ................................................................. 42
  2.5   Java 数组和应用 .............................................................................. 43
        2.5.1   Java 数组定义和创建 ........................................................... 43
        2.5.2   使用数组 ............................................................................. 46
        2.5.3   多维数组 ............................................................................. 49
        2.5.4   Arrays 类 ............................................................................. 52
  2.6   Java 方法 ......................................................................................... 54
        2.6.1   方法简介 ............................................................................. 54
        2.6.2   方法的重载 ......................................................................... 55
  习题 ............................................................................................................. 56

第 3 章  Java 面向对象基础 ............................................................................ 58
  3.1   面向对象程序设计的思想和概念 .................................................. 58
        3.1.1   类和对象的概念 ................................................................. 58
        3.1.2   面向对象的三大特性 ......................................................... 59
        3.1.3   面向对象和面向过程的区别 ............................................. 60
  3.2   Java 语言的类和对象 ..................................................................... 63
        3.2.1   类的定义 ............................................................................. 63
        3.2.2   对象的创建与使用 ............................................................. 64
  3.3   构造方法 ......................................................................................... 67
  3.4   this 关键字 ...................................................................................... 70
        3.4.1   使用 this 关键字访问成员变量 .......................................... 71
        3.4.2   使用 this 关键字调用构造方法 .......................................... 71
  3.5   static 关键字 ................................................................................... 72
        3.5.1   静态成员变量 ..................................................................... 72
        3.5.2   静态方法 ............................................................................. 74
        3.5.3   静态代码块 ......................................................................... 74
  3.6   包 ..................................................................................................... 75
  3.7   应用案例——模拟猜拳游戏 .......................................................... 76
  习题 ............................................................................................................. 80

第 4 章  Java 面向对象高级特性 .................................................................... 81
  4.1   继承 ................................................................................................. 81
        4.1.1   继承的基本概念 ................................................................. 81
        4.1.2   继承的实现 ......................................................................... 83
        4.1.3   子类的构成 ......................................................................... 85
        4.1.4   成员的访问权限控制 ......................................................... 87
        4.1.5   方法的重写 ......................................................................... 90
        4.1.6   子类对象的构造 ................................................................. 91
  4.2   final 关键字 ..................................................................................... 93
        4.2.1   final 类 ................................................................................ 93
        4.2.2   final 方法 ............................................................................ 93
        4.2.3   final 关键字修饰变量 ......................................................... 94
  4.3   多态 ................................................................................................. 94
        4.3.1   多态性的概念 ..................................................................... 94
        4.3.2   对象类型的转换 ................................................................. 96
```

4.3.3 instanceof 关键字 97
4.3.4 多态的好处 98
4.4 抽象类和接口 99
4.4.1 抽象类和抽象方法 99
4.4.2 接口 101
4.4.3 接口的用法 102
4.5 Object 类 105
4.5.1 toString( )方法 106
4.5.2 equals( )方法 107
4.6 内部类 108
4.6.1 成员内部类 108
4.6.2 方法内部类 109
4.6.3 匿名内部类 110
4.7 应用案例——学生和教师信息管理程序 111
习题 114

第 5 章 Java 异常处理 115

5.1 异常概述 115
5.2 Java 异常类介绍 116
5.2.1 Java 异常类层次结构 116
5.2.2 常用异常类 117
5.3 Java 捕获异常 118
5.3.1 try...catch 语句捕获异常 119
5.3.2 try...catch...finally 语句捕获异常 119
5.3.3 多 catch 语句捕获异常 120
5.3.4 try 语句嵌套捕获异常 121
5.4 Java 抛出异常 122
5.4.1 throws 抛出异常 122
5.4.2 throw 抛出异常 123
5.5 Java 自定义异常 124
习题 125

第 6 章 Java 常用类 126

6.1 字符串类 126
6.1.1 String 类的初始化 126
6.1.2 String 类的常见操作 127
6.1.3 StringBuffer 类 132
6.1.4 StringBuilder 类 134
6.2 Math 类与 Random 类 135
6.2.1 用 Math 类实现数值运算 135
6.2.2 用 Random 类实现随机数 136
6.3 包装类 137
6.3.1 认识包装类 138
6.3.2 通过包装类进行数据转换 138
6.4 常用系统类 140
6.4.1 System 类 140

· III ·

```
        6.4.2   Runtime 类 .................................................................................................. 141
    6.5  日期类 ...................................................................................................................... 143
        6.5.1   Date 类 ....................................................................................................... 143
        6.5.2   Calendar 类 ................................................................................................ 144
        6.5.3   SimpleDateFormat 类 ................................................................................ 146
    6.6  查看 Java API 文档 .................................................................................................. 147
    6.7  应用案例——猜单词游戏 ...................................................................................... 147
    习题 ................................................................................................................................... 149

第 7 章  Java 集合 ................................................................................................................. 150
    7.1  集合概述 .................................................................................................................. 150
    7.2  List 集合 .................................................................................................................... 151
        7.2.1   ArrayList ...................................................................................................... 152
        7.2.2   LinkedList .................................................................................................... 155
        7.2.3   Vector ........................................................................................................... 156
        7.2.4   遍历集合 ..................................................................................................... 158
    7.3  Set 集合 .................................................................................................................... 160
        7.3.1   HashSet ....................................................................................................... 160
        7.3.2   TreeSet ........................................................................................................ 163
    7.4  Map 集合 .................................................................................................................. 165
        7.4.1   HashMap ..................................................................................................... 166
        7.4.2   TreeMap ...................................................................................................... 168
    7.5  泛型简化集合操作 .................................................................................................. 168
        7.5.1   泛型的意义 ................................................................................................ 168
        7.5.2   泛型的使用 ................................................................................................ 169
    7.6  使用 Collections 类对集合进行处理 ...................................................................... 171
    7.7  应用案例——教学课程管理 .................................................................................. 172
    习题 ................................................................................................................................... 173

第 8 章  图形用户界面开发 ................................................................................................. 175
    8.1  AWT 和 Swing 简介 ................................................................................................ 175
        8.1.1   AWT 简介 .................................................................................................... 175
        8.1.2   Swing 基础 .................................................................................................. 176
    8.2  创建窗口 .................................................................................................................. 177
        8.2.1   用 JFrame 框架类开发窗口 ....................................................................... 177
        8.2.2   用 JDialog 对话框类开发窗口 ................................................................... 179
    8.3  Swing 组件 ............................................................................................................... 181
        8.3.1   按钮（JButton） ........................................................................................ 181
        8.3.2   单选按钮（JRadioButton） ....................................................................... 181
        8.3.3   复选框（JCheckBox） .............................................................................. 183
        8.3.4   组合框（JComboBox） ............................................................................. 184
        8.3.5   列表框（JList） ......................................................................................... 185
        8.3.6   文本框（JTextField 和 JPasswordField）和标签（JLabel） .................. 187
        8.3.7   面板（JPanel） .......................................................................................... 188
        8.3.8   消息提示框（JOptionPane） .................................................................... 189
        8.3.9   菜单 ............................................................................................................. 191
```

8.4 布局管理器 192
    8.4.1 布局管理器概述 192
    8.4.2 流布局管理器 FlowLayout 193
    8.4.3 边界布局 BorderLayout 194
    8.4.4 网格布局管理器 GridLayout 195
    8.4.5 卡片布局管理器 CardLayout 196
    8.4.6 空布局管理器（绝对布局） 196

8.5 常用事件处理 197
    8.5.1 事件处理机制 197
    8.5.2 鼠标事件处理 199
    8.5.3 键盘事件处理 201
    8.5.4 动作事件处理 203
    8.5.5 选项事件处理 204

8.6 应用案例——用户管理系统的登录和用户注册 206

习题 210

第 9 章 多线程 211

9.1 多线程的概念 211
    9.1.1 进程 211
    9.1.2 多线程概述 212

9.2 线程的创建 213
    9.2.1 继承 Thread 类创建线程 214
    9.2.2 实现 Runnable 接口创建线程 217
    9.2.3 创建线程的两种方法的比较 219

9.3 线程的调度与线程控制 219
    9.3.1 线程优先级与线程调度策略 219
    9.3.2 线程的基本控制 221

9.4 线程同步 222
    9.4.1 多线程并发操作中的问题 222
    9.4.2 对象锁及其操作 223
    9.4.3 同步方法 225

9.5 应用案例——使用多线程模拟龟兔赛跑 226

习题 228

第 10 章 Java 网络程序设计 229

10.1 网络编程基础 229
    10.1.1 互联网 TCP/IP 229
    10.1.2 IP 230
    10.1.3 TCP 和 UDP 230
    10.1.4 端口 230
    10.1.5 Socket 230

10.2 UDP 编程 232
    10.2.1 UDP 简介 232
    10.2.2 DatagramPacket 类 233
    10.2.3 DatagramSocket 类 234

10.3 TCP 编程 236

10.3.1 流套接字 ... 236
10.3.2 InetAddress 类简介 ... 236
10.3.3 ServerSocket 类 ... 238
10.3.4 Socket 类 ... 240
习题 ... 242

第 11 章 I/O（输入/输出） ... 243

11.1 认识 I/O（输入/输出）操作 ... 243
11.2 File 类 ... 244
11.2.1 创建 File 对象 ... 244
11.2.2 File 类的常用方法 ... 244
11.3 文件操作 ... 248
11.3.1 字节流 ... 248
11.3.2 FileInputStream 读文件 ... 250
11.3.3 FileOutputStream 写文件 ... 252
11.3.4 DataInputStream 和 DataOutputStream ... 253
11.3.5 字符流 ... 254
11.3.6 FileReader 和 FileWriter ... 256
11.3.7 缓冲流 ... 258
11.4 应用案例——查单词软件 ... 259
习题 ... 260

第 12 章 JDBC 技术 ... 262

12.1 数据库概述 ... 262
12.1.1 MySQL 数据库 ... 262
12.1.2 MySQL 安装配置 ... 263
12.1.3 安装可视化工具 ... 264
12.1.4 创建数据库 ... 265
12.2 SQL 语法 ... 265
12.3 JDBC 简介 ... 267
12.3.1 JDBC 体系结构 ... 267
12.3.2 JDBC 驱动程序的实现方式 ... 268
12.4 JDBC 连接数据库 ... 268
12.4.1 JDBC API 的主要类和接口 ... 269
12.4.2 连接数据库 ... 270
12.5 JDBC 访问数据库 ... 271
12.5.1 Statement 对象 ... 272
12.5.2 PreParedStatement 对象 ... 273
12.5.3 管理结果集 ... 277
习题 ... 280

参考文献 ... 282

第 1 章 Java 概述

Java 是一种面向对象的程序设计语言。本章首先介绍 Java 的发展历程,让读者对 Java 有基本的认识,了解 Java 的特点和运行机制;然后详细讲解 Java 开发环境的搭建和开发流程,包括一些基本的注意事项。

1.1 认识 Java

1.1.1 Java 简介

1. 软件开发

软件开发是根据用户要求建造软件系统或者系统中软件部分的过程。软件开发是一项包括需求捕捉、需求分析、设计、实现和测试的系统工程。软件是一系列按照特定顺序组织的计算机数据和指令的集合,分为系统软件和应用软件。软件一般使用某种程序设计语言来实现,通常采用相应的开发工具进行开发。

软件系统可以帮助人们解决和处理各种问题,在此过程中必然会产生人机交互。人机交互方式有两种:图形用户界面(Graphical User Interface,GUI)和命令行界面(Command Line Interface,CLI)。图形用户界面方式简单直观,用户易于接受,容易上手操作,如 Windows 操作系统;命令行界面方式需要一个控制台,用户输入特定的指令,让计算机完成操作,较为烦琐,需要用户记住一些命令,如 DOS 操作系统。

2. 计算机语言

语言是人与人之间用于沟通的一种方式。计算机语言是人与计算机交流的方式。如果人要与计算机交互,就需要学习计算机语言。计算机语言有很多种,如 C、C++、Java、Python、PHP 等。

Java 是 Sun 公司(1982 年成立,2009 年 4 月 20 日被甲骨文公司收购)开发的一门编程语言,最早来源于一个名为 Green 的项目。这个项目最初的目的是为家用电子消费产品开发一个小巧、易用、安全稳定、与平台无关的分布式代码系统,以便通过网络对家用电器进行控制。Sun 公司的工程师决定基于 C++开发一种符合自己要求的新语言。1991 年 4 月,新语言的第一个版本诞生了,命名为 Oak(橡树),1995 年,

Oak 更名为 Java。随着互联网的普及，Java 成为全球流行的开发语言之一。

3. Java 语言版本

Java 语言发展到今天已经有多个版本。1995 年 5 月 23 日，Sun 公司将 Oak 语言重新命名为 Java，1996 年 1 月 23 日，Sun 公司推出 JDK 1.0，标志着 Java 正式诞生。1998 年 12 月 4 日，Sun 公司推出 JDK 1.2，工程代号为 Playground（竞技场）。Sun 在 JDK 1.2 中把 Java 技术体系拆分为三个发展方向。

① 面向桌面应用开发的 J2SE（Java 2 Platform Standard Edition，标准版）：包含构成 Java 语言核心的类，如数据库连接、接口定义、输入/输出和网络编程，主要用于开发个人计算机中的应用软件。

② 面向手机等移动终端开发的 J2ME（Java 2 Platform Micro Edition，微型版）：包含 J2SE 中的一部分类，用于消费类电子产品的软件开发，如呼机、智能卡、手机、PDA 和机顶盒。

③ 面向企业级应用开发的 J2EE（Java 2 Platform Enterprise Edition，企业版）：包含 J2SE 中的所有类，以及用于开发企业级应用的类，如 EJB、Servlet、JSP、XML 和事务控制，也是 Java 应用的主要方向，用于开发企业级应用软件。

上述三项中的核心部分是 J2SE，而 J2ME 和 J2EE 是在 J2SE 基础上发展起来的。这个版本中 Java 虚拟机第一次内置了 JIT（Just-In-Time）编译器。

注意：在 2005 年"Java 十周年大会"之后，上述三门技术被重新命名：J2SE 更名为 Java SE，J2ME 更名为 Java ME，J2EE 更名为 Java EE。

2000 年 5 月 8 日，工程代号为 Kestrel（美洲红隼）的 JDK 1.3 发布，JDK 1.3 相对于 JDK 1.2 的改进主要表现在一些类库上（如数学运算和 Timer API 等）。从 JDK 1.3 开始，Sun 公司大约每隔两年发布一个 JDK 的主版本，以动物命名，其间发布的各个修正版本则以昆虫作为工程名称。

2002 年 2 月 13 日，JDK 1.4 发布，工程代号为 Merlin（灰背隼）。JDK 1.4 是 Java 真正走向成熟的一个版本，Compaq、Fujitsu、SAS、Symbian、IBM 等公司都有参与甚至实现自己独立的 JDK 1.4。JDK 1.4 发布了很多新的技术特性，如正则表达式、异常链、NIO、日志类、XML 解析器和 XSLT 转换器等。

2004 年 9 月 30 日，J2SE 1.5 发布，成为 Java 语言发展史上的又一里程碑。为了表示该版本的重要性，J2SE 1.5 更名为 Java SE 5.0。

2005 年 6 月，JavaOne 大会召开，Sun 公司公开 Java SE 6。此时，Java 的各种版本已经更名，以取消其中的数字 2：J2EE 更名为 Java EE，J2SE 更名为 Java SE，J2ME 更名为 Java ME。

2009 年 4 月 20 日，Oracle 公司宣布正式收购 Sun 公司，Java 商标从此正式归 Oracle 所有。

2011 年 7 月 28 日，Oracle 公司发布 Java SE 7（JDK 1.7）。

2014 年 3 月 18 日，Oracle 公司发布 Java SE 8（JDK 1.8）。

2017 年 9 月 21 日，Oracle 公司发布 Java SE 9（JDK 1.9）。

2018 年 3 月 20 日，Oracle 公司发布 Java SE 10（JDK 10）。

2018年9月25日，Oracle公司发布Java SE 11（JDK 11）。

2019年9月，Oracle公司发布Java SE 13（JDK 13）。

2021年3月16日，Oracle公司发布Java SE 16（JDK 16），仅支持6个月，属于短期版本。

2022年3月，Oracle公司推出JDK 19。

1.1.2 Java语言的特点

Java总是和C++联系在一起，而C++是从C语言派生而来的，Java语言继承了这两种语言的大部分特性。Java的语法从C语言继承而来，Java许多面向对象的特性都受到C++的影响。事实上，Java语言完全面向对象，摒弃了C语言和C++的不足。

Sun公司对Java的定义是一种具有简单易用、面向对象、分布式、解释型、健壮、安全、与体系结构无关、可移植、高性能、多线程和动态执行等特性的语言。下面简述Java的主要特性。

1. 简单易用

Java语言是一种简洁的面向对象程序设计语言，它省略了C++语言中所有难以理解、容易混淆的特性，如头文件、指针、结构、单元、运算符重载和虚拟基础类等，更加严谨、简洁。

Java源代码的书写不拘泥于特定的环境，可以使用记事本、文本编辑器等；将源文件编译后，可直接运行；再通过调试得到预期的结果。

Java可以自动完成垃圾收集工作，回收不再使用的内存，使用户无须担心内存管理之类的事情。

2. 面向对象

面向对象是指以对象为基本粒度，其下包含属性和方法。对象的说明用属性表达，通过使用方法来操作这个对象。可以说，面向对象是软件工程学的一次革命，大大提升了人类的软件开发能力，是软件发展的里程碑。

Java是一种面向对象的语言，具有面向对象的诸多优点，如代码扩展、代码复用等。

3. 分布式

Java语言具有强大的、易于使用的联网能力，非常适合开发分布式计算的程序。Java应用程序可以像访问本地文件系统那样通过URL访问远程对象。

使用Java语言编写Socket通信程序比使用其他任何语言都要简单。它适用于公共网关接口（CGI）脚本的开发，还可以利用Java小应用程序（Applet）、Java服务器页面（Java JSP）、Servlet等手段构建更丰富的网页。

4. 解释型

Java是一种解释型语言，相对于C/C++，用Java语言编写出来的程序效率低，执行速度慢。但它可以通过在不同平台上运行Java虚拟机，解释Java代码，实现"一次编写，到处运行"的目标。为此，牺牲效率是值得的。而且，现在的计算机技术日新月异，运算速度也越来越快，用户不会感到太慢。

5．健壮

Java 语言在伪编译时做了许多早期潜在问题的检查，在运行时又做了一些相应的检查，可以说是一种非常严格的编译器。它的这种"防患于未然"的手段将许多程序中的错误扼杀在"摇篮"之中，使许多在其他语言中必须通过运行才会暴露出来的错误，在编译阶段就被发现了。

6．可移植

对于程序员而言，希望编写出的程序不需要修改就能够同时在 Windows、MacOS、UNIX 等平台上运行，Java 语言使其得以实现。使用 Java 语言编写的程序，只需较少的修改，甚至有时不需修改，即可在不同的平台上运行。

7．高性能

由于 Java 是一种解释型语言，其执行效率会低一些，但采取下述两种措施可使其拥有较高的性能。

① Java 语言源程序编写完成后，先使用 Java 伪编译器进行伪编译，将其转换为中间码（也称字节码）再解释。

② 当需要更快的速度时，使用即时编译器将字节码转换成机器码，将其缓冲下来，速度就会加快。

8．多线程

线程是一种轻量级进程，是现代程序设计中必不可少的一种特性。多线程是指允许一个应用程序同时存在两个或两个以上的线程，用于支持事务并发和多任务处理。多线程处理能使程序具有更好的交互性和实时性。

Java 在多线程处理方面性能超群，除了内置的多线程技术之外，还定义了一些类、方法等来建立和管理用户定义的多线程，具有强大的功能，而且在 Java 语言中进行多线程处理也很简单。

1.1.3 Java 语言的应用

1．桌面 GUI 应用程序

Java 通过抽象窗口工具包（AWT）、Swing 和 JavaFX 等多种方式提供 GUI 开发。AWT 包含许多预先构建的组件，如菜单、按钮、列表及众多第三方组件。Swing（一个 GUI 小部件工具包）提供某些高级组件，如树、表格、滚动窗格、选项卡式面板和列表。JavaFX 是一组图形和媒体包，提供了 Swing 互操作性、3D 图形功能和自包含的部署模型，可以快速编写 Java 小应用程序和应用程序的脚本。

2．移动应用程序

Java ME 是一个跨平台框架，用于构建可在所有 Java 支持的设备（包括功能手机和智能手机）上运行的应用程序。此外，最受欢迎的移动操作系统之一的 Android 应用程序通常使用 Android 软件开发工具包（SDK）或其他环境在 Java 中编写脚本。

3．嵌入式系统

从微型芯片到专用计算机的嵌入式系统是执行专门任务的大型机电系统的组件。诸如 SIM 卡、蓝光光盘播放器、公用事业仪表和电视机等多种设备都使用嵌入式 Java 技术。

4．Web 应用程序

Java 通过 Servlets、Struts 或 JSP 提供对 Web 应用程序的支持，可用于开发政府应用程序，也可以用于开发电子商务 Web 应用程序。

5．企业应用程序

Java EE 是一种流行的平台，为脚本和运行企业软件（包括网络应用程序和 Web 服务）提供 API 和运行时环境。Java 中更高的性能保证和更快的计算能力使得一些高频交易系统被编入脚本中且贯穿于前端用户端运行到后端服务器端。

6．科学应用

Java 是许多软件开发人员编写科学计算和数学运算应用程序的选择之一。这些程序通常被认为是快速和安全的，具有更高的便携性和低维护性。

1.2 JDK 的使用

视　频
Java 虚拟机和 JDK 的使用

JDK 是使用 Java 语言编写 Java 程序所需的开发工具包，是提供给程序员使用的。JDK 包含运行环境 JRE（Java Runtime Environment），编译 Java 源码的编译器 javac，Java 程序调试、分析和打包工具，以及 Java 程序编写所需的文档和 demo 例子程序。由于 JDK 8 比较稳定，是目前市场上主流的 JDK 版本，因此本书将针对 JDK 8 版本进行讲解和运用。

JRE 工具是提供给普通用户使用的 Java 运行环境。与 JDK 相比，JRE 工具中只包含 Java 运行工具，不包含 Java 编译工具。

需要说明的是，为了方便使用，Sun 公司在 JDK 工具中包含 JRE 工具，即开发工具中包含运行环境，这样一来，开发人员只需要在计算机上安装 JDK 即可。如果需要运行 Java 程序，只需仅仅安装 JRE 就可以。如果需要编写 Java 程序，则需要安装 JDK。

1.2.1 JDK 的安装

Oracle 公司提供了多种操作系统的 JDK，不同操作系统的 JDK 在使用上类似，初学者可以根据自己使用的操作系统，从 Oracle 官方网站下载相应的 IDK 安装文件。下面以 64 位的 Windows 10 操作系统为例来演示 JDK 8 的安装和配置过程。

1．下载安装 JDK 的安装包

从 Oracle 官网下载安装文件 jdk-8u201-windows-x64.exe，之后双击运行该文件，进入 JDK 8 安装界面，单击"下一步"按钮，选择文件安装路径（见图 1-1），默认安装到 C:\Program Files 文件夹中。如果更改安装的位置需要记住，后面配置环境变量时要用到。接着单击"下一步"按钮，等待安装完成。JDK 的安装完成界面如图 1-2 所示。

在图 1-1 中，左侧有三个功能模块，每个模块具有特定功能，具体如下：

① 开发工具：JDK 中的核心功能模块，包含一系列可执行程序，如 javac.exe、java.exe 等，还包含专用的 JRE 环境。

② 源代码：Java 提供公共 API 类的源代码。

③ 公共 JRE：Java 程序的运行环境。由于开发工具中已经包含 JRE，因此没有必要再安装公共的 JRE。

图 1-1 JDK 的安装

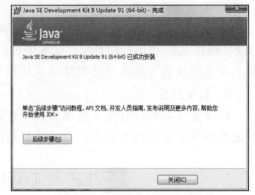

图 1-2 JDK 的安装完成界面

2．JDK 环境变量的配置

JDK 安装完毕后，需要进行环境变量的配置。

Java 程序开发会使用 JDK 的两个命令：javac.exe、java.exe，默认路径是 C:\Program Files\Java\jdk1.8.0_102\bin。由于这些命令不属于 Windows 本身命令，所以需要进行路径配置才可以使用。

① 右击"此电脑"图标，选择"属性"→"高级系统设置"命令，弹出图 1-3 所示的"系统属性"对话框。在图 1-3 中单击"环境变量"按钮。

图 1-3 "系统属性"对话框

② 在弹出图 1-4 所示的对话框中的"系统变量"栏下单击"新建"按钮，弹出图 1-5 所示的对话框，创建新的系统环境变量 JAVA_HOME。变量值是 C:\Program Files\Java\jdk1.8.0_102（即安装位置）。

图 1-4 "环境变量"对话框

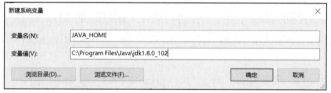

图 1-5 "新建系统变量"对话框

③ 在图 1-4 的"系统变量"栏中选择 Path 条目项，然后单击"编辑"按钮，在图 1-6 所示的"编辑环境变量"对话框中添加%JAVA_HOME%\bin 路径，即可完成环境变量 Path 的配置。

图 1-6 "编辑环境变量"对话框

④ 从 Windows 操作系统中启动命令提示符窗口 cmd，执行 Java –version 命令，验证 JDK 是否安装成功，看到图 1-7 中 JDK 版本信息则说明 JDK 安装成功。

图 1-7　命令提示符窗口

1.2.2　Java 程序运行机制

1. Java 程序运行过程

计算机高级编程语言类型有编译型和解释型。Java 中，编译工具 javac.exe，解释工具是 java.exe。

javac.exe 负责对 Java 源文件进行编译，当执行 javac 时，会启动 Java 编译器程序，对指定扩展名为 .java 的源文件文件进行编译。Javac 将 .java 文件编译生成为 JVM（Java Virtual Machine，Java 虚拟机）可以识别的字节码文件，也就是 class 文件，即扩展名为 .class 的文件。

java.exe 负责运行的部分，它会启动 JVM，加载运行时所需的类库，并对 class 文件进行解释执行。一个文件要被执行，必须要有一个执行的起始点，这个起始点就是 main( ) 函数。

Java 程序开发过程涉及 Java 源文件（.java 文件）、字节码文件（.class 文件）、机器码指令。Java 源文件被编译成能被 Java 虚拟机执行的字节码文件。Java 程序运行过程如图 1-8 所示。

图 1-8　Java 程序运行过程

2. Java 虚拟机

Java 虚拟机是一个可以执行 Java 字节码的虚拟机进程，或者可以说是一个虚拟的计算机，具有指令集并使用不同的存储区域，负责执行指令，管理数据、内存、寄存器。

Java 虚拟机机制屏蔽了底层运行平台的差别，实现了"一次编译，到处运行"。

Java 被设计成允许应用程序可以运行在任意的平台，而不需要程序员为每一个平台单独重写或者是重新编译。Java 虚拟机让此变为可能，因为它知道底层硬件平台的指令长度和其他特性。

Java 编译器针对 Java 虚拟机产生 .class 字节码文件，因此是独立于平台的。Java 虚拟机对于不同的平台，有不同的虚拟机，如图 1-9 所示。不同的 Java 虚拟机在特定的平台上解释执行 Java 代码。

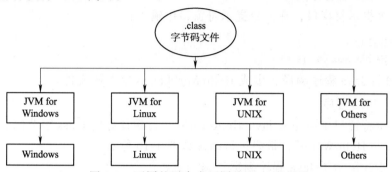

图 1-9　不同的平台有不同的 Java 虚拟机

通过上面的分析不难发现，Java 程序是由虚拟机负责解释执行的，并非操作系统。这样做的好处是可以实现 Java 程序的跨平台，也就是说，在不同的操作系统上，可以运行相同的 Java 程序，不同操作系统只需安装不同版本的 Java 虚拟机即可。

注意：Java 程序通过 Java 虚拟机可以达到跨平台特性，但 Java 虚拟机并不是跨平台的。也就是说，不同操作系统上的 Java 虚拟机是不同的，即 Windows 平台上的 Java 虚拟机不能用在 Linux 平台上，反之亦然。

1.2.3　Java 程序开发过程

为了让初学者更好地完成 Java 程序的开发，下面对开发步骤逐一进行讲解。

1. 编写 Java 源程序文件

在 C 盘上创建一个 Hello 文件夹，用记事本编写一个"HelloWorld"小程序来验证，文件保存为 HelloWorld.java。

```java
public class HelloWorld{
    public static void main(String[] args) {
        System.out.println("Hello HelloWorld");
    }
}
```

文件 HelloWorld.java 中的代码实现了一个 Java 程序，下面对程序代码进行简单介绍。

class 是一个关键字，用于定义一个类。在 Java 中，一个类就相当于一个程序，所有的代码都需要在类中书写。

HelloWorld 是类的名称，简称类名。class 关键字与类名之间需要用空格分隔。类名之后要写一对大括号，它定义了当前这个类的作用域。第 2~4 行代码定义了一个 main( )方法，该方法是 Java 程序的执行入口，程序将从 main( )方法开始执行类中的代码。第 3 行代码在 main( )方法中编写了一条执行语句"System.out.println("Hello HelloWorld")"，这条语句与 C 语言中 printf 语句和 C++语言中 cout<<语句具有相同功能，作用是打印一段文本信息并输出到屏幕，执行完这条语句，命令行窗口会输出"Hello HelloWorld"。需要注意的是，在编写程序时，程序中出现的空格、括号、分号等符号必须采用英文半角格式，否则程序会出错。

2. 编译 Java 源程序文件

打开命令提示符窗口，在命令提示符窗口中输入：

```
cd c:\Hello
javac HelloWorld.java
```

javac 进行 Java 程序编译，生成 HelloWorld.class 字节码文件。

3. 运行 Java 程序

命令提示符窗口中再输入 java Helloworld 运行编译好的 class 字节码文件。窗口会输出"Hello HelloWorld"，最终运行结果如图 1-10 所示。

上面的步骤演示了 Java 程序编辑、编译和运行的过程。其中有几点需要注意：

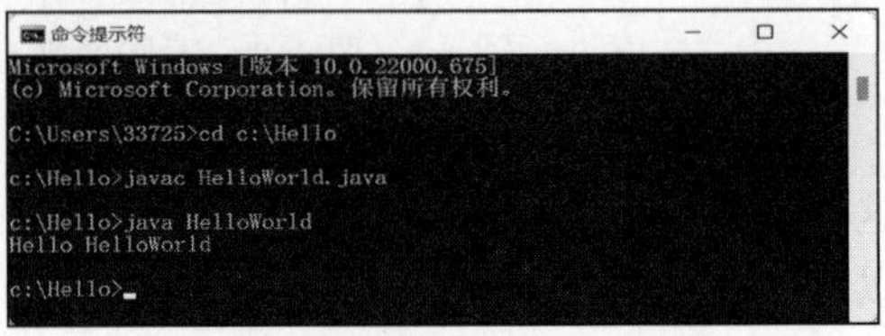

① 在使用 javac 命令行编译时，需要输入完整的文件名。例如，上面的程序在编译时需使用 javac HelloWorld.java。

② 在使用 java 命令运行程序时，需要

图 1-10 Java 程序运行过程

的是包含 main( ) 方法的类名，而非完整的文件名。例如，上面的程序只需要输入 java HelloWorld，后面不可加 ".class"，否则程序会报错。

③ 一个源文件中可以包含多个类，但是 public 修饰的类只能有一个，且源程序的名字一定要和 public 修饰的类的名字相同。

④ 一个源文件经过编译后可能生成多个字节码文件，这由源文件中 class 定义的类的个数决定，但是最终只有包含 main( ) 方法的字节码文件可以运行，通常也把包含 main( ) 方法的类称为主类。

视频
Java 语言的集成开发环境

1.3 Java 语言的集成开发环境

众所周知，集成开发环境（Integrated Development Environment，IDE）能够帮助开发人员轻松编写和调试程序。一个好的 IDE 具有许多强大的功能，可以帮助编写代码，包括调试、编辑、切换视图、代码管理等。

得益于 Java 是一门开源语言，可以选择的 IDE 非常多，如 Eclipse、NetBeans、IntelliJ IDEA。

1.3.1 Eclipse

Eclipse 是由 IBM 开发的一款功能完整且成熟的 IDE，它是一个开源的、基于 Java 的可扩展开发平台，是目前最流行的 Java 语言开发工具之一。Eclipse 具有强大的代码编排功能，可以帮助程序开发人员完成语法修正、代码修正、补全文字、信息提示等工作，大大提高了程序开发的效率。

Eclipse 主要用于 Java 语言开发，亦有人通过插件使其作为其他计算机语言，如 C++、PHP、Python 等语言的开发工具。Eclipse 是一个框架平台，但是众多插件的支持使得 Eclipse 拥有其他功能相对固定的 IDE 软件很难具有的灵活性。许多软件开发

商以 Eclipse 为框架开发自己的 IDE。

1. 下载 Eclipse IDE

在 Eclipse 的官方网站下载 64 位版本安装包。注意需要检查自己计算机是 64 位还是 32 位操作系统，下载相应的安装包。

Eclipse 下载完毕之后，将下载的压缩包解压缩，即可完成 Eclipse 的安装。解压缩后生成的 Eclipse 的文件结构如图 1-11 所示。Eclipse 解压后即可启动，它没有安装界面和安装过程。

图 1-11　Eclipse 的文件结构

2. 启动 Eclipse

双击 eclipse.exe，会出现图 1-12 所示的启动界面。之后弹出图 1-13 所示的对话框，提示选择工作空间 Workspace（也就是存放项目的文件夹），工作空间用于保存 Eclipse 创建的项目和相关设置。可以使用 Eclipse 提供的默认路径为工作空间，也可以单击 Browse 按钮更改路径。单击 OK 按钮后，自动打开 Eclipse。

图 1-12　Eclipse 启动界面

图 1-13　选择工作空间

关闭欢迎界面，进入 Eclipse 工作台界面，如图 1-14 所示。

下面介绍 Eclipse 工作台中几种主要视图的作用：

① 包资源管理器视图（Package Explorer）：用于显示项目文件的组成结构。

② 文本编辑器视图（Editor）：用于编写代码的区域。

③ 控制台视图（Console）：用于显示程序运行时的输出信息、异常和错误信息。

④ 大纲视图（Outline）：用于显示代码中类的结构。

透视图（Perspective）是比视图更大的一个概念，用于定义工作台窗口中视图的初始设置和布局，目的在于完成特定类型的任务或使用特定类型的资源。

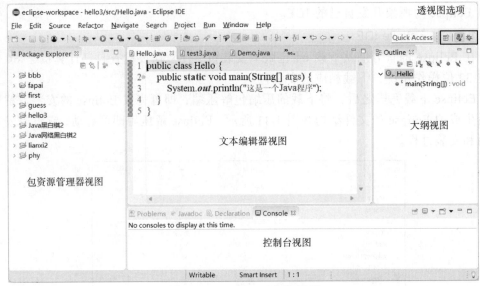

图 1-14　Eclipse 工作台界面

Eclipse 提供了几种常用的透视图，如 Java 透视图、资源透视图、调试透视图、小组同步透视图等。用户可以通过 Eclipse 工具栏中的透视图按钮在不同的透视图之间切换。

3. 使用 Eclipse 开发 Java 项目

安装好 Eclipse 之后，就可以开发 Java 程序了。在这里同样以 Helloworld.java 程序为例，来说明如何使用 Eclipse 进行 Java 程序的开发。

（1）新建 Java 项目

需要注意的是，在大多数集成开发环境中编写程序，无论代码的长与短，都需要创建项目。所创建的项目中，除了所要编写的代码文件以外，集成开发工具在创建工程的同时也将整个程序编译运行中所需要的库文件、jar 包文件和设置 Classpath 的文件一起加载到工程项目中，为程序员的开发带来了方便。

例如，在一个 Java 项目中，程序员若需要完成特殊的功能，只需要导入特殊功能对应的 jar 包文件。jar 包文件是使用 Java 语言编写并编译好的多个字节码（.class）文件的压缩包，用来实现某些特殊的功能，如完成对 XML 文件的解析、对数据库的操作等。当需要完成这些功能时，就不需要从头编写代码，只需要导入对应功能的 jar 包文件就可以实现对应的功能。

使用 Eclipse 创建一个工程项目的步骤如下：

在 Eclipse 中选择 File→New→Java Project 命令，创建一个 Java 项目，项目名称为 MyFirstProject，如图 1-15 所示。其余选项保持默认设置，单击 Finish 按钮完成项目的创建。完成项目创建之后，在 Package Explorer 视图中会出现一个名称为 MyFirstProject 的 Java 项目，如图 1-16 所示。

（2）新建 Java 类

新建一个 HelloWorld.java 的文件。右击图 1-16 中 MyFirstProjectsrc 项目下的 src 文件夹，选择 New→Class 命令，弹出 New Java Class 对话框（见图 1-17），输入 Class 名称 Helloworld，勾选 public static void main(String[ ] args)复选框。

第 1 章 Java 概述

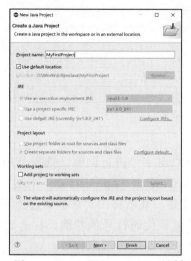

图 1-15 New Java Project 对话框

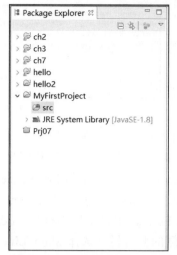

图 1-16 Package Explorer 视图

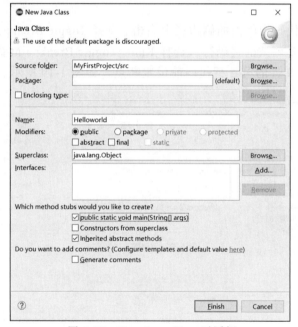

图 1-17 New Java Class 对话框

在新创建的 Helloworld 文件的 main( ) 方法里输入代码：

```
System.out.println("Hello Helloworld");
```

此处输入的是一个打印语句，打印 Hello Helloworld。

（3）运行 Java 程序

程序编写完成之后，右击 Package Explorer 视图中的 HelloWorld.java 文件，选择 Run As→Java Application 命令运行程序。

也可以选中要运行的文件，直接单击工具栏中绿色的三角按钮 ○ 运行程序。

运行完毕，在 Console 控制台视图中可以看到程序运行结果，如图 1-18 所示。

13

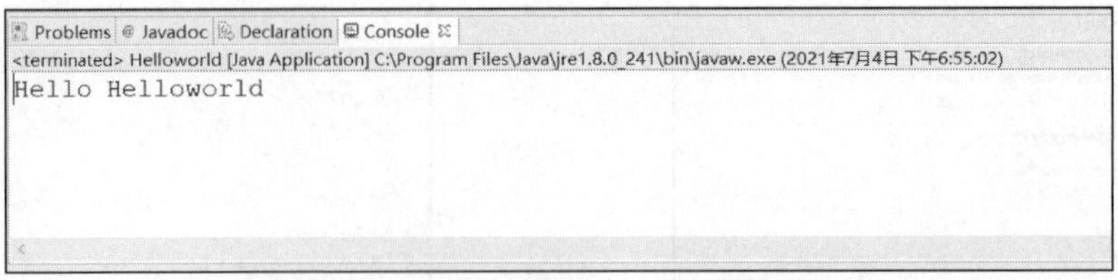

图 1-18 程序运行结果

（4）Eclipse 个性化设置

① 调整代码的字号。默认字号是 10 号，可以对字号进行调整。选择 Window→Preferences 命令，在弹出的 Preferences 窗口中单击 General→Apprearance（外观）→Color and Font，然后在右侧找到 Text Font，单击 Edit 按钮，在新弹出对话框中选择字号。

② Eclipse 中显示代码行号。Eclipse 提供了显示代码行号的功能，右击文本编辑器中左侧的侧边栏，选择 Show Line Numbers 命令，即可显示出行号。

4．使用 Eclipse 调试 Java 项目

（1）设置断点

在需要调试的代码行前面的侧边栏上右击，选择 Toggle Breakpoint 命令，或者把鼠标指针移动到需要调试的代码行，选择 Run→Toggle Breakpoint 命令设置。例如，在 HelloWorld.java 文件的第 5 行代码前设置断点，如图 1-19 所示。

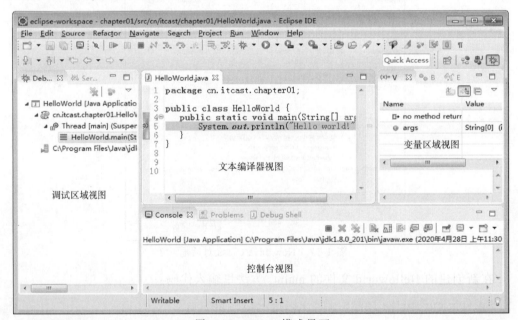

图 1-19 Debug 模式界面

（2）设置 Debug 模式

设置断点之后，在工具栏中 下拉列表中选择 Debug As→Java Application 命令，进入 Debug 模式，如图 1-19 所示。

（3）运行程序

程序启动调试运行后，会在设置的断点位置停下来，并且断点行代码底色会高亮

显示，如图 1-19 所示。

Debug 模式的界面由调试区域视图、文本编译器视图、变量区域视图和控制台视图等多个部分组成。文本编译器视图和控制台视图我们已经有所了解，下面介绍一下其他两个视图的作用：

① 调试区域视图：又称 Debug 调试区域视图，用于显示正在调试的代码。

② 变量区域视图：又称 Variables 变量区域，用于显示调试过程中变量的值。

Eclipse 在 Debug 模式下定义了很多快捷键用于更方便地调试程序，见表 1-1。

表 1-1　Debug 模式下的快捷键

快　捷　键	操　作　名　称
F5	单步跳入
F6	单步跳过
F7	单步返回
F8	继续
Ctrl+Shift+D	显示变量的值
Ctrl+Shift+D	在当前行设置或者去掉断点
Ctrl+R	直接运行所选行（也会跳过断点）

1.3.2　NetBeans

NetBeans 是 Sun 公司在 2000 年创立，当前可以在 Solaris、Windows、Linux 和 Macintosh OS X 平台上进行开发，并在 SPL（Sun 公用许可）范围内使用。NetBeans 包括开源的开发环境和应用平台，NetBeans IDE 可以使开发人员利用 Java 平台快速创建 Web、企业、桌面以及移动的应用程序，NetBeans IDE 目前支持 PHP、Ruby、JavaScript、Ajax、Groovy、Grails 和 C/C++等开发语言。

NetBeans 项目由一个活跃的开发社区提供支持，NetBeans 开发环境提供了丰富的产品文档和培训资源以及大量的第三方插件。

1.3.3　IntelliJ IDEA

IntelliJ IDEA 是一款综合的 Java 编程环境，它提供了一系列实用的工具组合：智能编码辅助和自动控制，支持 Java EE、Ant、JUnit、SVN 和 Git 集成，非平行的编码检查和创新的 GUI 设计器。IDEA 把 Java 开发人员从一些耗时的常规工作中解放出来，显著地提高了开发效率。具有运行更快速、能生成更好的代码、持续的重新设计和日常编码变得更加简易、与其他工具的完美集成、很高的性价比等特点。

习　题

1. 简述 Java 应用程序开发的步骤。
2. 编写在控制台输出自己学号和姓名的 Java 程序。

第 2 章 Java 编程基础

Java 语言是一种纯面向对象的语言。本章将讲解 Java 程序的编写规范以及 Java 语言的编写特点，具体包括标识符、基本类型、运算符、逻辑控制语句、数组和方法等。通过本章的学习，读者能够加深对 Java 语言的了解。

2.1 关键字标识符与数据类型

视频
标识符与数据类型

2.1.1 关键字

关键字是 Java 语言里事先定义好并赋予特殊含义的英文单词，在程序设计中不能再将其定义成别的用途。例如，第 1 章中定义一个类用到的关键字 class。Java 中的一些关键字如下：class、abstract、new、switch、case、default、if、else、private、protected、public、boolean、double、float、byte、short、int、long、char、for、do、while、continue、break、extends、implements、interface、instanceof、return、try、catch、throw、throws、static、final、finally、assert、transient、package、void、import、synchronized、this、strictfp、volatile、const、enum、native、super、goto。

编写 Java 程序时，需要注意以下几点：

① 所有的关键字都是小写的。

② 不能使用关键字命名标识符。

③ const 和 goto 是关键字，虽然在 Java 中还没有任何意义，但在程序中不能用来作为标识符。

④ true、false 和 null 虽然不属于关键字，但它们具有特殊的意义，也不能作为标识符使用。

2.1.2 标识符

标识符是程序员定义的有效字符序列，用来标志自己定义的变量名、符号常量名、对象名、数组名和类名等。标识符的命名应遵循以下规则：

① 只能由字母、数字、$ 和下划线组成，第一个字符不能是数字字符。可以使用

汉字，但一般不建议使用。

② 不能是 Java 中的关键字。

③ 中间不能有空格。

④ 不要太长，一般以不超过 31 个字符为宜。

⑤ 标识符的命名最好遵循 Java 推荐的命名规范，如常量命名全部采用大写字母，类名每个单词首字母大写，属性与方法名从第二个单词开始首字母大写等。

⑥ Java 语言使用 Unicode 标准字符集，最多识别 65 535 个字符。Unicode 字符集的前 128 个字符刚好是 ASCII 码表。Unicode 字符集还不能覆盖全部文字，但大部分国家和地区的"字母表"的字母都是 Unicode 字符集中的一个字符，每个字符对应一个编码，如汉字中的"你"对应的 Unicode 编码是 20320。因此，Java 中所使用的字母不仅是拉丁字母 a、b、c 等，也包括汉字、日文中的平假名和片假名、朝鲜文、俄文、希腊字母等。

下面是合法的标识符：

```
Way_cool, bits32, myname, _righton, book_2
```

下面是不合法的标识符：

```
D.S.Name,   #323,    57S9,   c<d,    -W
```

在 Java 中，字母的大小写是有区别的。例如，Add、add 和 ADD 分别表示不同的标识符。

2.1.3 数据类型

数据类型决定了该数据所占用的存储空间、所表示的数据范围和精度，以及所能进行的运算。Java 的数据类型大致可分为两类：一类是基本数据类型；另一类是引用数据类型。基本数据类型包括整型、浮点型、字符型、布尔型等；引用数据类型包括类、接口、数组、枚举等，如图 2-1 所示。

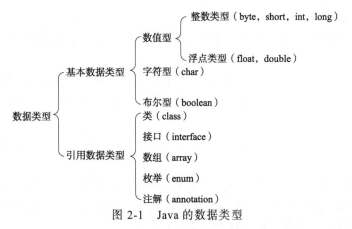

图 2-1　Java 的数据类型

Java 的基本数据类型分为四类，其分类及对应的关键字如下：

① 整数类型：byte, short, int, long。

② 字符型：char。

③ 浮点类型（实型）：分为 float（单精度浮点型）和 double（双精度浮点型）。
④ 布尔型：boolean。表示真假，它的值是 true 和 false。

不同的数据类型表达着不同的数据，并且在其存储空间中大小也有所不同。表 2-1 给出了整数类型和浮点类型的长度与取值范围。

表 2-1 整数类型和浮点类型的长度与取值范围

数 据 类 型	长　　度	取 值 范 围
byte	8 位	$-2^7 \sim 2^7-1$，即 $-128 \sim 127$
short	16 位	$-2^{15} \sim 2^{15}-1$，即 $-32\,768 \sim 32\,767$
int	32 位	$-2^{31} \sim 2^{31}-1$，即 $-2\,147\,483\,648 \sim 2\,147\,483\,647$
long	64 位	$-2^{63} \sim 2^{63}-1$，即 $-9\,223\,372\,036\,854\,775\,808 \sim 9\,223\,372\,036\,854\,775\,807$
float	32 位	$1.4 \times 10^{-45} \sim 3.402\,823\,5 \times 10^{38}$
double	64 位	$4.9 \times 10^{-324} \sim 1.797\,693\,134\,862\,315\,7 \times 10^{308}$

2.2　常量与变量

Java 中，常量是指在程序中不能变化的数据，即固定的数据，如整型常量 100。而变量则是随着程序运行可以变化的数据，变量的定义包括变量类型、变量名和作用域几部分，其按照作用域不同可以分为局部变量、全局变量等。

2.2.1　常量

常量就是在程序中固定不变的值，是不能改变的数据。例如，数字 1、字符 'a'、浮点数 3.2 等都是常量。在 Java 中，常量包括整型常量、浮点型常量、字符常量、布尔常量等。

下面介绍不同数据类型常量的表示方法。

1. 整型常量

整型常量是整数类型的数据，有二进制、八进制、十进制和十六进制四种表示形式。

① 二进制：由数字 0 和 1 组成的数字序列。从 JDK 7 开始，允许使用字面值表示二进制数，前面要以 0b 或 0B 开头，目的是与十进制进行区分，如 0b01101100、0B10110101。

② 八进制：以 0 开头并且其后由 0~7 范围内（包括 0 和 7）的整数组成的数字序列，如 0342。

③ 十进制：由数字 0~9 范围内（包括 0 和 9）的整数组成的数字序列，如 198。

④ 十六进制：以 0x 或者 0X 开头并且其后由 0~9、A~F（包括 0 和 9，A 和 F，字母不区分大小写）组成的数字序列，如 0x25AF。

在程序中为了标明不同的进制，数据都有特定的标识，八进制必须以 0 开头，如 0711、0123；十六进制必须以 0x 或 0X 开头，如 0xaf3、0Xff；整数以十进制表示时，第一位不能是 0。

例如，十进制的 127，用二进制表示为 0b1111111 或者 0B1111111，用八进制表示为 0177，用十六进制表示为 0x7F 或者 0X7F。

2．浮点型常量

浮点型常量就是在数学中用到的小数，浮点数分为单精度浮点数（float）和双精度浮点数（double）两种类型。

其中，单精度浮点数后面以 F 或 f 结尾，而双精度浮点数则以 D 或 d 结尾。当然，在使用浮点数时也可以在结尾处不加任何后缀，此时 JVM 会默认浮点数为 double 类型的浮点数。浮点数常量还可以通过科学计数的形式表示，如 456，可以表示成 4.56E2。

3．字符常量

字符常量用于表示一个字符，一个字符常量要用一对英文半角格式的单引号（''）括起来。字符常量可以是英文字母、数字、标点符号以及由转义序列表示的特殊字符。Java 有两种字符常量，即一般字符常量和转义字符常量。

① 一般字符常量。一般字符常量是使用一对单引号括起来的单个字符，如'A'、'$'、' '（空格）。字符的类型是 char 类型，它的值为所括字符在 ASCII 表中的编码。

② 转义字符常量。转义字符是以反斜杠"\"引导的特殊字符常量表示形式。一般"n"表示字符 n，而"\n"仅代表一个字符，即表示控制字符"换行"，由于跟随在"\"后的字母 n 的意义发生了转变，所以称为转义字符。Java 常用的转义字符见表 2-2。

表 2-2　Java 常用的转义字符

转义字符	名　　称	功　　能
\a	响铃	用于输出响铃
\b	退格（Backspace 键）	用于退回一个字符
\f	换页	用于输出
\n	换行符	用于输出
\r	回车符	用于输出
\t	水平制表符（Tab 键）	用于输出
\v	纵向制表符	用于制表
\\	反斜杠字符	用于表示一个反斜杠字符
\'	单引号	用于表示一个单引号字符
\"	双引号	用于表示一个双引号字符
\ddd	ddd 是 ASCII 码的八进制值，最多三位	用于表示该 ASCII 码代表的字符
\uhhhh	Unicode 转义字符，四个十六进制值	用于表示一个 Unicode 编码的字符

例如，'\101'表示大写 A 字符，'\u4F60'表示汉字'你'。

4．字符串常量

字符串常量用于表示一串连续的字符，一个字符串常量要用一对英文半角格式的双引号（""）括起来。

例如，"HelloWorld"、"My \nJava"、"How old are you? 1234"。

5．布尔常量

布尔常量即布尔型的值，常用于逻辑判断。布尔常量有 true 和 false 两个值。

6. null 常量

null 常量只有一个值 null，表示对象的引用为空。

7. 常量的定义

Java 中必须用 final 关键字声明一个常量。final 关键字表示这个值一旦被赋值，就是最终值，不能再更改。常量声明格式如下：

```
final 数据类型 常量名=缺省值;
```

例如：

```
final int STUDENT_NUM=10;
```

习惯上，常量的名字全部大写，词与词之间用下划线分隔。

2.2.2 变量

变量是指在程序运行过程中其值可以改变的量。变量是有名字的，在内存中占据一定的存储单元。在 Java 语言中使用变量之前必须先定义它的数据类型，根据其数据类型的不同，可分为不同类别的变量，如字符型变量、整型变量、浮点型变量等。

在 Java 语言中提供了两种类型的变量：成员变量和局部变量。成员变量是在方法体外的类中声明和定义的，可以被自动赋予对应类型的默认值，而局部变量是在方法头部或方法体中声明和定义的，不能被自动赋予对应类型的默认值，方法执行结束后，这个变量也就不存在了。

变量只有在其作用域中才能起到作用，而离开此作用域时，局部变量将会被清空。当程序进入一个方法时，其中的局部变量将会被创建，在一个作用域中，即一个方法（函数）中，变量名是唯一的，不允许重复。

1. 定义变量

在 Java 语言中，要求对所有用到的变量进行强制定义，也就是必须"先定义，后使用"。

定义变量的一般格式如下：

```
类型 变量名列表;
```

当有多个相同数据类型的变量名时，中间可用逗号分离，也可以分别定义。例如：

```
int a,b,c;              //定义三个整型变量a, b, c
float f;                //定义一个单精度实型变量f
char c1,c2,c3;          //定义三个字符型变量c1, c1, c3
```

其中，"类型"决定了系统为其分配的内存空间大小，而"变量名"则为标识符。当声明了变量之后，必须给变量赋值才可以使用，否则将会出现空指针现象。变量的赋值方法为：变量名在等号左边，右边可以为常数、变量名以及存有返回值的表达式。例如：

```
int width=30;           //定义变量及赋值
int height;             //定义变量
height=40;              //给变量赋值
```

变量经定义以后，便可以对其赋值和使用，若在使用前没有赋值，则在编译时会指出语法错误。

2．基本数据类型的变量

下面分别简单介绍 Java 中的基本数据类型。

（1）整型

Java 中的整型包括 byte、short、int 和 long 四种，通常使用的大部分数据都为十进制，Java 中默认声明整型数据也是以十进制进行处理的，如果定义八进制则以 0 开头，如 011 表示十进制 9，十六进制则以 0x 开头，如 0x11 表示十进制 17。其变量定义方法如下：

```
byte b=100;
short s=123;
int i=5000;
```

为了避免浪费内存，需按照实际应用中数据的大小结合不同数据类型表示的数据范围来决定变量的数据类型。

（2）浮点型

Java 中的浮点型包括 float 和 double 两种，在内存中 float 占用 4 字节即 32 位，用 F、f 表示，如 19.4F、3.0513E3、8701.52f。而 double 占用 8 字节即 64 位，用带 D 或 d 或不加后缀的数值表示，如 2.433E-5D、700041.273d、3.1415。

注意：声明浮点型数据时默认为 double 类型，当在赋值 float 变量时必须在其变量后面添加 F 或 f 来表示此数据为 float，例如：

```
float f=18.5f;                  //定义变量及赋值
double money=57.8;
```

（3）布尔值型

现实生活中的"真"和"假"逻辑判断是通过布尔值来表示的，其值为 true 和 false。布尔值并没有指定其在内存空间中的大小，而仅是通过 true 和 false 来表示。

（4）字符型

字符型（char）存放的对象只能为一个字符，而每个字符占用内存空间的大小为 16 比特位（2 字节），任何 Unicode 字符都可以存储。声明字符型需要用单引号把字符括起来，例如：

```
char c='定';                    //定义变量 c 及赋值
char b='a';                     //定义变量 b 及赋值
char d='\u4F60';                //定义变量 d 及赋值汉字'你'
```

2.3 运算符和表达式

一个矩形，可以通过"长×高"来计算其面积，在程序中可以用很多运算符来处理这类问题，其中编写的语句为表达式，而表达式由变量、运算符和数字等组合而成，例如：

视 频
运算符和表达式

```
area=width*height;
```

Java 提供了丰富的运算符,可以构成复杂的表达式。

按运算符在表达式中与运算对象的关系(连接运算对象的个数)可分为:

① 单目运算(一元运算符,只需一个操作数)。

单目运算符如+(正值)、-(负值),++(自增)、--(自减),!(逻辑非),~(按位取反)。

② 双目运算(二元运算符,需两个操作数)。

双目运算如基本算术+(加)、-(减)、*(乘)、/(除)、%(模)。

③ 三目运算(三元运算符,需三个操作数)。

条件运算符"?:"是 Java 中唯一的三目运算符。

按运算符的运算性质又可分为算术运算符、关系运算符、逻辑运算符等。下面按运算符功能对 Java 中的基本运算符分别进行介绍。

2.3.1 算术运算符和算术表达式

1. 基本算术运算符

```
+(加运算符,或正值运算符,如 1+2、+3)
-(减运算符,或负值运算符,如 1-2、-3)
*(乘运算符,如 1*2)
/(除运算符,如 1/2)
%(模运算符或称求余运算符,如 7%3=1)
```

其中,+(正值)、-(负值)是单目运算符,其余是双目运算符。

对于"/"运算符,当它的两个操作数都是整数时,其计算结果应是除法运算后所得商的整数部分(即取整)。例如,7/2 的结果是 3。当至少有一个操作数为浮点型时,结果为浮点型。例如,7.0/2 的结果是 3.5。

取余运算符(%)计算得到除法后的余数。与 C/C++不同的是,Java 中的"%"的操作数可以是浮点类型。例如,5%2 的结果为 1,而 5.0%2 为 2.5。

"%"通常用来处理与周期有关的运算,比如一天有 24 小时,一周是 360°,操场一圈是 400 m,一个圆桌可以坐 N 个人……,超过一个周期就可以通过"%"令其"归位"回到周期内。

假设操场一圈是 400 m 一个人在操场上跑了 x 米,那么他跑了多少圈零多少米呢?

圈数:$x/400$。

零多少米:x% 400。

加运算符"+"在 Java 中被重载(唯一被重载的运算符)。除了算术加法之外,如果其操作数中有一个是字符串类型,则其功能为字符串的连接运算。例如:

```
int a=3,b=4;
System.out.println("a="+a);           //输出 a=3
System.out.println("a+b="+(a+b));     //输出 a+b=7
System.out.println("a+b="+a+b);       //输出 a+b=34
```

说明:

① 算术表达式的乘号(*)不能省略。例如,数学式 b^2-4ac 相应的 Java 语言算

术表达式应该写成 b*b–4*a*c。

② 算术表达式中只能出现字符集允许的字符。例如，数学式 πr^2 相应的 Java 算术表达式应该写成 Math.PI*r*r（其中 Math.PI 是 Java 的 Math 类中已经定义的常量）。

③ 算术表达式只使用圆括号改变运算的优先顺序（不能使用{ }或[ ]）。可以使用多层圆括号，此时左右括号必须配对，运算时从内层括号开始，由内向外依次计算表达式的值。

2. 自增和自减运算符

自增和自减运算符都是单目运算符，它们表示为++和--，运算结果是将操作数增1或减1。这两个运算符都有前置和后置两种形式。前置形式是指运算符在操作数的前面，后置形式是指运算符在操作数的后面。例如：

```
a++;        //等价于 a=a+1
++a;        //等价于 a=a+1
a--;        //等价于 a=a-1
--a;        //等价于 a=a-1
```

一般来说，前置操作++a 的意义是：先修改操作数使之增 1，然后将增 1 后的 a 值作为表达式的值。后置操作 a++的意义是：先将 a 值作为表达式的值确定下来，再将 a 增 1。例如：

```
int a=3;
int b=++a;                    //相当于 a=a+1; b=a;
System.out.println(a+ "   "+b);   //结果为: 4    4
int c=a++;                    //相当于 c=a; a=a+1;
System.out.println(a+"   "+c);    //结果为: 5    4
```

注意：由于自增和自减操作包含赋值操作，所以操作数不能是常量，它必须是一个左值表达式。例如，4++是错误的。

2.3.2 赋值运算符和赋值表达式

1. 赋值运算符的一般格式

赋值运算符"="的一般格式为：

```
变量=表达式;
```

它表示将其右侧的表达式求出结果，赋给其左侧的变量。例如：

```
int i;
i=3*(4+5);      //i 的值变为 27
```

说明：

① 赋值运算符左边必须是变量，右边可以是常量、变量、方法调用或常量、变量、方法调用组成的表达式。

例如：

```
x=10;
y=x+10;
y=func();
```

都是合法的赋值表达式。

② 赋值符号"="不同于数学的等号,它没有相等的含义。

例如,Java 语言中 x=x+1 是合法的(数学上不合法),它的含义是取出变量 x 的值加 1,再存放到变量 x 中。

③ 赋值运算时,当赋值运算符两边的数据类型不同时,将由系统自动进行类型转换。转换原则是先将赋值号右边表达式的类型转换为左边变量的类型,然后赋值。

④ 赋值运算符的结合性是从右至左的,因此程序中可以出现连续赋值的情况。例如,下面的赋值是合法的:

```
int i,j,k;
i=j=k=10;        //i,j,k 都赋值为 10
```

2. 复合赋值运算符

表 2-3 是常用的复合赋值运算符。

表 2-3 常用的复合赋值运算符

运 算 符	含 义	运 算 符	含 义
+=	加赋值	*=	乘赋值
-=	减赋值	/=	除赋值
>>=	右移赋值	%=	取余赋值
&=	位与赋值	<<=	左移赋值
^=	位异或赋值	|=	位或赋值

表 2-3 中的非直接赋值运算符在执行速度上快于一般的赋值方式,即 A-=B 相当于 A=A-B,而前者的执行速度却快于后者。

例如:

```
int a=12,x=3,y;
a+=a;               //表示 a=a+a=12+12=24;
y*=x+2;             //表示 y=y*(x+2);而不是 y=y*x+2;
```

注意:赋值运算符、复合赋值运算符的优先级比算术运算符低。

2.3.3 关系运算符和关系表达式

关系运算符用于两个值进行比较,运算结果为 true(真)或 false(假)。Java 中的关系运算符如下:

```
<(小于)
<=(小于等于)
>(大于)
>=(大于等于)
==(等于)
!=(不等于)
```

关系运算符都是双目运算符,其结合性是从左到右,<、<=、>和>=这四个运算符的优先级相同,==和!=运算符的优先级相同,前四个运算的优先级高于后两个。

关系运算符的优先级低于算术运算符。
例如：

```
a+b>c    等价于    (a+b)>c
a!=b>c   等价于    a!=(b>c)
```

注意：在比较运算中，不能将比较运算符"=="误写成赋值运算符"="。

2.3.4 逻辑运算符和逻辑表达式

Java 中常用的三种逻辑运算符如下：

```
&&（逻辑与，二元运算符）
||（逻辑或，二元运算符）
! （逻辑非，一元运算符）
```

三种逻辑运算符的含义：设 a 和 b 是两个参加运算的逻辑量，a&&b 的意义是当 a、b 均为真时，表达式的值为真，否则为假；a||b 的含义是当 a、b 均为假时，表达式的值为假，否则为真；!a 的含义是取反，即当 a 为假时，!a 为真，反之亦然。逻辑运算真值表见表 2-4。

表 2-4 逻辑运算真值表

a	b	a&&b	a || b	!a
false	false	false	false	true
false	true	false	true	true
true	false	false	true	false
true	true	true	true	false

逻辑表达式由逻辑运算符连接两个表达式构成。例如，a==b || x==y、!(a<b)。又如，x>1&& x<5 是判断某数 x 是否大于 1 且小于 5 的逻辑表达式。

逻辑非的优先级最高，逻辑与次之，逻辑或最低。

&&和||在也称短路与和短路或运算，如||表示短路或时，参与或运算的第一个操作数为 true，结果就为 true，不再需要计算第二个操作数的值；同样，对于短路与，只要第一操作数为 false，结果就为 false，不需计算第二个操作数的值。

例如：

```
int x=0;
int y=0;
boolean b=x==0||y++>0;
```

上面的代码块执行完毕后，b 的值为 true，y 的值仍为 0。原因是运算符||的左边表达式 x==0 结果为 true，那么右边表达式将不进行运算，y 的值不发生任何变化。同样，在逻辑与运算中，若左侧表达式值为假，则右侧表达式不必计算。

2.3.5 位运算符和位运算表达式

位（bit）是计算机中表示信息的最小单位，一般用 0 和 1 表示。一个字符在计算机中占 1 字节，1 字节由 8 个二进制组成。Java 语言需要将人们通常所习惯的十进制

数表示为二进制数、八进制数或十六进制数来理解对位的操作。Java中所有的位运算符如下：按位与（&）、按位或（|）、按位异或（^）、按位求反（~）、左移（<<）、右移（>>）。

位运算符对操作数按其二进制形式逐位进行运算，参加位运算的操作数必须为整数。相应的运算规则为：

按位与：0&0=0　0&1=0　1&0=0　1&1=1，即只要按位有一个为0，按位与&的结果就为0。

按位或：0|0=0　0|1=1　1|0=1　1|1=1，即只要按位有一个为1，按位或|结果就为1。

按位异或：0^0=0　0^1=1　1^0=1　1^1=0，即按位相同为0，不同为1。

下面分别对位运算符进行介绍。

1. 按位与（&）

运算符"&"将其两边操作数的对应位逐一进行逻辑与运算。每一位二进制数（包括符号位）均参加运算。

例如：

```
byte a=3,b=2,c;        //可将a、b、c看成一个字节长度的整型数
c=a & b;
            a   0000 0011
        &   b   0000 0010
            c   0000 0010
```

所以，变量c的值为2。

2. 按位或（|）

运算符"|"将其两边操作数的对应位逐一进行逻辑或运算。每一位二进制数（包括符号位）均参加运算。

例如：

```
byte a=3,b=18,c;       //可将a、b、c看成一个字节长度的整型数
c=a|b;
            a   0000 0011
        |   b   0001 0010
            c   0001 0011
```

所以，变量c的值为19。

注意：尽管在位运算过程中按位进行逻辑运算，但位运算表达式的值不是一个逻辑值。

3. 按位异或（^）

运算符"^"将其两边操作数的对应位逐一进行逻辑异或运算。每一位二进制数（包括符号位）均参加运算。异或运算的定义：若对应位相异，则结果为1；若对应位相同，则结果为0。

例如：

```
byte a=3,b=18,c;       //可将a、b、c看成一个字节长度的整型数
```

```
c=a^b;
```
```
   a 0000 0011
^  b 0001 0010
   c 0001 0001
```
所以,变量 c 的值为 17。

4. 按位求反(~)

运算符"~"是一元运算符,结果将操作数的对应位逐一取反。

例如:

```
byte a=10,b;    //可将 a、b 看成一个字节长度的整型数
b=~a;
```
```
~ a 0000 1010
  b 1111 0101
```
所以,变量 b 的值为 245。

5. 左移(<<)

设 a、n 是整型量,左移运算的一般格式为 a<<n,其意义是将 a 按二进制位向左移动 n 位,移出的高 n 位舍弃,最低位补 n 个 0。例如:

```
short a=7,x;
```

a 的二进制形式是 0000 0000 0000 0111,做 x=a<<3;运算后,x 的值是 0000 0000 0011 1000,其十进制数是 56。

a 原来存储:

| 0 | 0 | 0 | 0 | 0 | 0 | 0 | 0 | 0 | 0 | 0 | 0 | 0 | 1 | 1 | 1 |

a 左移 3 位以后:

| 0 | 0 | 0 | 0 | 0 | 0 | 0 | 0 | 0 | 1 | 1 | 1 | 0 | 0 | 0 |

左移一个二进制位,相当于乘以 2 操作。左移 n 个二进制位,相当于乘以 2^n 操作。

左移运算有溢出问题,因为整数的最高位是符号位,当左移一位时,若符号位不变,则相当于乘以 2 操作;但若符号位变化,则发生溢出。

6. 右移(>>)

设 a、n 是整型量,右移运算的一般格式为 a>>n,其意义是将 a 按二进制位向右移动 n 位,移出的低 n 位舍弃,高 n 位补 0 或 1。若 a 是有符号的整型数,则高位补符号位;若 a 是无符号的整型数,则高位补 0。

右移一个二进制位,相当于除以 2 操作。右移 n 个二进制位,相当于除以 2^n 操作。例如:

```
short a=12,x;
x=a>>2;         //x 的值为 3
```

a 原来存储:

| 0 | 0 | 0 | 0 | 0 | 0 | 0 | 0 | 0 | 0 | 0 | 0 | 1 | 1 | 0 | 0 |

a 右移 2 位以后：

| 0 | 0 | 0 | 0 | 0 | 0 | 0 | 0 | 0 | 0 | 0 | 0 | 0 | 0 | 1 | 1 |

">>" 运算符表示有符号向右移位，并且在符号位添加 0 或 1，如果此数值向右移动 1 位，则相当于此数值除以 2。

注意：">>>" 运算符的含义同 ">>" 类似，但其是无符号移位。

2.3.6 条件运算符和条件表达式

条件运算符 "?:" 的格式为：

表达式 1?表达式 2:表达式 3

条件运算符的功能是先计算表达式 1 的值，并且进行判断。如果为真（非零），则整个表达式的值为表达式 2 的值；否则，整个表达式的值为表达式 3 的值。

例如：

```
int a=6,b=7,m;
m=a<b?a:b;            //m=6
```

2.3.7 运算符优先级

在对一些比较复杂的表达式进行运算时，要明确表达式中所有运算符参与运算的先后顺序，通常把这种顺序称作运算符的优先级。Java 运算符优先级见表 2-5。

表 2-5 Java 运算符优先级

优先级	运算符	结 合 性
1	. [ ] ( )	
2	++ -- ~ ! instanceof	右→左
3	* / %	左→右
4	+ -	左→右
5	<< >> >>>	左→右
6	< > <= >=	左→右
7	== !=	左→右
8	&	左→右
9	^	左→右
10	|	左→右
11	&&	左→右
12	||	左→右
13	?:	右→左
14	= *= /= %= += -= <<= >>= >>>= &= ^= |=	右→左

在表 2-5 中，运算符前面的数字越小优先级越高。根据运算符优先级，分析下面代码的运行结果。

```
int a=2;
int b=a+3*a;
System.out.println(b);
```

上述代码运行结果为 8，由于运算符"*"的优先级高于运算符"+"，因此先运算 3*a，得到的结果是 6，再将 6 与 a 相加，得到最后的结果 8。

```
int a=2;
int b=(a+3)*a;
System.out.println(b);
```

上述代码运行结果为 10，由于运算符"( )"的优先级最高，因此先运算括号内的 a+3，得到的结果是 5，再将 5 与 a 相乘，得到最后的结果 10。

2.3.8 类型转换

类型转换是一种数据类型转换成另外一种数据类型，包括自动类型转换和强制类型转换两类。

1．自动类型转换（隐式类型转换）

当把一个低级数据类型转换成高级数据类型时，即占用内存空间字节小的转换成占用内存空间字节大的数据，Java 执行的为自动类型转换，在程序中不需要作任何说明，如把 byte 类型转换成 int 类型就属于这种情况。

```
byte b=3;
int x=b;
```

上面的代码中，使用 byte 类型的变量 b 为 int 类型的变量 x 赋值，由于 int 类型的取值范围大于 byte 类型的取值范围，编译器在赋值过程中不会造成数据丢失，所以，编译器能够自动完成这种转换，在编译时不报告任何错误。

下面列出三种可以进行自动类型转换的情况，具体如下：

① 整数类型之间可以实现转换。例如，byte 类型的数据可以赋值给 short、int、long 类型的变量；short、char 类型的数据可以赋值给 int、long 类型的变量；int 类型的数据可以赋值给 long 类型的变量。

② 整数类型转换为 float 类型。例如，byte、char、short、int 类型的数据可以赋值给 float 类型的变量。

③ 其他类型转换为 double 类型。例如，byte、char、short、int、long、float 类型的数据可以赋值给 double 类型的变量。

在表达式中最终的数据类型取决于其中的最大数据类型。例如，一个 byte 类型变量和一个 int 类型变量相加，最终的结果为 int 类型。

2．强制类型转换（显式类型转换）

当把高级数据类型转换成低级的数据类型时，称为强制类型转换，但是此时会出现数据缺失的情况。强制类型转换必须作出明确的说明，即让虚拟机明白这是强制转换，否则会出现错误。强制类型转换的表示方式如下：

```
(转换类型)变量名
```

例如：

```
int a=10;
byte b=(byte)a;
```

如果在转换时数据超出了转换类型的取值范围，那么将会造成数据"溢出"，导致数据精度的丢失。例如：

```
int a=200;
byte b=(byte)a;
```

在程序中运行上述代码，将会导致数据精度的丢失，因为 byte 的取值范围为 −128 ~ 127，而 a 的值为 200，已经超出了取值范围。

```
public class Example02 {
    public static void main(String[] args) {
        byte a;                      //定义 byte 类型的变量 a
        int b=298;                   //定义 int 类型的变量 b
        a=(byte) b;
        System.out.println("b="+b);
        System.out.println("a="+a);
    }
}
```

运行结果如下：

```
b=298
a=42
```

从运行结果可知，变量 b 本身的值为 298，然而在赋值给变量 a 后，a 的值为 42。原因：变量 b 为 int 类型，在内存中占用 4 字节；byte 类型的数据在内存中占用 1 字节，当将变量 b 的类型强制转换为 byte 类型后，前面 3 个高位字节的数据丢失，数值发生改变，如图 2-2 所示。

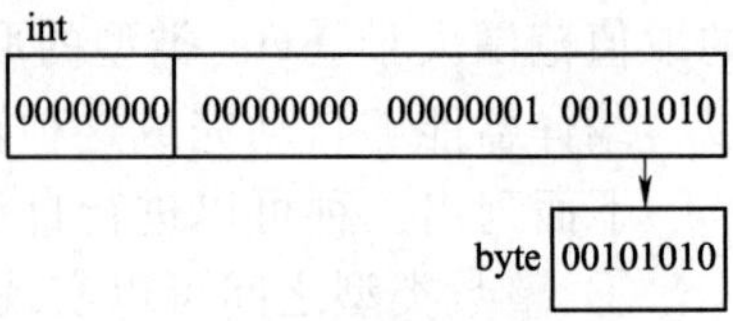

图 2-2 数据精度丢失

注意：需要转换的数据类型必须是兼容的，这样才可以进行转换，如 int 和 byte 之间，但是 int 类型却不能转换成数组，而数组也不能转换成 int 类型。

2.3.9 打印语句

为了看到运行结果，可以把最后的结果显示到控制台上。这里用到的语句如下：

```
System.out.println();
```

上述语句的功能是在控制台上打印一条信息，其中括号中的内容为需要打印在控制台上的信息。System.out 为输出流的一个对象，而 println( )为其一个方法。还有另外一个打印方法，即 print( )。这两种方法的区别在于：println( )方法会自动换行，而 print( )方法不能自动换行。下面代码在控制台上的显示如图 2-3 所示。

```
System.out.println("hello xmj");            //在控制台上打印 hello xmj
System.out.print("hello");
System.out.println("xmj");
```

从图 2-3 中可以看出，利用 print( )方法打印信息后不能换行再打印下面一段信息，而是直接在同一行中打印出来，但是 println( )方法可以自动换行。

```
Problems  @ Javadoc  Declaration  Console ⊠
<terminated> Helloworld [Java Application] C:\Program Files\Java\jre1.8.0_241\bin\javaw.exe (2021年7月5日 下午5:37:08)
hello xmj
helloxmj
```

图 2-3　控制台显示情况

注意：打印语句可以加注标红，利用 System.err.println( )和 System.err.print( )在控制台上打印信息。

2.3.10　Java 语言注释

语言都需要相应的注释来搭配，这有利于日后的代码维护和代码更改。在 Java 中有多种注释格式，以 "/*" 开头并以 "*/" 结尾的注释形式可以跨越多行代码，中间为注释内容，这种注释方式也称多行注释，例如：

```
/*
这是测试部分
请读者注意
*/
```

注释的内容不会被编译，所以也可以把上面的分行注释改写成单行，例如：

```
/*这是测试部分请读者注意*/
```

另外一种注释方式为单行注释，以 "//" 开头，后面紧跟注释内容，此内容必须和 "//" 符号在同一行，例如：

```
//这是测试部分请读者注意
```

另外，还有一种注释方法称为文档注释，也称多行注释，以 "/**" 开头，以 "*/" 结尾，也可以跨越多行代码，中间为注释内容，此注释方式可以把注释内容转化为超文本文件，这里需要用到 Java 中的 Javadoc 命令，例如：

```
/**这是测试部分
* 请读者注意
*/
```

注意：如果利用文档注释 "/**...*/" 注释某个变量，当在 IDE 工具中把鼠标移动到此变量上面时，会出现注释的内容，这样可以方便程序员更快地了解此变量的含义。

2.4　逻辑控制语句

只有合理地控制程序的逻辑结构才能表达出想要的效果，在 Java 中包括的逻辑控制语句有 if...else、for、while、do...while、return、break、continue 和 switch 等。下面介绍这几个逻辑控制语句。

2.4.1　选择结构语句

1．if...else 语句

if...else 是逻辑语句中最简单的一个，而其中的 else 是作为可选项出现的，因此其有以下两种格式：

```
if(布尔表达式)
    语句 1
```

或者

```
if(布尔表达式)
    语句 2
else
    语句 3
```

其中的布尔表达式返回值为布尔值，当此值为 true 时，执行语句 1 或语句 2，否则执行语句 3。其执行过程如图 2-4 所示。

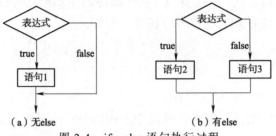

图 2-4　if...else 语句执行过程

下面编写一个方法 judge( )来判断用户输入的两个参数的大小对比情况，其主要实现代码如下：

```java
public void judge(int a,int b){
    if(a>b){
        System.out.println("a>b");
    }else {
        System.out.println("a<=b");
    }
}
```

if 语句在某些情况下可以用条件运算符"?:"来简化表达。

例如，求两个数 a、b 中较大的数，采用 if 语句如下：

```
if(a>b)  c=a;
else     c=b;
```

也可用条件运算符实现：

```
c=a>b?a:b;
```

使用三元运算符时需要注意以下几点：

① 条件运算符"?"和":"是一对运算符，不能分开单独使用。

② 条件运算符的优先级低于关系运算符与算术运算符，但高于赋值运算符。

③ 条件运算符可以进行嵌套，结合方向自右向左。例如，a>b?a:c>d?c:d 应该理解为 a>b?a:(c>d?c:d)，这也是条件运算符的嵌套情形，即三元表达式中的表达式 2 又是一个三元表达式。

2. if...else 语句的嵌套

一个 if...else 语句可实现二选一分支,if...else 语句的嵌套则可以实现多选一的多路分支情况。

If...else 嵌套语句用于对多个条件进行判断,进行多种不同的处理。例如,对一个学生的考试成绩进行等级划分,如果分数大于 80 分,则等级为优;如果分数大于 70 分,则等级为良;如果分数大于 60 分,则等级为中;如果分数小于 60 分,则等级为差。if...else 嵌套语句格式如下:

```
if(表达式 1)         语句 1;
else if(表达式 2)    语句 2;
else if(表达式 3)    语句 3;
…
else if(表达式 n)    语句 n;
else  语句 n+1;
```

if...else 嵌套语句执行过程如图 2-5 所示。

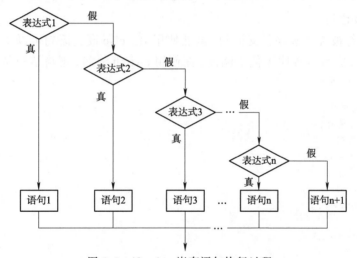

图 2-5　if...else 嵌套语句执行过程

【例 2.1】输入学生的成绩 score,按分数输出其等级:score≥90 为优,80≤score<90 为良,70≤score<80 为中等,60≤score<70 为及格,score<60 为不及格。

```java
public class Example2_1 {
    public static void main(String[] args) {
        int score=75;           //定义学生成绩
        if(score>=90)
            System.out.println("该成绩的等级为优");
        else if(score>=80)
            System.out.println("该成绩的等级为良");
        else if(score>=70)
            System.out.println("该成绩的等级为中等");
        else if(score>=60)
            System.out.println("该成绩的等级为及格");
        else
```

```
            System.out.println("该成绩的等级为不及格");
        }
}
```

Java 获得键盘输入可以使用 Scanner 类的方法。通常需要经过三个步骤。

① 在程序开头导入类 import java.util.Scanner。

② 输入之前创建 Scanner 类对象：Scanner scanner=new Scanner(System.in);。System.in 是标准输入流对象，对应标准输入设备即键盘。

③ 输入数据赋给相应的变量。输入不同类型的数据要用不同的方法，这些方法都是以 next 开头的，如 nextInt( )用来输入 int 类型数据，nextByte()用来输入 byte 类型数据，nextDouble( )用来输入 double 类型数据，等等。读者可以通过 Java API 帮助文档查看所要使用的方法。

例如，键盘输入成绩 score 如下：

```
Scanner scanner=new Scanner(System.in);
score=scanner. nextInt();          //键盘输入成绩
```

3. switch 语句

switch 语句被称为多路分支语句。虽然使用 if…else 嵌套语句可以实现多路分支，但是嵌套过多，会导致程序不便于阅读，而使用 switch 语句，逻辑结构显示更加整洁。其语句格式如下所示。

```
switch(表达式) {
    case 常量 1:
        语句 1
        break;
    case 常量 2:
        语句 2
        break;
    //…
        break;
    default:
        语句 n
        break;
}
```

其中表达式通常为整型、字符和字符串类型的表达式，而不能为其他类型。当表达式值为常量 1 时执行语句 1，当表达式值为常量 2 时执行语句 2，如果表达式值超出了常量值的范围，则执行语句 n。

注意：通过上面的语句可以看到，每个 case 后面都有一个 break 结尾，这是为了使执行流程跳到 switch 末尾，其中 break 是可选的，如果省略 break 语句，则会继续执行下面的 case 语句。

【例 2.2】用 switch 语句实现例 2.1 的功能。

分析：由题意可知 10 分一个等级，采用 score/10 整除可以得到等级。

程序如下：

```
import java.util.Scanner;
public class Example2_2{
    public static void main(String[] args) {
        int score;                          //定义学生成绩
        Scanner scanner=new Scanner(System.in);
        System.out.println("Input score(0~100):");
        score=scanner.nextInt();            //键盘输入成绩
        int a=score/10;
        switch(a){
            case 10:
            case 9: System.out.println("该成绩的等级为优"); break;
            case 8: System.out.println("该成绩的等级为良"); break;
            case 7: System.out.println("该成绩的等级为中"); break;
            case 6: System.out.println("该成绩的等级为及格"); break;
            default: System.out.println("该成绩的等级为不及格");
        }
    }
}
```

当运行这个程序时,每次仅能得到一个分数的等级。如果要获取多个分数的等级,就需要使用循环结构。

2.4.2 循环结构语句

1. while 和 do...while 语句

while 语句的实现方法为:当循环开始时,条件判断为 true,此循环将一直进行下去,条件判断为 false 时循环才会结束,并且每执行一次循环体都会重新计算条件判断。其语句格式如下所示,执行过程如图 2-6 所示。

```
while(条件判断) {
    循环语句
}
```

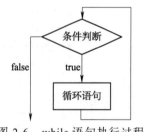

图 2-6 while 语句执行过程

下面编写一个方法,当循环 3 次时,条件判断表达式为 false,则跳出此 while 循环,其实现代码如下:

```
int i=0;                                //定义初始值
while(i<3){                             //判断循环条件
    i++;                                //变量自增
    System.out.println("循环内部"+i);
}
System.out.println("循环外部"+i);
```

【例 2.3】已知 sum=1! + 2! + 3! + … +n!,求满足 sum≥1 000 的 n 的最小值。

分析:计算阶乘累加和需要用变量 sum 存放累加和,变量 t 存放阶乘。重复将 t 加到 sum 中且变量 t 变成下一个数的阶乘。

程序如下:

```
public class Example2_3{
    public static void main(String[] args) {
```

```
        int i=0,t=1,sum=0;
        while(sum<1000){
            i++;
            t=t*i;
            sum=sum+t;
        }
        System.out.println("sum="+sum+"    i="+i);
    }
}
```

程序运行结果如下：

```
sum=5913    i=7
```

【例 2.4】输入一个非负整数，将其反向后输出。例如，输入 24789，输出 98742。

分析：将整数的各位数字逐个分开，一个一个分别输出。将整数各位数字分开的方法是，通过对 10 进行求余得到个位数输出，然后将整数缩小 1/10，再求余，并重复上述过程，分别得到十位、百位……直到整数的值变成 0 为止。

程序如下：

```
import java.util.Scanner;
public class Example2_4{
    public static void main(String[] args) {
        int n;
        Scanner scanner=new Scanner(System.in);
        System.out.println("输入一个非负的整数:");
        n=scanner.nextInt();     //键盘输入一个非负整数
        while(n>0){
            System.out.print(n%10);
            n=n/10;
        }
    }
}
```

do...while 语句和 while 语句的区别在于其一定会执行一次，而 while 语句并不一定会循环（当条件判断表达式开始就为 false 时）。

do...while 语句格式如下所示，执行过程如图 2-7 所示。

```
do
    循环语句
while(条件判断);
```

图 2-7 do...while 语句执行过程

注意：在实际程序中，while 语句比 do...while 语句更加常用。

【例 2.5】输入两个正整数，求它们的最大公约数。

分析：求最大公约数可以用"辗转相除法"，方法如下。

① 比较两数，并使 m 大于 n。

② 将 m 作为被除数，n 作为除数，相除后余数为 r。

③ 将 $m \leftarrow n$, $n \leftarrow r$。

④ 若 r=0，则 m 为最大公约数，结束循环。若 r≠0，则执行步骤②和步骤③。
程序如下：

```
import java.util.Scanner;
public class Example2_5{
    public static void main(String[] args) {
        int m,n,r,t;
        int m1,n1;
        Scanner scanner=new Scanner(System.in);
        System.out.print("请输入第 1 个数:");
        m= scanner. nextInt();         //键盘输入 m
        System.out.print("请输入第 2 个数:");
        n= scanner. nextInt();         //键盘输入 n
        m1=m;n1=n;                     //保存原始数据供输出使用
        if(m<n) {
            t=m; m=n; n=t;             //m,n 交换值
        }
        do {
            r=m%n;
            m=n;
            n=r;
        }while(r!=0);
        System.out.println(m1+"和"+n1+"的最大公约数是"+m);
    }
}
```

程序运行结果如下：

```
请输入第 1 个数:45
请输入第 2 个数:36
45 和 36 的最大公约数是 9
```

说明：

① 由于在求解过程中，m 和 n 已经发生了变化，故可以将其保存在另外两个变量 m1 和 n1 中，以便输出时可以显示这两个原始数据。

② 求两个数的最小公倍数，只需将两数相乘除以最大公约数即可，即 m1*n1/m。

【例 2.6】 计算并输出下列级数和：

$$\text{sum} = \frac{1}{1\times 2} - \frac{1}{2\times 3} + \frac{1}{3\times 4} - \frac{1}{4\times 5} + \cdots + \frac{(-1)^{k+1}}{k(k+1)} + \cdots$$

直到某项的绝对值小于 10^{-4} 为止。

分析： 从通项可以看出，相邻两项的符号相反，为此设立 f 变量并赋初值 1，表示对应项的符号，重复进行 f=-f，从而得到对应项的符号。重复累加操作直到该项的绝对值小于 10^{-4} 为止。

程序如下：

```
public class Example2_6{
    public static void main(String[] args) {
        int  k;
```

```
    double  sum,d,f;
    sum=0;k=1;f=1;
    do{
      d=1.0/(k*(k+1));
      sum=sum+f*d;
      k=k+1;
      f=-f;
    } while(d>=1.0e-4);
    System.out.println("sum="+sum);
  }
}
```

2. for 语句

for 语句是程序中用到最多的逻辑控制语句,其实现方法为初始化变量值,然后对此变量值进行条件判断,而且在每次循环后都进行指定的变量修改。for 语句的格式如下所示,其执行过程如图 2-8 所示。

```
for(变量初始化;条件判断;变量修改) {
    循环语句
}
```

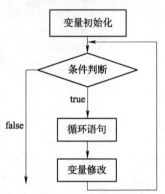

图 2-8 for 语句执行过程

其中,变量初始化一般为定义一个赋值语句,其为 for 循环的第一个值,只执行一次;条件判断为一个布尔表达式,也是 for 语句是否继续执行的条件,当此条件判断为 true 时,则执行循环语句,否则退出循环,并且每次循环结束后都会对变量进行修改。下面编写一个方法在控制台上循环打印出 1~100 这 100 个数字,其实现代码如下:

```
for(int i=1;i<100;i++){
    System.out.println(i);
}
```

注意:for 循环语句中的变量初始值、条件判断和变量修改都可以为空,那么其就变成了无限循环语句,即 for(;;)。

【例 2.7】 打印出所有的"水仙花数"。所谓"水仙花数",是指一个三位数,其各位数字的立方和等于该数本身。例如,153 是一个"水仙花数",因为 $153=1^3+5^3+3^3$。

分析:利用 for 循环控制 100~999 之间的数,每个数分解出个位、十位和百位,然后判断它们的立方和是否等于该数本身。

程序如下:

```
public class Example2_7{
    public static void main(String[] args) {
        int a,b,c;
        for(int i=100;i<1000;i++) {
            a=i%10;           //分解出个位
            b=(i/10)%10;      //分解出十位
            c=i/100;          //分解出百位
```

```
            if(a*a*a+b*b*b+c*c*c==i)
                System.out.print(i+"\t");
        }
    }
}
```

程序运行结果如下:

```
153    370    371    407
```

2.4.3 循环的嵌套

前面曾经介绍过 if 语句的嵌套,而在一个循环的循环体中又包含另一个循环语句,称为循环嵌套。嵌套层次一般不超过三层,以保证可读性。
Java 的三种循环语句可以相互嵌套,构成循环嵌套。
例如:
① 循环的嵌套形式 1:

```
for(;;) {
    for(;;){
        …
    }
}
```

② 循环的嵌套形式 2:

```
while(){
    for(;;){
        …
    }
}
```

说明:

① 循环嵌套时,外层循环和内层循环间是包含关系,即内层循环必须被完全包含在外层循环中,不得交叉。

② 当程序中出现循环嵌套时,程序每执行一次外层循环,则其内层循环必须循环所有的次数(即内层循环结束)后,才能进入外层循环的下一次循环。

【例 2.8】 输出一个金字塔图形,如图 2-9 所示。

分析:利用双重 for 循环,外循环控制输出层数,内循环控制每行星号个数。该图形有 10 层,可用外循环控制。第 1 层有 1 个星号,第 2 层有 3 个星号,第 3 层有 5 个星号……可用公式 j= 2*i-1 表示。其中,i 表示层数,j 表示该层星号的数量。还需要用输出一定数量的空格控制每层输出星号的起始位置。

图 2-9 输出金字塔图形

程序如下:

```
public class Example2_8{
    public static void main(String[] args) {
```

```
        int i,j;
        for(i=1;i<=10;i++) {
           for(j=1;j<20-i;j++)
              System.out.print(" ");
           for(j=1;j<2*i;j++)
              System.out.print("*");
           System.out.print("\n");
        }
     }
}
```

说明：可以改变输出图形的形状，如改为矩形、直角三角形、菱形等，相应程序请读者自行设计。

【例 2.9】 输出九九乘法表，如图 2-10 所示。

```
*       1       2       3       4       5       6       7       8       9
1   1*1= 1
2   2*1= 2   2*2= 4
3   3*1= 3   3*2= 6   3*3= 9
4   4*1= 4   4*2= 8   4*3= 12  4*4= 16
5   5*1= 5   5*2= 10  5*3= 15  5*4= 20  5*5= 25
6   6*1= 6   6*2= 12  6*3= 18  6*4= 24  6*5= 30  6*6= 36
7   7*1= 7   7*2= 14  7*3= 21  7*4= 28  7*5= 35  7*6= 42  7*7= 49
8   8*1= 8   8*2= 16  8*3= 24  8*4= 32  8*5= 40  8*6= 48  8*7= 56  8*8= 64
9   9*1= 9   9*2= 18  9*3= 27  9*4= 36  9*5= 45  9*6= 54  9*7= 63  9*8= 72  9*9= 81
```

图 2-10 九九乘法表

分析：输出 9 行 9 列乘法表是一个典型的双循环问题。计算机的输出是按行进行的，九九乘法表每行乘积数据是一组有规律的数，每个乘积数据的值是其所在行与列的乘积。

程序如下：

```
public class Example2_9{
    public static void main(String[] args) {
        System.out.print("*");
        for(int i=1;i<=9;i++)
           System.out.print("\t"+i);        //先用一个循环语句输出第一行表头
        System.out.print("\n");
        for(int i=1;i<=9;i++){
           System.out.print(i);             //输出行号(被乘数)
           for(int j=1;j<=i;j++)
              System.out.print("\t"+i+"*"+j+"="+i*j);  //输出表中数据
           System.out.print("\n");          //准备输出下一行
        }
    }
}
```

2.4.4 跳转语句

这一类语句的功能是改变程序的流程，使程序从其所在的位置转向另一处执行。Java 提供的跳转语句包括 break 语句、continue 语句和 return 语句。

1. break 语句

break 语句的一般格式如下：

```
break;
```

该语句只能用于两种情况：

① 用在 switch 结构中，当某个 case 分支执行完后，使用 break 语句跳出 switch 结构。

② 用在循环结构中，用 break 语句来结束循环。如果放在嵌套循环中，则 break 语句只能结束其所在的那层循环。

【例 2.10】 任意输入若干正整数（不多于 50 个），计算已输入正整数之和，直到输入负数为止。

程序如下：

```java
import java.util.Scanner;
public class Example2_10{
    public static void main(String[] args) {
        int i,n,sum;
        sum=0;
        for(i=1;i<=50;i++){
            System.out.print("Input number: ");
            Scanner scanner=new Scanner(System.in);
            System.out.print("请输入第"+i+"个数:");
            n=scanner.nextInt();         //键盘输入 n
            if(n<0) break;               //break 结束循环
            sum+=n;
        }
        System.out.print("sum= "+sum);
    }
}
```

2. continue 语句

continue 语句的一般格式如下：

```
continue;
```

该语句只能用在循环结构中。当在循环结构中遇到 continue 语句时，则跳过 continue 语句后的其他语句，结束本次循环，并转去判断循环控制条件，以决定是否进行下一次循环。

【例 2.11】 输出 0 ~ 100 之间所有不能被 3 整除的数。

程序如下：

```java
public class Example2_11{
    public static void main(String[] args) {
        int i;
        for(i=0;i<=100;i++){
            if(i%3==0)
                continue;
            System.out.print(i+" ");
        }
    }
}
```

3. return 语句

return 语句被称为返回语句，其有两种作用：一是指定方法的返回值；二是可以结束方法的执行，直接从方法中跳出。如果是主方法 main()，则返回至操作系统。

利用 return 语句可以将一个数据返回给调用者。通常，当方法的返回类型为 void 时，return 语句可以省略，如果使用也仅作为方法或程序结束的标志。

【例 2.12】修改 while 循环的代码，当循环语句变量 i=2 时退出循环。

程序如下：

```
public class Example2_12{
    public static void main(String[] args) {
        int i=0;                                //定义初始值
        while(i<3){                             //判断循环条件
            i++;                                //变量自增
            if(i==2)                            //当 i 为 2 时
                return;                         //跳出方法
            System.out.println("循环内部"+i);
        }
        System.out.println("循环外部"+i);
    }
}
```

break 和 continue 可以控制循环语句的流程，其中 break 为退出循环，不再执行下面剩余的循环部分，而 continue 则是停止当前循环，跳转到循环起始位置开始下次的循环迭代。通过修改代码，把其中的 return 修改成 break 和 continue，然后运行相应代码，在控制台上的显示如图 2-11 所示。

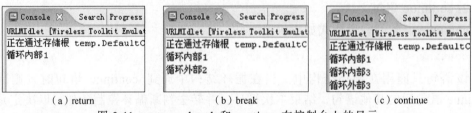

(a) return　　　　　　(b) break　　　　　　(c) continue

图 2-11　return、break 和 continue 在控制台上的显示

2.4.5　三种循环的比较

① 三种循环可以相互代替，并且都可以使用 break 语句和 continue 语句控制循环转向。

② while 语句和 for 语句是先判断条件，后执行循环体，而 do...while 语句是先执行循环体，后判断条件。

③ for 语句功能最强，可完全取代 while 和 do...while 语句。

④ while 语句和 do...while 语句中的循环变量初始化应该在循环前完成，并在 while 后指定循环条件，循环体中要包含使循环趋于结束的语句，而 for 循环可把这些操作放在 for 语句中。

2.5　Java 数组和应用

视　频
数组

前面学习了基本数据类型、程序控制结构和函数的定义与调用，但仍然不能编写比较复杂的程序。特别是对于具有基本数据类型的简单变量来说，它们各自是独立的，变量之间没有内在联系。各个变量在内存中所占存储单元的地址也没有什么联系，可能是连续的，也可能是不连续的。例如，要计算一个班 50 个学生的平均成绩，并输出低于平均成绩的分数和人数。如果用 50 个简单变量来表示 50 个学生的成绩，将无法利用循环控制结构访问每一个变量。如果用一个变量表示学生的成绩，则可以利用循环控制结构求出 50 个学生的总分及平均分，但是，在输出低于平均成绩的分数和人数时，又需要重新输入 50 个学生的成绩，因此需要找出一种好的解决方案。

借鉴数学中数列、矩阵和 n 维向量的概念和思维方法，Java 提供了数组。引入数组就不需要在程序中定义大量变量，大大减少了程序中变量的数量，使程序精练，而且数组含义清楚，使用方便，明确地反映了数据间的联系。许多好的算法都与数组有关。熟练地使用数组，可以提高编程和解题效率，加强程序的可读性。

2.5.1　Java 数组定义和创建

数组是指一组类型相同的数据的集合，数组中的每个数据称为元素。数组可以存放任意类型（基本数据类型，也可以是引用数据类型）的元素，但同一个数组里存放的元素类型必须一致。

像数列一样，能够用一个下标决定元素位置的数组称为一维数组；能够用两个下标决定元素位置的数组称为二维数组，如矩阵；需要由 n 个下标才能决定元素在数组中的位置，这样的数组称为 n 维数组，如 n 维向量。

要访问一个数组中的某一个元素必须给出两个要素，即数组名和下标。数组名和下标唯一地标志一个数组中的一个元素。

Java 中的数组与 C/C++差别很大。Java 中声明定义的数组只是一个引用，而创建一个数组时，随之生成的是一个数组对象。

1. 定义数组

定义数组格式如下：

```
数组元素类型[]　数组名;
```

或

```
数组元素类型　数组名[];　　//为了和 C++兼容，不建议使用
```

例如：

```
int[]  array;      //定义了一个 int 数组，名字为 array，元素类型为 int
double  score[];   //定义了一个 double 数组，名字为 score，元素类型为 double
```

Java 中的数组名仅仅是一个引用（可以理解为指针、地址），如上声明定义的数组 array、score。Java 建议使用第一种形式。

2．创建数组

声明定义数组仅仅是指定了数组元素的类型和数组的名字，而并没有创建数组对象，没有为每个数组元素开辟存储空间。

创建数组对象可以使用以下方式。

（1）new 关键字

使用 new 关键字，并指定数组元素的个数（数组的长度），以确定在堆空间分配内存空间的大小。使用格式如下：

数组名=new 数组元素类型[数组元素个数];

例如：

```
int[]  array;
array=new  int[5];
```

该语句分配了 5 个 int 类型变量的存储空间，并用引用变量 array（数组名）指向了这片连续空间的首部（数组首元素的地址），如图 2-12 所示，引用变量存在于 Java 的栈内存，数组对象存在于 Java 的堆内存中。

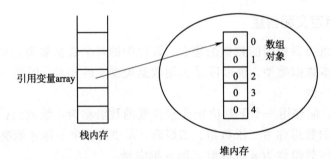

图 2-12 数组在内存中的存储示意图

也可以定义数组和创建数组合并在一起，用一条语句实现：

```
int[]  array=new  int[5];   //合二为一，元素初值为 0
```

用 new 关键字为一个数组分配内存空间后，系统将为每个数组元素赋予一个初值，这个初值取决于数组的类型。所有数值型数组元素的初值为 0，字符型数组元素的初值为一个 Unicode 编码为 0 的不可见的控制符（'\u0000'），布尔型数组元素的初值为 false。

如果不希望数组元素的初值为默认值，可以在创建数组的同时对数组元素赋初值，其格式如下：

数组名=new 数组元素类型[]{元素初值列表};

例如：

```
int[]  array=new  int[]{1,2,3,4,5};
```

注意：此处不能指定数组元素个数，而由元素初值列表个数决定。效果如图 2-13 所示。

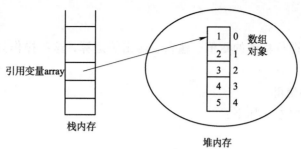

图 2-13 数组初始化的存储示意图

（2）初始化的方式创建数组

在定义数组的时候，可以不使用 new 关键字，直接给出初始化的元素初值列表，系统将先按照初值的个数在堆内存中创建数组对象，然后将初值依次存储在数组元素中。语法格式如下：

数组元素类型[] 数组名={元素初值列表};

例如：

int[] array={1,2,3,4,5};

在声明定义数组时，进行初始化。数组元素的个数由初始化列表中数据个数决定。效果如图 2-13 所示。上述代码创建的数组 array 与通过关键字 new 来创建并进行初始化的 array 是等同的。

注意：Java 中的数组对象一旦创建之后，在程序整个执行期间，就不能再改变数组元素的个数。如果经常需要在运行过程中扩展数组的大小，可以使用另一种数据结构 ArrayList。

为了理解数组引用性质，分析下面代码的运行结果。

```java
public static void main(String[] args) {
    int[] a={1,2,3,4,5},b;
    b=a;
    b[0]=10;
    System.out.println("a[0]="+a[0]);
}
```

a 和 b 都是数组对象的引用，执行引用"b=a"后，b 引用也指向了 a 引用所指的地址，所以如果将 b[0]修改为 10，a[0]也随之被改变。所以，以上代码的运行结果为输出"a[0] =10"。效果如图 2-14 所示。

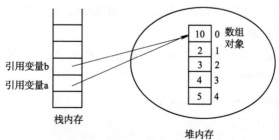

图 2-14 数组初始化的存储示意图

2.5.2 使用数组

数组不能直接进行整体的赋值、输入、输出等运算，这些操作只能施加在每个数组元素上。

1. 数组元素的使用

数组元素的使用方式如下：

数组名[下标]

下标必须是整型或者可以转化成整型的量。下标的取值范围从 0 开始到数组的长度减 1。例如：

```
int[]  array =new  int[5];
```

其中，5 表示数组有 5 个元素，下标从 0 开始，这 5 个元素分别是 array[0]、array[1]、array[2]、array[3]、array[4]。

注意：最后一个元素是 array[4]而不是 array[5]。

数组元素的使用像简单变量一样使用，例如：

```
array[0]=1;
array[1]=2;
array[3]=4;
```

上面代码初始化了数组的第 1、2、4 项，而没有对其他项进行初始化，这时在程序中通过下面的代码在控制台上打印数组的各项数值，得到的结果如图 2-15 所示。

```
for(int i=0;i<array.length;i++){
    System.out.println("array["+i+"]="+array[i]);
}
```

通过图 2-15 可以看出，在没有给数组的各项初始化时，其值为 0。在程序中一般都会给各项赋值。

所有的数组都有一个属性 length，这个属性存储了数组元素的个数（数组的长度）。上例 array.length 的值为 5。通过该属性可以获得数组的最大长度即数组元素的个数，而其最大索引为 array.length-1。

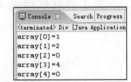

图 2-15 控制台上 array 数组的各项数值

Java 系统能自动检查是否有数组下标越界的情况。如果在程序中使用 array[10]，就会发生数组下标越界，此时 Java 系统会自动终止当前的流程，并产生一个名为 ArrayIndexOutOfBoundsException 的异常，通知使用者出现了数组下标越界。避免越界发生的有效方法是利用 length 属性作为数组下标的上界。

2. 遍历数组中的元素

Java 还提供 for each 循环语句。该语句提供一种简单、明了的方法来循环访问数组的元素。for each 语句的一般形式如下：

```
for(数据类型   循环变量:数组或集合名){
    //循环体
}
```

说明：

① 数据类型是与数组的元素相匹配的数据类型。例如，某数组的数据类型为 int，若要使用 for each 语句遍历该数组的元素，则在使用 for each 语句时，应当指明循环变量的数据类型也为 int。

② 循环变量是一个局部变量，它只在 for each 语句范围内有效，用来依次循环存放要遍历的数组或集合中的各个元素，并且不能给该循环变量另赋一个新值，否则将发生编译错误。

使用 for each 语句必须注意以下几点：

① 循环体遍历数组或集合中的每个元素。当对数组或集合中的所有元素完成访问后，则跳出 for each 语句，执行 for each 块之后的语句。

② 可以在 for each 语句内使用 break 关键字跳出循环，或使用 continue 关键字直接进入下一轮循环。

③ 在 for each 语句中使用循环体语句遍历某个集合或数组以获得需要的信息，但并不修改它们的内容。对于 for each 语句，控制循环次数的是集合或数组中元素的个数，而参与循环体运算的变量数值则是数组的每一个元素值。for each 语句可用于为数组中的每一个元素执行一遍循环体中的语句。

例如，以下代码定义一个名称为 mya 的数组，并用 for each 语句循环访问该数组：

```
int[]mya={1,2,3,4,5,6};
for(int i:mya)
    System.out.print(" "+i);
```

输出如下：

```
1 2 3 4 5 6
```

不管是一维数组还是多维数组，操作都一样方便，它会自动知道数组的大小对其操作，不需要关心它是否会溢出。

注意：for each 语句只能对数据进行输出，而不能改变任何数组元素的值。

3．一维数组的应用

（1）递推问题

递推算法可以用循环结构来解决。递推算法的核心是通过前项计算后项，从而将一个复杂的问题转换为一个简单过程的重复执行。由于一个数组本身包含了一系列变量，因此利用数组可以简化递推算法。

【例 2.13】用数组求 Fibonacci 数列问题。Fibonacci 数列是 1，1，2，3，5，8，13，21，34，…。

分析：可以用 20 个元素代表数列中的 20 个数，从第 3 个数开始，可以直接用表达式 f[i]=f[i−2]+f[i−1] 求出各数。

程序如下：

```
public class Example2_13{
    public static void main(String[] args) {
        int i;
```

```
        //int[] f=new int[20]{1,1};
                              //f[0]=1,f[1]=1 错误，不能直接指定数组长度
        int[] f=new int[20];            //f[0]=1,f[1]=1
        f[0]=1;f[1]=1;
        for(i=2;i<20;i++)
            f[i]=f[i-2]+f[i-1];  //在 i 的值为 2 时，f[2]=f[0]+f[1]，依此类推
        for(i=0;i<20;i++){       //此循环的作用是输出 20 个数
            if(i%5==0)
                System.out.println();    //控制换行，每行输出 5 个数据
                System.out.print(f[i]+ "\t");  //每个数据输出时占 8 列宽度
        }
    }
}
```

用数组解决递推问题，不仅简化了代码设计，更重要的是可以大大地提高程序的可读性。

（2）排序问题

排序是数组应用中最重要的内容之一。排序的方法很多，如比较法、选择法、冒泡法、插入法及 Shell 排序等。下面介绍最常用的冒泡法。

【例 2.14】 编写程序，用冒泡法对 10 个数排序（按由小到大的顺序）。

冒泡法的思路是：对数组做多轮比较调整遍历，每轮遍历是对遍历范围内的相邻两个数进行比较和调整，将小的数调整到前边，大的数调整到后边（设进行从小到大的排序）。定义 int a[10]存储从键盘输入的 10 个整数。对数组 a 中的 10 个整数的冒泡法排序的算法如下：

第 1 轮遍历：第 1 次是 a[0]与 a[1]比较，如果 a[0]比 a[1]大，则 a[0]与 a[1]互相交换位置；若 a[0]不比 a[1]大，则不交换。

第 2 次是 a[1]与 a[2]比较，若 a[1]比 a[2]大，则 a[1]与 a[2]互相交换位置。

第 3 次是 a[2]与 a[3]比较，若 a[2]比 a[3]大，则 a[2]与 a[3]互相交换位置。

……

第 9 次是 a[8]与 a[9]比较，若 a[8]比 a[9]大，则 a[8]与 a[9]互相交换位置；第 1 轮遍历结束后，使数组中的最大值被调整到 a[9]。

第 2 轮遍历和第 1 轮遍历类似，只不过因为第 1 轮遍历已经将最大值调整到 a[9]中，所以第 2 轮遍历只需要比较 8 次。第 2 轮遍历结束后，使数组中的次大值被调整到 a[8]。依此类推，直到所有的数按从小到大的顺序排列。

冒泡法的基本思想如图 2-16 所示，灰底数字表示正在比较的两个数，最左列为最初的情况，最右列为完成后的情况。

A[0]	8	5	5	5	5	2	2	2	2	2	2
A[1]	5	8	2	2	2	5	4	4	4	3	3
A[2]	2	2	8	4	4	4	5	3	3	4	4
A[3]	4	4	4	8	3	3	3	5	5	5	5
A[4]	3	3	3	3	8	8	8	8	8	8	8
	第1轮				第2轮			第3轮		第4轮	

图 2-16　冒泡法的基本思想

可以推知，如果有 n 个数，则要进行 $n-1$ 轮比较和交换。在第 1 轮中要进行 $n-1$ 次两两比较，在第 j 轮中要进行 $n-j$ 次两两比较。

冒泡法排序（10个数按升序排列）算法的 N-S 图如图 2-17 所示。

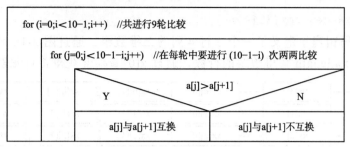

图 2-17　冒泡法排序算法的 N-S 图

根据以上 N-S 图写出程序。程序中定义数组的大小为 10。
程序如下：

```
import java.util.Scanner;
public class Example2_14{
  public static void main(String[] args) {
    int[] a=new int[10];
    int i,j,t;
    System.out.println("input 10 numbers : ");
    for (i=0;i<10;i++){                         //输入 a[0]～a[9]
       Scanner scanner=new Scanner(System.in);
       System.out.print("请输入第"+(i+1)+"个数:");
       a[i]= scanner.nextInt();                 //键盘输入整数
    }
    for(i=0;i<9;i++)                            //共进行 9 轮比较
       for(j=0;j<9-i;j++)                       //在每轮中要进行(9-i)次两两比较
          if(a[j]>a[j+1])                       //如果前面的数大于后面的数
             {t=a[j];a[j]=a[j+1];a[j+1]=t;}     //交换两个数的位置，使小数上浮
    System.out.println("the sorted numbers :");
    for(i=0;i<10;i++)                           //输出排序后 10 个数
       System.out.print(a[i]+"   ");
  }
}
```

2.5.3　多维数组

具有两个下标的数组称为二维数组。有些数据要依赖两个因素才能唯一确定。例如，有 25 个学生，每个学生有 4 门课的成绩。显然，成绩数据是一个二维表，若要表示这组数据，就需要指出学生序号和课程序号这两个因素。在 Java 中可以使用二维数组来表示。

二维和二维以上的数组称为多维数组，在 Java 语言中，多维数组被看作数组的数组。常用的是一维数组和二维数组。

1．二维数组的声明和创建

二维数组的定义有很多方式。

（1）第一种方式

数据类型[][] 数组名=new 数据类型[行的个数][列的个数];

下面以第一种方式声明一个数组：

```
int[][] xx=new int[3][4];
```

上面的代码相当于定义了一个 3 行 4 列的二维数组，通过图 2-18 示意 xx[3][4]。其中可以通过 xx.length 获得数组的行数，通过 x[0].length 获得首行元素的个数。

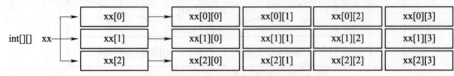

图 2-18　3 行 4 列的二维数组

（2）第二种方式

```
数据类型[][] 数组名=new int[行的个数][];
```

下面以第二种方式声明一个数组：

```
int[][] xx=new int[3][];
```

定义中只声明了此二维数组由 3 个元素组成，其中每个元素是一维数组，需要继续创建每个元素。二维数组中的每个元素的创建都是独立的，所以每个元素对应的一维数组的大小可以不同（当然也可以相同）。例如：

```
xx[0]=new int[1];
xx[1]=new int[2];
xx[2]=new int[3];
```

第二种方式和第一种方式类似，只是数组中每个元素的长度不确定，通过图 2-19 示意。

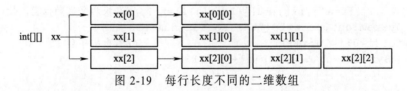

图 2-19　每行长度不同的二维数组

（3）第三种方式

```
数据类型[][] 数组名={{第 0 行初始值},{第 1 行初始值},...,{第 n 行初始值}};
```

下面以第三种方式声明一个数组：

```
int[][] xx={{1,2},{3,4,5,6},{7,8,9}};
```

或者

```
int[][] xx=new int[][]{{1,2},{3,4,5,6},{7,8,9}};
```

上面的二维数组 xx 中定义了三个元素，这三个元素都是数组，分别为{1,2}、{3,4,5,6}、{7,8,9}，如图 2-20 所示。

2．二维数组中元素的访问

二维数组中元素的访问也是通过索引的方式。二维数组元素的表示形式如下：

```
数组名 [行下标][列下标]
```

图 2-20 二维数组的初始化

例如，访问二维数组 a 中第一个元素数组的第二个元素，具体代码如下：

```
a[0][1];
```

下标可以是整型常量表达式，也可以是整型变量表达式，如 a[2-1][2*2-1]、a[i][j]。不要写成 a[2,3]、a[2-1,2*2-1]形式。

数组元素可以出现在表达式中，也可以被赋值。例如：

```
b[1][2]=a[2][3]/2;
```

为了访问二维数组中的某个元素，需指定数组名称和数组中该元素的行下标和列下标。

例如，以下普通 for 循环的方式输出数组 arry 的所有元素值：

```
int[][] arry=new int[3][4];
for(i=0;i<3;i++){            //先遍历行
    for(j=0;j<4;j++)         //在每一行，逐一遍历各个列
        System.out.print(arry[i][j]+"  ");  //从遍历的行和列获取二维数组的元素内容
    System.out.println();
}
```

也可以用 for each 语句遍历二维数组中的元素。

```
int[][] arry=new int[3][4];
for(int[] row:arry) {                         //从每一行中获取元素内容
    for(int data:row){                         //从遍历的每行中逐个遍历每一列的元素
        System.out.printf("%d\t",data);        //获得每一个元素的内容
    }
    System.out.println();
}
```

3．二维数组的应用

【例 2.15】设计一个控制台应用程序，输出九行杨辉三角形。杨辉三角形形式如下：

```
1
1 1
1 2 1
1 3 3 1
1 4 6 4 1
1 5 10 10 5 1
```

其实质是二项式$(a+b)$的 n 次方展开后各项的系数排成的三角形，它的特点是左右两边全是 1，从第 3 行起，中间的每一个数是上一行里相邻两个数之和。

分析：处理杨辉三角形时，假设使用二维数组 a 来表示，再令两边的数为 1，即每行的第一个数和最后一个数为 1(a[i][0]=a[i][i]=1)。则其余元素的值可以由公式

a[i][j]=a[i-1][j-1]+a[i-1][j]得到。

程序如下：

```
public class Example2_15{
    public static void main(String[] args) {
        final int N=10;
        int i,j;
        int[][] a=new int[N][N];
        for(i=1;i<N;i++){                    //第1列和对角线元素均为1
            a[i][i]=1;a[i][1]=1;
        }
        for(i=3;i<N;i++)                     //求第3~N行的元素值
            for(j=2;j<=i-1;j++)
                a[i][j]=a[i-1][j-1]+a[i-1][j];
        for(i=1;i<N;i++){                    //输出
            for(j=1;j<=i;j++)
                System.out.printf("%d\t",a[i][j]);
            System.out.println();
        }
    }
}
```

2.5.4 Arrays 类

在 Java 中，数组实际上是对象。Arrays 类是所有数组类型的抽象基类型，位于 java.util 包中，使用时需要导入（import java.util.Arrays），在 Java 中用作所有数组的基类，提供创建、操作、搜索和排序数组的方法。

1. length 属性

length 属性是只读的，用于返回数组元素的总数，即数组的大小。使用 length 属性的一般形式如下：

```
数组名.length
```

2. sort( )方法

sort( )方法用于对一维数组排序，它是 Arrays 类的静态方法。sort 方法按照从小到大的顺序排序。例如，对于数值型数组，按数值大小排序；对于字符串数组，则按字符编码的大小排序，首先比较字符串的第一个字符，如第一个字符相同则比较第二个字符，依此类推，直到分出大小为止。

sort( )方法的语法格式如下：

```
Arrays.sort (数组名)
```

3. fill( )方法

fill( )方法可以为数组元素填充相同的值。fill( )方法的语法格式如下：

```
Arrays.fill(数组名,相同的值)
```

例如：

```
int[] nums={2,5,0,4,1,-10};              //数组之前:2 5 0 4 1 -10
```

```
Arrays.fill(nums,1);              //数组元素的值都为 1
for(int i:nums)
    System.out.print(i+" ");      //结果:1 1 1 1 1 1
```

4．toString( )和 deepToString( )方法

利用 Arrays 类中的 toString( )静态方法可以将一维数组转化为字符串形式并输出。

```
int[] mya={1,2,3,4,5,6};
string s=Array.toString(mya);
System.out.println(s);            //形成 [1, 2, 3, 4, 5, 6]字符串
```

输出结果如下：

```
[1, 2, 3, 4, 5, 6]
```

而 deepToString( )方法返回多维数组的字符串形式。

```
int[][] nums={{1,2},{3,4}};
System.out.println(Arrays.deepToString(nums)); //结果:[[1, 2], [3, 4]]
```

5．copyOf( )和 copyOfRange( )方法

copyOf( )和 copyOfRange( )方法的作用是将一个数组的部分元素复制给另外一个数组。其语法格式如下：

```
Arrays.copyOf(array,length);
Arrays.copyOfRange(array,from,to);
```

copyOf( )其实就是返回一个数组，而这个数组就等于数组 array 的前 length 个元素。
copyOfRange( )从指定的索引 from 处（包含）开始复制，到索引 to 处（不包含）结束。即返回一个数组等于 array[from] ~ array[to-1]。

【例 2.16】设计一个控制台应用程序，对数组进行复制和递增排序并输出。
程序如下：

```
import java.util.Arrays;
public class Arrays_copyOf{
    public static void main(String[] args) {
        int a[]={4,3,6,5,1,2};
        int b[]=Arrays.copyOf(a,4);              //复制前 4 个元素
        int c[]=Arrays.copyOfRange(a,2,4+1);
                                                 //复制从索引 2 到 4 处的元素复制
        Arrays.sort(a);                          //数组 a 排序
        for (int i=0;i<a.length;i++)
            System.out.print(a[i]+" ");
        System.out.println();
        for (int i=0;i<b.length;i++)
            System.out.print(b[i]+" ");
        System.out.println();
        for (int i=0;i<c.length;i++)
            System.out.print(c[i]+" ");
        System.out.println();
    }
}
```

程序运行结果如下：

```
1 2 3 4 5 6
4 3 6 5
6 5 1
```

2.6 Java 方法

2.6.1 方法简介

方法就是一段可以重复调用的代码。假设有一个游戏程序，程序在运行过程中，要不断地发射炮弹。发射炮弹的动作需要编写 100 行代码，在每次实现发射炮弹的地方都需要重复地编写这 100 行代码，这样程序会变得很臃肿，可读性也非常差。为了解决上述问题，通常会将发射炮弹的代码提取出来，放在一个代码段{ }中，并为这段代码起个名字，提取出来的代码可以被看作程序中定义的一个方法。这样在每次发射炮弹的地方，只需通过代码的名称调用方法，就能完成发射炮弹的动作。需要注意的是，有些书中也会把方法称为函数。

在 Java 中，定义一个方法的语法格式如下：

```
修饰符 返回值类型 方法名(参数类型 参数名1,参数类型 参数名2,…){
    执行语句
    ...
    return 返回值;
}
```

对于方法的语法格式，具体说明如下：

- 修饰符：方法的修饰符比较多，例如，对访问权限进行限定的修饰符、static 修饰符、final 修饰符等，这些修饰符在后面的学习过程中会逐步介绍。
- 返回值类型：用于限定方法返回值的数据类型。
- 参数类型：用于限定调用方法时传入参数的数据类型。
- 参数名：是一个变量，用于接收调用方法时传入的数据。
- return 关键字：用于返回方法指定类型的值并结束方法。
- 返回值：被 return 语句返回的值，该值会返回给调用者。

方法中的"参数类型 参数名 1, 参数类型 参数名 2"被称作参数列表，参数列表用于描述方法在被调用时需要接收的参数，如果方法不需要接收任何参数，则参数列表为空，即( )内不写任何内容。方法的返回值类型必须是方法声明的返回值类型，如果方法没有返回值，返回值类型要声明为 void，此时，方法中 return 语句可以省略。

【例 2.17】方法的定义与调用示例。

程序如下：

```
public class Example2_17 {
    public static void main(String[] args) {
        int area=getArea(3, 5);         //调用 getArea( )方法
        System.out.println(" The area is "+area);
    }
```

```
        //下面定义了一个求矩形面积的方法,接收两个参数,其中 x 为高, y 为宽
        public static int getArea(int x,int y) {
            int temp=x*y;                    //使用变量 temp 记住运算结果
            return temp;                     //将变量 temp 的值返回
        }
}
```

上述代码中定义了一个 getArea( )方法用于求矩形的面积,参数 x 和 y 分别用于接收调用方法时传入的长和宽,return 语句用于返回计算所得的面积。在 main( )方法中调用 getArea( )方法,获得长为 3、宽为 5 的矩形的面积,并将结果打印出来。由运行结果可知,程序成功打印出了矩形面积 15。

图 2-21 展示 getArea( )方法的完整调用过程。

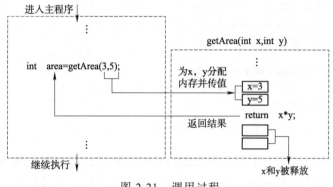

图 2-21 调用过程

当调用 getArea( )方法时,程序执行流程从当前程序调用处跳转到 getArea( )内,程序为参数变量 x 和 y 分配内存,并将传入的参数 3 和 5 分别赋值给变量 x 和 y。在 getArea( )函数内部,计算 x*y 的值,并将计算结果通过 return 语句返回,整个方法的调用过程结束,变量 x 和 y 被释放。程序执行流程从 getArea( )方法内部跳转回主程序的调用处。

2.6.2 方法的重载

在平时生活中经常会出现这样一种情况:一个班里可能同时有两个叫小明的同学,甚至有多个,但是他们的身高、体重、外貌等有所不同,老师点名时都会根据他们的特征来区分。在编程语言里也存在这种情况,参数不同的方法有着相同的名字,调用时根据参数不同确定调用哪个方法,这就是 Java 方法重载机制。

所谓方法重载,就是在同一个作用域内方法名相同但参数个数或者参数类型不同的方法。例如,在同一个作用域内同时定义三个 add( )方法,这三个 add( )方法就是重载的方法。

【例 2.18】演示重载方法的定义与调用,在该案例中,定义三个 add( )方法,分别用于实现两个整数相加、三个整数相加以及两个小数相加的功能。

程序如下:

```
public class Example2_18{
    public static void main(String[] args) {
```

```
        //下面是针对求和方法的调用
        int sum1=add(1,2);
        int sum2=add(1,2,3);
        double sum3=add(1.2,2.3);
        // 下面的代码是打印求和的结果
        System.out.println("sum1="+sum1);
        System.out.println("sum2="+sum2);
        System.out.println("sum3="+sum3);
    }
    //下面的方法实现了两个整数相加
    public static int add(int x,int y) {
        return x+y;
    }
    //下面的方法实现了三个整数相加
    public static int add(int x,int y,int z) {
        return x+y+z;
    }
    //下面的方法实现了两个小数相加
    public static double add(double x,double y) {
        return x+y;
    }
}
```

上述代码中，定义了三个同名的 add( )方法，但它们的参数个数或类型不同，从而形成了方法的重载。在 main( )方法中调用 add( )方法时，通过传入不同的参数便可以确定调用哪个重载的方法，如 add(1,2)调用的是 add(int x, int y)方法。需要注意的是，方法的重载与返回值类型无关。

习　题

1. Java 中的数据类型有哪些？
2. Java 中循环语句有哪些？它们之间有什么区别？
3. 输入一个整数 n，判断其能否同时被 5 和 7 整除，如能则输出"xx 能同时被 5 和 7 整除"，否则输出"xx 不能同时被 5 和 7 整除"。要求"xx"为输入的具体数据。
4. 输入一个百分制的成绩，经判断后输出该成绩的对应等级。其中，90 分以上为 A，80～89 分为 B，70～79 分为 C，60～69 分为 D，60 分以下为 E。
5. 某百货公司为了促销，采用购物打折的办法。在 1 000 元以上者，按九五折优惠；在 2000 元以上者，按九折优惠；在 3 000 元以上者，按八五折优惠；在 5 000 元以上者，按八折优惠。编写程序，输入购物款数，计算并输出优惠价。（要求用 switch 语句编写）
6. 编写一个求整数 n 的阶乘（n!）的程序，要求显示的格式如下：
   1: 1   2: 2   3: 6
   4: 24   5: 120   6: 720
7. 编写程序，求 1!+3!+5!+7!+9!。

8. 编写程序，计算下列公式中 s 的值（n 是运行程序时输入的一个正整数）。

$s = 1 + (1+2) + (1+2+3) + \cdots + (1+2+3+\cdots+n)$

$s = 1^2 + 2^2 + 3^2 + \cdots + (10 \times n + 2)$

$s = 1 \times 2 - 2 \times 3 + 3 \times 4 - 4 \times 5 + \cdots + (-1)^{(n-1)} \times n \times (n+1)$

$s = 1 + \dfrac{1}{1+2} + \dfrac{1}{1+2+3} + \cdots + \dfrac{1}{1+2+3+\cdots+n}$

9. 有一个数列，其前三项分别为 1、2、3，从第四项开始，每项均为其相邻的前三项之和的 1/2，问：该数列从第几项开始，其数值超过 1 200。

10. 找出 1～100 之间的全部"同构数"。"同构数"是这样一种数，它出现在它的平方数的右端。例如，5 的平方是 25，5 是 25 中右端的数，5 就是同构数，25 也是一个同构数，它的平方是 625。

11. 从键盘输入 10 个数据，找出其中的最大值、最小值和平均值，并输出高于平均值的数据及其个数。

12. 设有一个 5×5 的方阵，分别计算两条对角线上的元素之和。

13. 编写控制台程序，将一个数组中的值按逆序重新存放并输出。例如，原来顺序为 8,6,5,4,1。要求改为 1,4,5,6,8。

14. 随机产生 20 个学生的计算机课程的成绩（0～100），按照从大到小的顺序排序，分别显示排序前和排序后的结果。

15. 设有矩阵：

$$\begin{bmatrix} 1 & 2 & 3 & 4 & 5 \\ 2 & 4 & 6 & 8 & 10 \\ 3 & 6 & 9 & 12 & 15 \\ 4 & 8 & 12 & 16 & 20 \\ 5 & 10 & 15 & 20 & 25 \end{bmatrix}$$

编写程序，计算并输出所有元素的平均值以及两对角线的元素之和。

第 3 章
Java 面向对象基础

  Java 是一种面向对象程序设计语言，为面向对象技术提供了全面的支持。学习 Java 语言首先要认识类和对象。类是面向对象程序设计的基础，也是 Java 封装的基本单元；对象是类的实例。本章主要介绍类和对象的基本概念、类的声明和使用以及类的方法成员、属性成员。读者初步达到使用类的思想编写面向对象程序的能力。

3.1 面向对象程序设计的思想和概念

视频
面向对象程序
设计的思想和概念

  面向对象（Object Oriented，OO）方法学的出发点和基本原则是尽可能模拟人类习惯的思维方式，使开发软件的方法与过程尽可能接近人类认识世界、解决问题的方法与过程，也就是使描述问题的问题空间（也称问题域）与实现解法的解空间（也称求解域）在结构上尽可能一致。

  面向对象程序设计（Object Oriented Programming，OOP）是软件系统设计与实现的方法，这种方法既吸取了结构化程序设计的绝大部分优点，又考虑了现实世界与面向对象空间的映射关系，所追求的目标是将现实世界的问题求解尽可能地简单化。在自然界和社会生活中，一个复杂的事物总是由很多部分组成的。例如，一个人由姓名、性别、年龄、身高、体重等特征描述；一个自行车由车轮、车身、车把等部件组成；一台计算机由主机、显示器、键盘、鼠标等部件组成。当人们生产一台计算机时，并不是先生产主机，然后生产显示器，最后生产键盘、鼠标，即不是顺序执行的。而是分别生产主机、显示器、键盘、鼠标等，再把它们组装起来。这些部件通过事先设计好的接口连接，以便协调工作。例如，通过键盘输入可以在显示器上显示字或图形。这就是面向对象程序设计的基本思路。

  面向对象程序设计方法提出了一些全新的概念，如类和对象、封装、继承和多态，下面分别讨论这几个概念。

3.1.1 类和对象的概念

1. 类

  类是面向对象程序设计语言的基本概念。在现实生活中，人们常把众多的事物归纳并划分为若干种类型，这是认识客观世界常用的思维方式。例如，人们把载人数量为 5~7 人的，各种品牌使用汽油或柴油的四个轮子的汽车统称为小轿车，也就是说，从众多的具体车辆中抽象出小轿车类。再如，一所高校所有在校的各个班级和各个专业的本科生、研究生统称为学生，可以从众多的具体在校人员中抽象出学生类。

对事物进行分类时，依据的原则是抽象，将注意力集中在与目标有关的本质特征上，而忽略事物的非本质特征，进而找出这些事物的所有共同点，把具有共同性质的事物划分为一类，得到一个抽象的概念。日常生活中的汽车、房子、人、衣服等概念都是人们在长期的生产和生活实践中抽象出来的概念。

面向对象方法中的"类"是具有相同属性和行为的一组对象的集合，它为属于该类的全部对象提供了抽象的描述，其内部包括属性和行为两个主要部分。

2. 对象

对象是现实世界中一个实际存在的事物，它可以是看得见、摸得到的物体（如一本书），也可以是无形的（如一份报告）。对象是构成现实世界的一个独立单位，它具有自己的静态特征（可以用某种数据来描述）和动态特征（对象所表现出来的行为或具有的功能）。例如，张三是现实世界中一个具体的人，他具有身高和体重（静态特征），能够思考及做运动（动态特征）。

面向对象方法中的对象，是描述系统中某一客观事物的一个实体，它是构成系统的一个基本单位。对象由一组属性和一组行为构成。属性是用来描述对象静态特征的数据项，而行为是用来描述对象动态特征的操作序列。类和对象的关系就像模具与产品之间的关系，一个属于某类的对象称为该类的一个实例，如张三就是人这个类的一个实例，或是这个类的具体表现。

3.1.2 面向对象的三大特性

1. 封装与数据隐藏

封装是指将数据和代码捆绑在一起，从而避免外界的干扰和不确定性。在 Java 中，封装是通过类来实现的。类是描述具有相同属性和方法的对象的集合，定义了该集合中每个对象所共有的属性和方法。封装也是面向对象方法中的一个重要原则，它把对象的属性和行为结合成一个独立的系统单位，并且尽可能地隐藏对象的内部细节。这里有两层含义：一是把对象的全部属性和全部行为结合在一起，形成一个不可分割的独立单元；二是信息隐蔽，也就是尽可能隐蔽对象的内部细节，对外部世界形成一个边界或屏障，只保留有限的公用的对外接口，使之与外部世界发生联系。

2. 继承

继承（Inheritance）是面向对象程序设计能够提高软件开发效率的重要原因之一，也是软件规模化的一个重要手段。特殊类的对象拥有其一般类的全部属性和行为，称为特殊类对一般类的继承。

继承具有重要的现实意义，它简化了人们对于现实世界客观事物的认识和描述。例如，人们认识了汽车的特征之后，再考虑小轿车时，因为知道小轿车也是汽车，于是认为小轿车具有汽车的全部一般特征，从而可以把精力用于发现和描述小轿车不同于一般汽车的那些特征。

软件的规模化生产是影响软件产业发展的重要因素,它强调软件的复用性,也就是程序不加修改或进行少许修改,就可以用在不同的地方。继承对于软件的复用具有重要意义,特殊类继承一般类,本身就是软件复用。不仅如此,如果将开发好的类作为构件放到构件库中,在开发新系统时可以直接使用或继承使用。

3. 多态性

面向对象的通信机制是消息,面向对象技术是通过向未知对象发送消息来进行程序设计的。当一个对象发出消息时,对于相同的消息,不同的对象具有不同的反应能力。这样,一个消息可以产生不同的响应效果,这种现象称为多态性。

在操作计算机时,"双击鼠标左键"这个操作可以很形象地说明多态性的概念。如果发送消息"双击鼠标左键",不同的对象会有不同的反应。例如,"文件夹"对象收到双击消息后,其产生的操作是打开这个文件夹;而"可执行文件"对象收到双击消息后,其产生的操作是执行这个文件;如果是音乐文件,会播放这个音乐;如果是图形文件,会使用相关工具软件打开这个图形。很显然,打开文件夹、播放音乐、打开图形文件需要不同的函数体,但是在这里,它们可以被同一条消息"双击鼠标左键"来引发,这就是多态性。面向对象程序设计通过继承和重写两种机制实现多态性。

多态性是面向对象程序设计的一个重要特征。它减轻了程序员的记忆负担,使程序的设计和修改更加灵活,程序员只需要记住有限的接口就可以完成各种所需要的操作,程序中可以用简单的操作完成同一类体系中不同对象的操作。

3.1.3 面向对象和面向过程的区别

C语言是一个结构化语言,它的重点在于算法和数据结构。C程序的设计首要考虑的是如何通过一个过程,对输入(或环境条件)进行运算处理得到输出[或实现过程(事务)控制],而对于Java,首要考虑的是如何构造一个对象模型,让这个模型能够契合与之对应的问题域,这样就可以通过获取对象的状态信息得到输出或实现过程(事务)控制。

面向过程就是分析出解决问题所需要的步骤,然后用函数把这些步骤一步一步实现,使用的时候一个一个依次调用即可。

面向对象是把构成问题事务分解成各个对象,建立对象的目的不是完成一个步骤,而是描述某个事物在整个解决问题的步骤中的行为。

例如五子棋,面向过程的设计思路就是首先分析问题的步骤:①开始游戏;②黑子先走;③绘制画面;④判断输赢;⑤轮到白子;⑥绘制画面;⑦判断输赢;⑧返回步骤②;⑨输出最后结果。

把上面每个步骤用分别的函数来实现,问题就解决了。

而面向对象的设计则是从另外的思路来解决问题。整个五子棋可以分为:

① 黑白双方,这两方的行为是一模一样的。

② 棋盘系统,负责绘制画面。

③ 规则系统,负责判定诸如犯规、输赢等。

第一类对象（玩家对象）负责接收用户输入，并告知第二类对象（棋盘对象）棋子布局的变化，棋盘对象接收到了棋子的变化就要负责在屏幕上面显示出这种变化，同时利用第三类对象（规则系统）来对棋局进行判定。

可以明显地看出，面向对象是以功能来划分问题，而不是步骤。同样是绘制棋局，这样的行为在面向过程的设计中分散在了多个步骤中，很可能出现不同的绘制版本，因为通常设计人员会考虑到实际情况进行各种各样的简化。而面向对象的设计中，绘图只可能在棋盘对象中出现，从而保证了绘图的统一。

功能上的统一保证了面向对象设计的可扩展性。比如，在上述五子棋游戏中要加入悔棋的功能，如果要改动面向过程的设计，那么从输入到判断到显示这一连串的步骤都要改动，甚至步骤之间的顺序都要进行大规模调整。如果是面向对象，那么，只用改动棋盘对象就行了，棋盘系统保存了黑白双方的棋谱，简单回溯就可以了，而显示和规则判断则不用顾及，同时整个对对象功能的调用顺序都没有变化，改动只是局部的。

再如，要把这个五子棋游戏改为围棋游戏，如果是面向过程设计，那么五子棋的规则就分布在了程序的每一个角落，改动的工作量很大。但是如果当初就是面向对象的设计，那么只用改动规则对象就可以了，五子棋和围棋的主要区别就是规则。（当然，棋盘大小也不一样，但这直接在棋盘对象中进行一番小改动就可以了。）而下棋的大致步骤从面向对象的角度来看没有任何变化。

当然，要达到改动只是局部需要设计人员有足够的经验，使用对象不能保证程序就是面向对象，初学者很可能以面向对象之虚而行面向过程之实，这样设计出来的所谓面向对象的程序很难有良好的可移植性和可扩展性。

上述五子棋游戏例子实现起来太复杂，下面通过一个比较简单的例子来介绍面向对象与面向过程的区别。

问题：输入圆的半径，输出圆的周长和面积。

（1）用面向过程编程方法实现上述问题

【例3.1】用面向过程编程的方法实现输入圆的半径，输出圆的周长和面积。

数据描述：半径、周长、面积均用实型数表示。

数据处理：①输入半径r；②计算周长；③计算面积；④输出半径、周长、面积。

程序如下：

```
import java.util.Scanner;
public class Example3_1 {
   public static void jisuan(int r){
      System.out.println("the radius is: "+r);
      System.out.println("the area is: "+r*r*3.14);
      System.out.println("the girth is: "+2*r*3.14);
   }
   public static void main(String[] args) {
      int r;
      System.out.println("input the radius:" );
      Scanner scanner=new Scanner(System.in);
      System.out.print("请输入圆的半径:");
```

```
            r=scanner. nextInt( );        //键盘输入
            jisuan (r);
        }
    }
```

程序运行结果如下:

```
请输入圆的半径:
the radius is: 5
the area is: 78.5
the girth is: 31.4
```

（2）用面向对象方法编程实现上述问题

【例3.2】用面向对象编程的方法实现输入圆的半径，输出圆的周长和面积。

```
import java.util.Scanner;
class Circle{
    double radius;
    void setRadius(double r){
        radius=r;
    }
    void getRadius( ){
        System.out.print("the radius is: "+radius);
    }
    void getGirth( ){
        System.out.println("the area is: "+2*radius*3.14);
    }
    void getArea( ){
        System.out.println("the area is: "+radius*radius*3.14);
    }
};
public class Example3_2{
    public static void main(String[] args) {
        Circle c;
        c.setRadius(3);
        c.getRadius( );
        c.getGirth( );
        c.getArea( );
    }
}
```

程序运行结果如下:

```
the radius is: 3
the girth is: 18.84
the area is: 28.26
```

如今，面向对象的概念和应用不仅存在于程序设计和软件开发，而且在数据库系统、交互式界面、应用结构、应用平台、分布式系统、网络管理结构、CAD 技术、人工智能等诸多领域都有所渗透。

3.2　Java 语言的类和对象

在面向对象中，为了做到让程序对事物的描述与事物在现实中的形态保持一致，面向对象思想中提出了两个概念，即类和对象。在 Java 程序中类和对象是最基本、最重要的单元。类表示某类群体的一些基本特征抽象，对象表示一个个具体的事物。

例如，在现实生活中，学生可以表示为一个类，而一个具体的学生可以称为对象。一个具体的学生会有自己的姓名和年龄等信息，这些信息在面向对象的概念中称为属性；学生可以看书和打篮球，这些行为在类中就称为方法。类与对象的关系如图 3-1 所示。

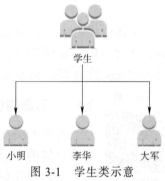

图 3-1　学生类示意

在图 3-1 中，学生可以看作一个类，小明、李华、大军都是学生类型的对象。类用于描述多个对象的共同特征，它是对象的模板。对象用于描述现实中的个体，它是类的实例。对象是根据类创建的，一个类可以对应多个对象。

在面向对象的思想中最核心的就是对象，而创建对象的前提是需要定义一个类。类是 Java 中一个重要的引用数据类型，也是组成 Java 程序的基本要素，所有的 Java 程序都是基于类的。

类是对象的抽象，用于描述一组对象的共同特征和行为。类中可以定义成员变量和成员方法，其中，成员变量用于描述对象的特征，成员变量也称对象的属性；成员方法用于描述对象的行为，可简称为方法。

3.2.1　类的定义

类的定义格式如下：

```
class 类名{
    成员变量；
    成员方法；
}
```

根据上述格式定义一个学生类，成员变量包括姓名（name）、年龄（age）、性别（sex）；成员方法包括 sayHello( )。学生类定义的示例代码如下：

```
class Student {
    String name;     //定义 String 类型的变量 name
    int age;         //定义 int 类型的变量 age
    String sex;      //定义 String 类型的变量 sex
    //定义 sayHello() 方法
    void sayHello() {
        System.out.println("大家好,我是"+name+"!");
    }
}
```

在 Java 中，定义在类中的变量称为成员变量，定义在方法中的变量称为局部变量。如果在某一个方法中定义的局部变量与成员变量同名,这种情况是允许的,此时,在方法中通过变量名访问到的是局部变量,而并非成员变量。

```
class Student {
    int age=30;                    //类中定义的变量称作成员变量
    void sayHello () {
        int age=50;                //方法内部定义的变量称作局部变量
        System.out.println("大家好,我"+age+"岁了,我在看书!");
    }
}
```

上面的代码中,在 Student 类的 sayHello( )方法中有一条打印语句,访问了变量 age,此时访问的是局部变量 age,也就是说当有另外一个程序调用 sayHello( )方法时,输出的 age 值为 50,而不是 30。

视 频

对象的创建
与使用

3.2.2 对象的创建与使用

对象(Object)是实际世界中存在的个体或概念实体,它表示世界中某个具体的事物,如一台计算机、一本书等事物都属于对象。而类是 Java 语言面向对象的基本元素,包括了对象的行为和结构类别,它是现实事物的抽象描述,并且此类事物具有共同的行为和特点,其中行为称为对象成员方法,特点称为对象成员属性。类的实例才是真正的对象。

1. 对象的创建

在 Java 程序中可以使用 new 关键字创建对象,具体格式如下:

```
类名 对象名称;
对象名称=new 类名();
```

上述格式中,创建对象分为声明对象和实例化对象两步,也可以直接通过下面的方式创建对象:

```
类名 对象名称=new 类名();
```

例如,创建 Student 类的实例对象,示例代码如下:

```
Student stu=new Student();
```

上述代码中,new Student( )用于创建 Student 类的一个实例对象,Student stu 则是声明了一个 Student 类型的变量 stu。运算符"="将新创建的 Student 对象地址赋值给变量 stu,变量 stu 引用的对象简称为 stu 对象。

【例 3.3】创建 Student 类的实例对象。

程序如下:

```
class Student {
    String name;                   //声明姓名属性
    void sayHello( ) {
        System.out.println("大家好,我是"+name+",我在看书!");
    }
}
public class Test {
    public static void main(String[] args[]) {
```

```
        Student stu=new Student( );           //创建并实例化对象
    }
}
```

上述代码在 main( )方法中实例化了一个 Student 对象，对象名称为 stu。使用 new 关键字创建的对象是在堆内存分配空间。stu 对象的内存分配如图 3-2 所示。

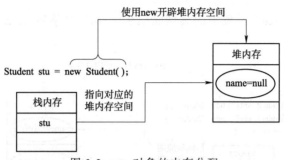

图 3-2　stu 对象的内存分配

2．对象属性和方法的访问

创建 Student 对象后，可以使用对象访问类中的某个属性或方法，对象属性和方法的访问通过 "." 运算符实现，具体格式如下：

```
对象名称.属性名
对象名称.方法名
```

【例 3.4】对象属性和方法的访问示例。

程序如下：

```
class Student {
    String name;                            //声明姓名属性
    void sayHello() {
        System.out.println("大家好，我是"+name);
    }
}
public class Example3_4{
    public static void main(String[] args) {
        Student stu1=new Student();     //创建第一个 Student 对象
        Student stu2=new Student();     //创建第二个 Student 对象
        stu1.name="小明";                //为 stu1 对象的 name 属性赋值
        stu1.sayHello();                 //调用对象的方法
        stu2.name="小华";
        stu2.sayHello();
    }
}
```

上述代码中，Student 类声明了一个 String 类型的 name 属性和一个 sayHello( )方法，Example01 类中 main( )创建了 stu1 对象和 stu2 对象；并分别对 stu1 对象和 stu2 对象的 name 属性赋值；通过 stu1 对象和 stu2 对象调用 sayHello( )方法。

程序运行结果如下：

```
大家好，我是小明
```

大家好，我是小华

从运行结果可以看出，stu1 对象和 stu2 对象在调用 sayHello( )方法时，打印的 name 值不相同。这是因为 stu1 对象和 stu2 对象是两个完全独立的个体，它们分别拥有各自的 name 属性，对 stu1 对象的 name 属性进行赋值并不会影响到 stu2 对象 name 属性的值。

为 stu1 对象和 stu2 对象中的属性赋值后，stu1 对象和 stu2 对象的内存变化如图 3-3 所示。

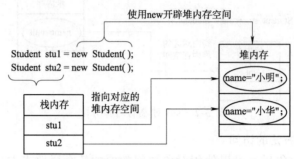

图 3-3　stu1 对象和 stu2 对象的内存变化

3．对象的引用

类属于引用数据类型，引用数据类型就是指内存空间可以同时被多个栈内存变量引用。

【例 3.5】对象的引用传递示例。

程序如下：

```java
class Student {
    String name;              //声明姓名属性
    int age;                  //声明年龄属性
    void sayHello() {
        System.out.println("大家好,我是"+name+",年龄"+age);
    }
}
public class Example3_5{
    public static void main(String[] args) {
        Student stu1=new Student();      //声明 stu1 对象并实例化
        Student stu2=null;               //声明 stu2 对象,但不对其进行实例化
        stu2=stu1;                       //stu1 给 stu2 分配空间使用权。
        stu1.name="小明";                //为 stu1 对象的 name 属性赋值
        stu1.age=20;
        stu1.sayHello();                 //调用对象的方法
        stu2.age=50;
        stu2.sayHello();
    }
}
```

上述代码中，在 main( )中声明 stu1 对象并实例化；声明 stu2 对象，但不对其进行实例化。stu2=stu1 语句把 stu1 对象的堆内存空间引用复制给 stu2。这时 stu1、stu2

实际是同一个对象的引用。为 stu1 对象的 name 属性和 age 属性赋值也即为 stu2 对象的 name 属性和 age 属性赋值。如果更改了此对象，那么 stu1 和 stu2 都会更改，如图 3-4 所示。

程序运行结果如下：

```
大家好，我是小明，年龄 20
大家好，我是小明，年龄 50
```

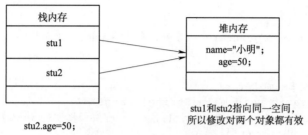

图 3-4　对象的引用传递

一个对象引用只能指向一个堆内存空间，必须先断开已有的指向，才能分配新的指向。

3.3　构造方法

当建立一个对象时，对象表达了现实世界的实体。例如，一旦创建了一个学生对象，那么这个学生就是实实在在存在的，就应该有名字、年龄等。如果创建了学生对象，但并没有给它的数据成员初始化，该学生的名字、年龄等数据成员将依据数据类型的不同被系统初始化（如所有整型数据会被初始化为 0），那么这个对象就没有任何意义。因此，当创建对象时，经常需要自动地做某些初始化的工作，如初始化类的数据成员。

在 Java 中提供了一个特殊的成员方法——构造方法（也称构造函数），通过构造方法可以为对象的属性初始化，创建一个类时都会提供一个默认的构造方法，即无参的构造方法，这里构造方法的名字和类名相同，而且没有返回值，构造方法名称前不能有任何返回值类型（包括 void 类型）的声明。不能在构造方法中使用 return 返回一个值，但是可以单独写 return 语句作为方法的结束。

1. 构造方法的定义

构造方法是类的一个特殊成员方法，在类实例化对象时自动调用。

构造方法的定义格式为：

```
class 类名{
    构造方法名(参数表);
    ...
};
```

【例 3.6】创建一个类名为 Student 的类，其拥有一个不带参数的构造方法 Student( )。

程序如下：

```java
public class Student{
    String name;                            //声明姓名属性
    int age;                                //声明年龄属性
    public Student() {                      //不带参数的构造方法
        name="张海";
        age=21;                             //初始化
    }
    void sayHello() {
        System.out.println("大家好，我是"+name+"，年龄"+age);
    }
}
public class Example3_6{
    public static void main(String[] args) {
        Student stu=new Student();  `       //实例化 Student 对象
        stu.sayHello();
    }
}
```

在类中定义了构造方法 Student( )，它与类同名。程序在 main( )第一行创建一个 Student 对象 stu，这时会自动调用构造方法 Student( )，将该对象的数据成员 name 和 age 初始化为"张海"。第二行执行 stu.sayHello( )方法，将该日期输出为"大家好，我是张海,年龄 21"。如果没有构造方法 Student( )，则数据成员未被赋值。程序运行结果是 name 和 age 都为默认值（大家好，我是 null，年龄 0），无意义，由此可以看出构造方法的作用。

【例 3.7】创建一个类名为 Student 的类，其拥有一个带参数的构造方法 Student( )。
程序如下：

```java
public class Student{
    String name;                            //声明姓名属性
    int age;                                //声明年龄属性
    public Student(String n,int a) {        //构造方法
        name=n;
        age=a;                              //初始化
    }
    void sayHello() {
        System.out.println("大家好，我是"+name+"，年龄"+age);
    }
}
public class Example3_7{
    public static void main(String[] args) {
        Student stu=new Student("张海",21);    //实例化 Student 对象
        stu sayHello();
    }
}
```

在类中定义了构造方法 Student(String n,int a)。程序在 main( )第一行创建一个 Student 对象 stu，这时会自动调用两个参数的构造方法 Student(String n, int a)，将该

对象的数据成员 name 和 age 初始化。由此可见，使用带参数的构造方法可将对象的数据成员初始化为不同的值，使初始化一步到位。

在 Java 中的每个类都至少有一个构造方法，如果在一个类中没有定义构造方法，系统会自动为这个类创建一个默认的构造方法，这个默认的构造方法没有参数，方法体中没有任何代码，即什么也不做。

下面程序中 Student 类的两种写法，效果是完全一样的。

第一种写法：

```
class Student {
}
Student  S1=new Student();
```

第二种写法：

```
class Student{
   public Student(){
   }
}
```

对于第一种写法，类中虽然没有声明构造方法，但仍然可以用 new Student( )语句创建 Student 类的实例对象，在实例化对象时调用默认构造方法。

上面例 3.7 的 Student 类中定义了一个有参构造方法，这时系统就不再提供默认的构造方法。接下来再编写一个测试程序调用上面的 Student 类。

```
public class Example3_7{
    public static void main(String[] args) {
        Student stu=new Student();      //实例化 Student 对象
    }
}
```

编译器提示无法将 Student 类的无参构造方应用到有参构造方法,原因是调用 new Student( )创建 Student 类的实例对象时，需要调用无参构造方法，而 Student 类中定义了一个有参的构造方法，系统不再提供无参构造方法。为了避免上面的错误，在一个类中如果定义了有参的构造方法，最好再定义一个无参的构造方法。

需要注意的是，构造方法通常使用 public 进行修饰。

2．构造方法重载

与普通方法一样，构造方法也可以重载。当一个方法名相同而参数不同时，则说明方法重载。重载是为了可以使用同一个方法名来实现多种功能，默认构造方法和带参构造方法也是重载。

一个类可以拥有一个或多个构造方法，例如既有无参的构造方法，又有带参的构造方法。下面代码实现了构造方法的重载和普通成员方法的重载。

【例 3.8】构造方法的重载和普通成员方法的重载示例。

程序如下：

```
public class Student {
    String name;                //定义姓名变量属性
    int age;                    //定义年龄变量属性
```

```
        public Student() {                          //构造方法
            name="张海";                             //初始化
            age=21;
        }
        public Student(String n,int a) {            //带参构造方法
            name=n;                                 //初始化
            age=a;
        }
        public void sayHello() {                    //普通成员方法的重载
            System.out.println("大家好，我是"+name+",年龄"+age);
        }
        public void sayHello(int newage) {          //普通成员方法的重载
            System.out.println("大家好，我是"+name+",年龄"+newage);
        }
        public void sayHello(String na,int newage) {   //普通成员方法的重载
            System.out.println("大家好，我是"+na+",年龄"+newage);
        }
    }
```

上述代码中有两个重载的构造方法，另外还有三个方法名相同的方法 sayHello( )，因为其参数不同而方法名相同，所以称为方法重载，区分方法重载的办法就是看方法名相同的参数是否是独一无二的。

```
public class Example3_8{
    public static void main(String[] args) {
        Student stu1=new Student();                 //实例化 Student 对象
        Student stu2=new Student("李志康",24);       //实例化 Student 对象
        stu1.sayHello();
        stu1.sayHello(20);
        stu2.sayHello(25);
        stu2.sayHello("李康",25);
    }
}
```

程序运行结果如下：

```
大家好，我是张海，年龄21
大家好，我是张海，年龄20
大家好，我是李志康，年龄25
大家好，我是李康，年龄25
```

3.4 this 关键字

Java 中有一个特殊的对象实例为 this，其只能在方法内部使用，表示调用这个方法的对象实例。Java 中的 this 关键字语法比较灵活，其主要作用有以下两种：

① 使用 this 关键字访问成员变量。
② 使用 this 关键字调用本类的构造方法。

3.4.1 使用 this 关键字访问成员变量

在方法内部调用同一个类中的成员方法时，可以不必使用 this，但是在 Java 开发中，当成员变量与局部变量重名时，需要使用到 this 关键字区分成员变量与局部变量，这时必须使用 this。例如，在类的构造方法中，如果参数名称与类属性名称相同，则会导致成员变量和局部变量的名称冲突。

【例 3.9】this 关键字访问成员变量示例。

程序如下：

```java
class Student {
    private String name;                        //定义成员变量
    private int age;
    //定义构造方法
    public Student(String name,int age) {
        this.name=name;                         //必须使用 this
        age=age;
    }
    public void sayHello(){
        System.out.println("我是:"+name+",年龄:"+age);
    }
}
public class Example3_9 {
    public static void main(String[] args) {
        Student stu=new Student("张海",21);     //实例化 Student 对象
        stu.sayHello();
    }
}
```

程序运行结果如下：

我是张海，年龄 0

在上述代码中，this.name 中的 name 为外面定义的成员变量 name，而等号右边的 name 为方法的参数 name，这里必须使用 this 才能调用外面的成员变量 name。由于 age 处没使用 this，运行结果年龄为 0，这表明构造方法中的赋值并没有成功。

之所以这里必须使用 this，是因为参数名称与对象成员变量名称相同，编译器无法确定哪个名称是当前对象的属性。为了解决这个问题，Java 提供了关键字 this 指代当前对象，通过 this 可以访问当前对象的成员。在构造方法之中，使用 this 关键字明确标识出了类中的两个属性"this.name"和"this.age"，所以在进行赋值操作时就不会产生歧义。

3.4.2 使用 this 关键字调用构造方法

构造方法是在实例化对象时被 Java 虚拟机自动调用，在程序中不能像调用其他成员方法一样调用构造方法，但可以在一个构造方法中使用"this(参数1,参数2...)"的形式调用其他构造方法。接下来通过一个案例演示使用 this 关键字调用构造方法。

【例 3.10】this 关键字调用构造方法示例。
程序如下：

```
class Student {
    private String name;
    private int age;
    public Student() {
        System.out.println("实例化了一个新的 Student 对象。");
    }
    public Student (String name,int age) {
        this();                                //调用无参的构造方法
        this.name=name;
        this.age=age;
    }
    public String sayHello( ){
        return "我是:"+name+",年龄:"+age;
    }
}
public class Example3_10 {
    public static void main(String[] args) {
        Student stu=new Student ("张海",21);    //实例化 Student 对象
        System.out.println(stu.sayHello());
    }
}
```

程序运行结果如下：

```
实例化了一个新的 Student 对象。
我是:张海,年龄:21
```

在使用 this 调用类的构造方法时，应注意以下几点：
① 只能在构造方法中使用 this 调用其他构造方法，不能在成员方法中通过 this 调用其他构造方法。
② 在构造方法中，使用 this 调用构造方法的语句必须位于第一行，且只能出现一次。

视 频
static 关键字

3.5 static 关键字

在 Java 中，static 关键字是一个修饰符，用于修饰类的成员方法、类的成员变量，另外可以编写 static 代码块来优化程序性能；被 static 关键字修饰的方法或者成员变量不需要依赖于对象来进行访问，只要类被加载就可以通过类名去进行访问。

3.5.1 静态成员变量

在类中，用 static 声明的成员变量为静态成员变量，也称类变量。静态成员变量是属于类的，也就是从类被创建好后便一直存在，其生命周期与其所在的类相同，在整个应用程序执行期间都有效。若一个类有多个对象实例，那么这些实例会共享该静

态成员变量。同时在类不创建实例对象的情况下，同样可以用类名访问该静态成员变量的值，如例 3.11 所示。

【例 3.11】访问静态成员变量示例。

程序如下：

```java
class Student {
    private String name;
    private int age;
    static int number=0;
    public Student (String name,int age) {
        this.name=name;
        this.age=age;
        System.out.println("创建了"+name);
        number++;
    }
    public String sayHello(){
        return "我是:"+name+",年龄:"+age;
    }
    void quitSchool(){
        System.out.println(name+"退学了");
        number--;
        if(number<3){
            System.out.println("警告！不足 3 人");
        }
    }
}
public class Example3_11{
    public static void main(String[] args) {
        Student stu1=new Student ("张海",21);      //实例化 Student 对象
        Student stu2=new Student ("李智宽",22);    //实例化 Student 对象
        Student stu3=new Student ("王强",22);      //实例化 Student 对象
        System.out.print (stu1.number+"  ");       //结果是 3
        System.out.print(stu2.number+"  ");        //结果是 3
        System.out.print(Student.number+"  ");     //结果是 3
        stu2.quitSchool();
        System.out.println(Student.number);        //结果是 2
    }
}
```

程序运行结果如下：

```
创建了张海
创建了李智宽
创建了王强
3  3  3  李智宽退学了
警告！不足 3 人
2
```

从运行结果看出，对象实例 stu1 和 stu2 访问 number 静态成员变量结果一样，说明 number 静态成员变量被所有的 Student 对象实例共享。同时用类名 Student.number 形式访问 number 静态成员变量。推荐用"类名.静态成员变量名"来访问。

3.5.2 静态方法

static 修饰的方法一般称为静态方法,也称类方法。由于静态方法不依赖于任何对象就可以进行访问,因此对于静态方法来说,是没有 this 的,因为它不依附于任何对象,既然都没有对象,就谈不上 this 了。并且由于这个特性,在静态方法中不能访问类的非静态成员变量和非静态成员方法,因为非静态成员方法/变量都必须依赖具体的对象才能够被调用。

静态方法可以通过"类名.方法名"来访问,也可以通过"对象名.方法名"来访问。推荐用"类名.方法名"来访问。

但是要注意的是,虽然在静态方法中不能访问非静态成员方法和非静态成员变量,但是在非静态成员方法中是可以访问静态成员方法/变量的。

【例 3.12】静态方法访问静态成员变量。

程序如下:

```
class Student {
    private String name;
    private int age;
    static int number=0;
    public Student(String name,int age) {
        this.name=name;
        this.age=age;
        System.out.println("创建了"+name);
        number++;
    }
    public String sayHello(){
        return "我是:"+name+",年龄:"+age;
    }
    static void quitSchool(){                    //静态方法
        System.out.println(name+"退学了");  //报错,静态方法中不能访问
                                             非静态成员变量
        number--;
    }
    public void printNumber(){
        System.out.println(number);           //正确
    }
}
```

3.5.3 静态代码块

在 Java 类中,用 static 关键字修饰的代码块称为静态代码块。当类被加载时,静态代码块会执行,由于类只加载一次,因此静态代码块只执行一次。在程序中,通常使用静态代码块对类的成员变量进行初始化。

【例 3.13】静态代码块的使用示例。

程序如下:

```
class Student{
    String name;                              //成员属性
```

```
    private int age;
    static {
        System.out.println("我是静态代码块");
    }
    public Student(){                    //构造方法
        System.out.println("我是Student类的构造方法");
    }
    public Student (String name,int age) {
        this.name=name;
        this.age=age;
        System.out.println("创建了"+name);
    }
}
public class Example3_13{
    public static void main(String[] args) {
        Student stu1=new Student("张海",21);      //实例化Student对象
        Student stu2=new Student("李智宽",22);    //实例化Student对象
        Student stu3=new Student("王强",22);      //实例化Student对象
    }
}
```

程序运行结果如下：

```
我是静态代码块
创建了张海
创建了李智宽
创建了王强
```

从运行结果可以看出，代码块的执行顺序为静态代码块、构造方法。static修饰的成员会随着class文件一同加载，属于优先级最高的。在main()方法中创建了三个Student对象，但在三次实例化对象的过程中，静态代码块中的内容只输出了一次，这就说明静态代码块在类第一次使用时才会被加载，并且只会加载一次。

3.6 包

包（Packages）是管理一组类的"工具"，这一组类都在同一名字的空间中存放。包名可以是任何名字，并且都以分隔符（.）分开命名。当创建一个类时，如果没有指明其所在的包，那么其将被放在一个默认的无名包中。一般为了编程方便都应该把不同种类的类分别放在不同的包中。

当把一个类放在包中时，如果需要调用此包中的类，可以利用关键字import直接导入，也可以写类的全名，即"包名.类名"。例如，常用类System的全名为java.lang.System。同一个包中类的调用不需要添加包的名字，但是当调用另外一个包中的类时需要导入此类，方法有如下两种。

1. 全名写法

全名写法即上面举例中java.lang.System的形式，把包名和类名用"."组合在一起来命名。例如，在控制台上打印一行字符串，其代码如下：

```
java.lang.System.out.println("Test");
```

上述代码中 java.lang 为包的名字，System 为类的名字。在 Java 中 Java.lang 包是默认被导入的，所以在其下面的类中不需要明确导入。

2．import 导入包

import 语句可以导入一个包中的某个类，也可以把此包中的所有类都导入。如果只导入包中的某个类，其格式如下：

```
import 包名.类名
import java.lang.System;
```

如果导入一个包，那么此包中的所有类都可以在此类中使用，只需要把上面格式中的类名用"*"来代替，其格式如下所示。

```
import 包名.*;
import java.lang.*;
```

注意：包名最好是用英文，且为小写，应避免用中文名字。其工程路径也是一样，最好使用英文，这样可以避免一些预料不到的错误。

如果想创建独一无二的包名，那么按照惯例，包名的分隔符的第一部分为读者 Internet 域名的反顺序，假如域名为 dingxin.net，那么创建的包名为 net.dingxin，因为 Internet 域名是唯一的，所以读者创建的包名也是独一无二的，这样在发布自己的 Java 程序时就可以避免和他人的混淆。

3．JDK 中重要的包

Java SE 中的各个包是 Java SE 开发的基础。JDK 中重要的包及作用见表 3-1。

表 3-1　JDK 中重要的包及作用

包名称	内容	包中类举例
java.lang	核心语言包，最基本的 API	System、Math、基本包装类（如 Integer）、String 等类
java.io	io 输入输出相关	文件读写类
java.awt	抽象窗口工具包，生成图形用户界面	按钮类等
java.swing	更加丰富的图形用户界面生成包	按钮类、复选框类等
java.net	网络编程支持包	HTTP、TCP、UDP 等相关操作类
java.util	工具包	容器与日期、定时器、随机数、Scanner 操作
java.sql javax.sql	访问和处理存储在数据源（通常是关系数据库）中的数据	Connection、DriverManager、Statement、ResultSet 等

表 3-1 中，java.lang 包中类的使用无须用 import 导入。例如，在使用 System.out.println( );时从来不用 import java.lang.System 来导入 System 类。

视频

猜拳游戏

3.7　应用案例——模拟猜拳游戏

编写一个模拟猜拳的游戏。由用户和电脑分别作为两个选手，采取三局两胜制。

分析：整个游戏可以抽象出来选手类，裁判类和运行类（主类）。

选手类负责选手出拳,记录得分,姓名信息。裁判类负责判断一局两个选手谁赢,以及根据分数判断三局两胜制中谁最终取胜。运行类(主类)负责整个游戏逻辑,进行三局比赛判断最终谁取胜,并输出每局比较结果和最终结果。

1. 选手类(Person.java)

在 Person 类中,数据成员 name 表示选手姓名,score 表示选手得分,每赢一局得 1 分。出拳结果用整型 result 存储(0 表示布,1 表示剪刀,2 表示石头)。

用户选手出拳的操作在 Person 类的 Out( )方法中完成。电脑选手出拳的操作在 Person 类的 computerOut( )方法中完成。

```java
package guess.expandtask;
import java.util.Random;
import java.util.Scanner;
//选手类
public class Person {
    private String name;              //定义姓名变量(对象属性)
    private int score;                //定义得分变量(对象属性)
    private int result;               //定义出拳结果(对象属性)
    public Person() {                 //构造方法
    }
    public Person(String name) {      //构造方法
        this.name=name;
    }
    public String getName() {
        return name;
    }
    public int getScore() {
        return score;
    }
    public void setScore(int score) {
        this.score=score;
    }
    public int getResult() {
        return result;
    }
    public void setResult(int result) {
        this.result=result;
    }
    public void Out() {
        Scanner sc=new Scanner(System.in);
        System.out.println("请输入出拳结果: 0表示布,1表示剪刀,2表示石头");
        int r1=sc.nextInt();
        this.result=r1;
    }
    public void computerOut() {       //电脑出拳结果
        Random r=new Random();        //Java的Random类提供了生成随机数的方法
        int r2=r.nextInt(3);
```

```
            this.result=r2;
        }
    }
```

2. 裁判类（Judgment.java）

在 Judgment 类中，judgeResult(int r1,int r2)方法判断选手每一局的输赢，declareResult(int score1,int score2)方法根据分数判断比赛结果，最终谁取胜。

```
package guess.expandtask;
public class Judgment{                        //裁判类
    private String name;                      //定义裁判员的姓名变量（对象 属性）
    public String getName() {
        return name;
    }
    public Judgment(String name){   //构造方法
        this.name=name;
    }
    public int judgeResult(int r1,int r2){     //判断选手每一局的输赢
        //选手出拳，其中 0 表示布，1 表示剪刀，2 表示石头
        int player=0;
        if (r1==r2) {
            player=0;
        }else if(r1==1 && r2==0||r1==0 && r2==2||r1==2 && r2==1){
            player=1;
        } else if(r1==0 && r2==1||r1==2 && r2==0||r1==1 && r2==2){
            player=2;
        }
        return player;
    }
    //裁判员根据分数判断比赛结果的方法
    public int declareResult(int score1, int score2) {
        if(score1==score2) {
            return 0;
        } else if(score1>score2) {
            return 1;
        } else {
            return 2;
        }
    }
}
```

3. 运行类（RunMain.java）

负责整个游戏逻辑。

```
package guess.expandtask;
import java.util.Scanner;
//运行类（主类）
public class RunMain {
    public static void main(String[] args) {
        Person p1=new Person("张三");          //实例化选手对象 张三
        Person p2=new Person("电脑");          //实例化选手对象 电脑
```

```
            Judgment j1=new Judgment("李四");    //实例化裁判员对象 李四
            int count=1;
            //三局两胜
            while(count <=3){
                //选手出拳 0表示布,1表示剪刀,2表示石头
                String games[]={"布","剪刀","石头"};
                p1.out();                        //人出拳
                p2.computerOut();                //电脑出拳
                //显示每一局出拳的结果
                System.out.println(p1.getName()+"出拳结果: "+games
                            [p1.getResult()]);
                System.out.println(p2.getName()+"出拳结果: "+games
                            [p2.getResult()]);
                int            result=j1.judgeResult(p1.getResult(),
p2.getResult());;
                switch (result) {
                case 0:
                    System.out.println("第"+count+"局比赛结果【平局】");
                    break;
                case 1:
                    System.out.println("第"+count+"
                                局比赛结果【"+p1.getName()+"】赢");
                    p1.setScore(p1.getScore()+1);//加分
                    break;
                case 2:
                    System.out.println("第"+count+"
                                比赛结果【"+p2.getName()+"】赢");
                    p2.setScore(p2.getScore()+1);//加分
                    break;
                }
                System.out.println("--------------------------------\n");
                count++;
            }
            //裁判员宣布最终比赛结果
            int s=j1.declareResult(p1.getScore(), p2.getScore());
            if (s==0){
                System.out.println("★ 平局 ★ ");
            } else if(s==1) {
                System.out.println("恭喜您,★"+p1.getName()+" ★ 获胜! ");
            } else {
                System.out.println("恭喜您,★"+p2.getName()+" ★ 获胜! ");
            }
        }
    }
```

程序运行结果如下:

请输入出拳结果: 0表示布,1表示剪刀,2表示石头
0✓
张三出拳结果: 布
电脑出拳结果: 剪刀

第 1 比赛结果【电脑】赢

请输入出拳结果：0 表示布，1 表示剪刀，2 表示石头
1↙
张三出拳结果：剪刀
电脑出拳结果：布
第 2 局比赛结果【张三】赢

请输入出拳结果：0 表示布，1 表示剪刀，2 表示石头
0↙
张三出拳结果：布
电脑出拳结果：剪刀
第 3 比赛结果【电脑】赢

恭喜您，★ 电脑 ★ 获胜！

习　题

1. 简述面向对象程序设计的概念及类和对象的关系。在 Java 中如何声明类和定义对象？

2. 定义一个圆柱体类 Cylinder，包含底面半径和高两个数据成员；两个可以读取底面半径和高的 get( )方法；一个可以计算圆柱体体积的方法。编写该类并对其进行测试。

3. 定义一个学生类，包括学号、姓名和出生日期三个数据成员；两个 set( )方法用于设置学号及姓名的值，一个方法用来返回学生的出生日期；包括一个用于给定数据成员初始值的构造方法；包含一个可计算学生年龄的方法。编写该类并对其进行测试。

4. 设计日期 MyDate 类，含年、月、日三个成员变量。包含以下方法：
（1）输入日期的年、月、日，但是要保证月为 1~12，日要符合相应范围，否则报错。
（2）用"年-月-日"的形式打印日期。
（3）比较该日期是否在另一个日期的前面。
（4）计算两个日期之间的天数。
将日期类放入 date 包，再建立一个 main 包，内放一个含有 main( )方法的 TestDate 类，用来测试日期类。

5. 定义一个时间 Time 类，包含时、分、秒三个成员变量。包含以下方法：
（1）输入时、分、秒，但是要保证符合相应范围。
（2）用 "时:分:秒" 的形式打印时间。
（3）计算该时间和另一个时间之间的秒数。
（4）编写 TestTime 类测试时间。

第 4 章 Java 面向对象高级特性

本章主要介绍 Java 利用已有的类构造新类的继承性和面向对象设计主要特征的多态性。多态性对于软件功能的扩展和软件复用都有重要的作用，它是学习面向对象程序设计必须要掌握的主要内容之一。本章同时讲解抽象类和接口的应用，最后介绍了 Object 类和内部类。

4.1 继 承

视 频

继承

本节主要讨论面向对象程序设计的一个极其重要的特性——继承，它是指建立一个新的类，新类从一个或多个已定义的基类中继承属性（数据成员）和行为（成员方法），并可以重新定义或添加新的属性和行为，从而建立类的层次结构。继承是实现软件重用的一种方法。

4.1.1 继承的基本概念

在传统的程序设计中，因为每个应用程序的需求不同，人们往往为每一种应用程序单独编写代码，这些程序结构和代码是不同的，也没有必要的联系，因此这种方式的软件资源难以重用。现实世界中，许多事物之间并不是孤立存在的，它们存在共同的特性，有细微的差别，可以使用层次结构描述它们之间的关系。例如，交通工具的层次结构如图 4-1 所示。

由图 4-1 可以看出，最上层是最普通、最一般的，越往下反映的事物越具体，并且下层包含了上层的特征。也就是说，下层继承了上层事物的特性，又添加了自己特有的特性。也可以说下层的事物是从上层事物派生出来的一个分支，它们之间是派生与继承的关系。

类的继承是 Java 的一个非常重要的机制，继承可以使一个新类获得其父类的操作和数据结构。

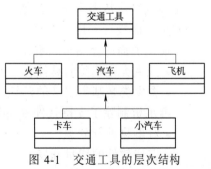

图 4-1 交通工具的层次结构

交通工具类是一个基类（也称父类），包括速度、额定载人数量和驾驶等交通工具所共同具备的基本特性。给交通工具细分类的时候，有汽车类、火车类和飞机类等，汽车类、火车类和飞机类同样具备速度和额定载人数量这样的特性，而这些特性是所有交通工具所共有的，那么当建立汽车类、火车类和飞机类的时候无须再定义基类已经有的数据成员，而只需要描述汽车类、火车类和飞机类所特有的特性即可。例如，汽车有自己的特性，如制动、离合、油门、发动机等。飞机类、火车类和汽车类是在交通工具类原有基础上增加了自己的特性，是交通工具类的派生类（也称子类）。依此类推，层层递增，这种子类获得父类特性的概念就是继承。

Java 通过类派生（Class Derivation）的机制支持继承（Inheritance）。一个新类从已有类获得其已有的特性称为继承。继承是面向对象程序设计中代码复用的最重要的手段之一。被继承的类称为基类（Base Class）、父类或超类（Super Class），而新产生的类称为派生类（Derived Class）或子类（Sub Class）。继承关系是传递的。若类 C 继承类 B，类 B 继承类 A，则类 C 既有从类 B 那里继承下来的属性与方法，也有从类 A 那里继承下来的属性与方法，还可以有自己新定义的属性和方法。基类和派生类的集合称为类继承层次结构（Hierarchy），继承呈现了面向对象程序设计的层次结构。

一个基类可以派生出很多子类，一个子类也可以作为另一个新类的基类，因此基类和子类是相对而言的。

继承的方式有以下两种：单一继承和多重继承。单一继承（Single Inheritance）是最简单的方式，一个派生类只从一个基类派生。多重继承（Multiple Inheritance）是指一个派生类有两个或多个基类。这两种继承方式的结构如图 4-2 所示。

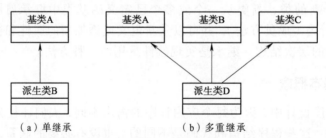

图 4-2　继承方式的结构

请注意图 4-2 中箭头的方向，本书约定，箭头表示继承的方向，由子类指向基类。由于多重继承从多个基类获取成员导致二义性，所以 Java 语言中类的继承仅支持单一继承。而接口支持多继承，Java 多继承的功能则是通过接口方式来间接实现的。

通过上面的介绍可以看出基类与派生类的关系：
- 派生类是基类的具体化（基类抽象了派生类的公共特性）。
- 派生类是基类定义的延续。

继承机制除了支持软件复用外，还具备以下三个作用：
- 对事物进行分类。
- 支持软件的增量开发。
- 对概念进行组合。

4.1.2 继承的实现

Java 中使用 extends 关键字实现类的继承机制。定义子类（派生类）的一般格式如下：

```
[类修饰符] class 子类名 extends 父类名{
    成员变量定义；      //子类增加的成员
    成员方法定义；      //子类增加或重写的保护成员
}
```

其中：

- 父类名是已声明的类，子类名是新生成的类名。在子类的定义中，用关键字 extends 来明确指出它所继承的父类。
- 子类的定义中包括子类新增加的成员和继承父类需要重写的成员。新添加的成员是子类对父类的发展，说明子类新的属性和方法；子类继承了父类的数据成员和成员方法，有时继承来的成员方法需要改进，以满足新类的实际需要。Java 允许在子类中重新声明和定义这些成员方法，使这些方法具有新的功能，称为重写或覆盖。重写方法起屏蔽、更新作用，取代父类成员，完成新功能。
- 父类的构造方法不能被子类继承。
- 在 Java 中，类只支持单继承，不允许多重继承。也就是说一个类只能有一个直接父类，例如下面这种情况是不合法的：

```
class A{}
class B{}
class C extends A,B{}   //C类不可以同时继承A类和B类
```

- 在 Java 中，多层继承也是可以的，即一个类的父类可以再继承另外的父类。例如，C 类继承自 B 类，而 B 类又可以继承自 A 类，这时，C 类也可称为 A 类的子类。例如下面这种情况是允许的：

```
class A{}
class B extends A{}      //类B继承类A，类B是类A的子类
class C extends B{}      //类C是类B的子类，同时也是类A的子类
```

class 只有四种类修饰符，即默认值（没有访问修饰符）、abstract、final 和 public。

① 默认值，对应的访问权限为包访问权限，代表只有该包中的其他类才可以访问此 Java 类，其他包中无法访问该类（无法 import 该类，无法 new 其对象）。

② public，将一个类声明为公共类，此修饰符修饰的 Java 类可以被本包或其他包中的任意类访问。Java 程序的源文件是一个以 ".java" 结尾的文件，同时该文件中只能有一个类被声明为 public 类，若存在被声明为 public 的类时，类的名字必须与 Java 源文件名相同。源文件通过编译产生字节码文件，也就是类文件，该文件是以 ".class" 作为文件扩展名。

③ abstract，将一个类声明为抽象类，该类不能被实例化。

④ final，类被 final 关键字修饰后，该类将不可以被继承，即不能够派生子类。

在 Java 中一旦创建一个类都是在继承其他的类，如果没有明确指出则其继承自 Java 的 Object 类。在继承中使用 extends 来实现继承，子类继承其父类的所有成员变

量和成员方法。

下面通过一个例子来说明为什么要使用继承,以及怎样通过继承建立子类。

【例 4.1】已知盒子类 CBox,用继承与非继承两种不同的方法定义彩色盒子类 CColorbox。

分析:盒子类具有长、宽和高,成员方法 SetLength( )、SetWidth( )和 SetHeight( )分别设置盒子的长、宽和高,成员方法 Volume( )计算盒子的体积。彩色盒子除具有以上特性外,还有一个数据成员 color 表示盒子的颜色,相应的成员方法 SetColor( )用于设置彩色盒子的颜色。

用非继承的方式,分别定义 CBox 类和 CColorbox 类。

盒子类的定义:

```
class CBox {                                    //CBox类的定义
    private double length;
    private double width;
    private double height;
    public void SetLength (double len) {        //设置盒子的长
        length=len;
    }
    public void SetWidth(double w) {            //设置盒子的宽
        width=w;
    }
    public void SetHeight(double h) {           //设置盒子的高
        height=h;
    }
    public double Volume(){                     //计算盒子的体积
        return length*width*height;
    }
}
```

彩色盒子类的定义:

```
class CColorbox{                                //CColorbox类的定义
    private double length;
    private double width;
    private double height;
    private String color;                       //增加新的数据成员,color表示盒子的颜色
    public void SetLength (double len) {  //设置盒子的长
        length=len;
    }
    public void SetWidth(double w) {            //设置盒子的宽
        width=w;
    }
    public void SetHeight(double h) {           //设置盒子的高
        height=h;
    }
    public double Volume(){                     //计算盒子的体积
        return length*width*height;
    }
    public void SetColor(String c) {      //新添加的成员方法,用于设置颜色
```

```
        color=c;
    }
}
```

由上面两个类的定义可以看出，两个类的数据成员和函数成员有许多相同的地方。像上面定义的方式，CColorbox 类中这些相同部分都需要重复写一遍，代码的重复量大，因此可以采用继承的方式来定义这两个类。

图 4-3 给出了 CBox 类和 CColorbox 类对应的类图及继承关系。

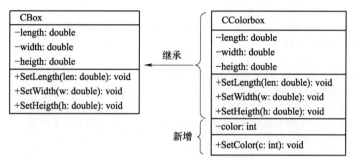

图 4-3　CBox 类与 CColorbox 类对应的类图及继承关系

使用子类定义：

```
class CColorbox extends CBox{           //继承 CBox
    private String color;               //新增的私有数据成员
    public void SetColor(String c) {    //新添加的成员方法，用于设置颜色
        color=c;
    }
}
```

利用继承机制产生类比第一种要简单，子类 CColorbox 继承 CBox 类，它包括父类 CBox 类的全部数据成员（length、width、height）和成员方法（SetWidth( )、SetHeight( )、SetWidth( )），并且添加自己的新成员——数据成员 color 和成员方法 SetColor( )。当然，父类成员在派生类中的访问权限会随继承而发生变化。

4.1.3　子类的构成

子类中的成员包括从父类继承过来的成员和自己新增加的成员两大部分，前者体现子类与父类的共性，后者体现子类不同于父类的个性以及不同子类之间的区别。因此，子类的构成包含以下几部分：

① 继承父类的成员。不论是数据成员，还是成员方法，除构造方法外全部接收，全部成为子类的成员。

② 重写父类成员。当父类成员在子类的应用中不合适时，可以对继承的成员加以重写。如果子类声明了一个与父类成员方法相同的成员方法时，子类中的新成员屏蔽了父类同名成员，类似方法中的局部变量屏蔽全局变量，称为同名覆盖（Override）。

③ 增加新成员。新成员必须与父类成员不同名，是子类自己的新特性。子类新成员的加入使子类在功能上有所发展。这一步是继承与派生的核心特征。

④ 定义构造方法。因为子类不继承父类的构造方法，子类需要对新添加的数据

成员进行必要的初始化,所以构造方法需要重新定义。

【例 4.2】在例 4.1 的基础上,设计盒子类 CBox,增加成员方法 ShowBox( ),显示盒子的长、宽和高,通过继承方式创建彩色盒子类 CColorbox。

程序如下:

```
class CBox {                                //CBox 类的定义
    private double length;
    private double width;
    private double height;
    public void SetLength (double len) {    //设置盒子的长
        length=len;
    }
    public void SetWidth(double w) {        //设置盒子的宽
        width=w;
    }
    public void SetHeight(double h) {       //设置盒子的高
        height=h;
    }
    public double Volume(){                 //计算盒子的体积
        return length*width*height;
    }
    public void ShowBox() {                 //输出盒子信息
        System.out.println("长度: "+length+"宽度: "+
                          width+"高度: "+height);
    }
}
```

CColorbox 类的定义:

```
class CColorbox extends CBox{       //继承 CBox
    private String color;           //新增的私有数据成员
    CColorbox(){}   //定义自己的构造方法,亦可省略,由系统提供默认的构造方法
    public void SetColor(String c) {    //新添加的成员方法,用于设置颜色
        color=c;
    }
    public void ShowColBox ()   //新增成员方法,显示彩色盒子的长、宽、高和颜色
    {
        ShowBox ();  //调用父类成员方法 ShowBox()显示彩色盒子的长、宽和高
        //System.out.println("长度: "+length+"宽度: "+
                            width+"高度: "+height);      #错误
        System.out.println("颜色: "+color);
    }
}
```

要区分"存在"与"可见"之间的关系。private 的成员与其他成员一样都被继承到子类中(是存在的),只是它们不能被子类直接使用而已(不可见)。

例如,彩色盒子类 CColorbox 类中 ShowColBox( )新增成员方法,如果直接访问 length、width 和 height 数据成员,就会出现提示"CBox.length is not visible"错误提示,如图 4-4 所示。

第 4 章　Java 面向对象高级特性

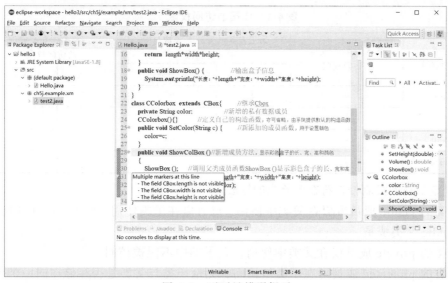

图 4-4　不可见错误提示

4.1.4　成员的访问权限控制

1．访问修饰符

在 Java 程序中，访问修饰符可以出现在成员变量、构造方法或成员方法前，是用来控制类中成员的访问权限。Java 语言中提供了四种形式的访问修饰符，分别是 private、default、protected 和 public。这四种访问控制权限按级别由小到大依次排列，如图 4-5 所示。

图 4-5　访问控制权限

① private：Java 语言中对访问权限限制最窄的修饰符，一般称为"私有的"。被其修饰的成员只能被该类中成员访问，其他类和其子类都不能访问，更不允许跨包（package）访问。

② default（或者称 package）：不加任何的访问修饰符，通常称为"默认访问模式"（默认包访问权限），该模式下，只允许在同一个包中进行访问。

③ protected：介于 public 和 private 之间的一种访问修饰符，一般称为"保护的"。被其修饰的成员只能被类本身的方法及子类方法访问，即使子类在不同的包中也可以访问。

④ public：Java 语言中访问限制最宽的修饰符，一般称为"公有的"。被其修饰的成员不仅可以跨类访问，而且允许跨包的访问。这种成员不仅类里可以使用，也可以被类的对象直接访问。

总结一下，类的数据成员的访问权限有 public、protected、default（默认）和 private 四种，它们的访问权限见表 4-1。

表 4-1　成员的访问权限

类 A 成员的访问控制符	类 A 对类 A 成员的访问权限	第三方其他类对类 A 成员的访问权限		子类 B 对类 A 成员的访问权限	
		与 A 同包	与 A 不同包	与 A 同包	与 A 不同包
public	√	√	√	√	√
protected	√	√	×	√	√
default	√	√	×	√	×
private	√	×	×	×	×

2．成员访问控制修饰符在继承中的性质

父类的 public 成员可以在父类中使用，也可以在子类使用。程序可以在任何地方访问 public 父类成员。

父类的 private 成员仅在父类中使用，在子类中不能被访问。

父类的 protected 成员可在子类被访问，无论子类与父类是否存储在同一个包下。

父类的 default 成员可在同一包的子类中被访问。

子类从父类继承成员时，父类的所有 public、protected、default 成员，在子类中都保持它们原有的访问修饰符。例如，父类的 public 成员成为子类的 public 成员。父类的 protected 成员也会成为子类的 protected 成员。

子类只能通过父类所提供的非 private 成员方法来访问父类的 private 成员。例如，访问 CBox 父类的 private 成员——length、width 和 height 数据成员，调用 CBox 父类 public 成员方法 ShowBox( )实现父类的 length、width 和 height 数据成员访问。

【例 4.3】分析成员的访问控制权限。

程序如下：

```
public class test2 {
    public static void main(String[] args) {
        //TODO Auto-generated method stub
        CColorbox ob1=new CColorbox();//定义派生类的对象，分配内存，
                                      //初始化数据成员
        ob1.SetLength(1);       //调用继承基类的公有成员方法
        ob1.SetWidth(2);        //调用从基类继承的公有成员方法
        ob1.SetHeight(3);       //调用从基类继承的公有成员方法
        //ob1.height=4;         //错误，对象企图直接引用基类private成员
                                //(不可访问)
        ob1.SetColor("Red");    //调用派生类自己增加的公有成员方法
        ob1.ShowColBox();       //调用派生类自己增加的公有成员方法
        System.out.println(ob1.Volume()); //调用继承的公有成员方法，
                                          //间接计算体积
    }
}
```

程序运行结果如下：

长度：1.0 宽度：2.0 高度：3.0
6.0

当子类需要访问父类的私有成员（继承后为不可访问的）时，需要调用父类的保护或公有成员方法间接访问。例如，子类 CColorbox 的成员方法 ShowColBox( ) 调用了父类的成员 ShowBox( )，而父类的成员 ShowBox( ) 可以显示 length、width 和 height。

【例 4.4】分析同包下继承关系的类之间成员的访问控制权限。

程序如下：

```java
package ch4.example.xmj;
class Person{
    private String name;
    protected int age;                      //保护的成员
    public void setName(String name) {
        this.name=name;
    }
    public void setAge(int age) {
        this.age=age;
    }
    public String getName() {
        return name;
    }
    public int getAge() {
        return age;
    }
}
class Student extends Person{
    private String school;
    public String getSchool() {
        return school;
    }
    public void setSchool(String school) {
        this.school=school;
    }
    public void show() {
        //System.out.println(name);       //错误,name 为不可访问的
        System.out.println(age);          //正确,protected 父类成员可以被访问
        System.out.println(school);       //正确,直接访问自己的成员
    }
}
public class TestStudent{
    public static void main(String[] args) {
        Student student=new Student();
        student.setName("John");
        student.setAge(18);
        student.setSchool("imut");
        //System.out.println(student.name);   //错误,private 成员不可以
                                              //被其他类访问
        System.out.println(student.getName());
        System.out.println(student.age);      //正确,protected 成员可以
                                              //被其他类访问
        System.out.println(student.getAge());
```

```
        System.out.println(student.getSchool());
    }
}
```

由上例可以看出继承父类成员的被访问机制。子类的成员方法可以访问被继承的 protected、public 父类成员；而子类的对象只能访问父类和子类的 public 和 protected 成员。

4.1.5 方法的重写

方法的重写发生在子父类的关系中，当父类提供的功能不满足子类的需求时，子类可以对父类进行重写。比如，定义了一个 Person 类来表示人类，里面定义了一个方法 goWc( )为上洗手间，ManPeople 继承了这个类，Man 上洗手间的方式和 Woman 上洗手间的地方有所不同，因此要重写 Person 类中的方法 goWc( )。

【例 4.5】重写 Person 类中的方法 goWc( )。

程序如下：

```
class Person {
    private String name;
    private int age ;
    public void goWc() {
        System.out.println("我去上洗手间");
    }
}
public class ManPeople extends Person {
    @Override
    public void goWc() {
        System.out.println("我去男洗手间");
    }
}
public class TestStudent{
    public static void main(String[] args) {
        ManPeople e1=new ManPeople();
        e1.goWc();
    }
}
```

执行上面的程序，发现输出的是 ManPeople 类中的 goWc( )。

这种子类与父类同名方法的现象称为方法重写（Override），也称方法覆盖。可以说子类重写了父类的方法，也可以说子类覆盖了父类的方法。

方法的重写需要遵循的原则：

① 方法名相同，形参列表相同。

② 子类方法的访问权限应该比父类中的方法的访问权限更大或者相等，子类中不能重写父类中声明为 private 权限的方法。定义了 private 以后只能在本类中使用，所以子类不能重写。

③ 子类方法的返回值类型有限制。父类中被重写的方法的返回值类型为 void，则子类重写方法中的返回值类型只能为 void。父类中被重写的返回值类型为 A 类，

则子类重写方法的返回值类型可以是 A 类或者 A 类的子类。父类被重写的方法的返回值类型是基本数据类型，则子类重写方法的返回值类型必须是相同的基本数据类型。

【例 4.6】重写 CBox 类中的方法 ShowBox( )，利用 super 调用父类的同名方法。
程序如下：

```
class CColorbox extends CBox{         //继承 Cbox
    private String color;             //新增的私有数据成员
    public CColorbox(){}              //构造方法
    public void SetColor(String c) {  //新添加的成员方法，用于设置颜色
        color=c;
    }
    public void ShowBox()             //重写方法，显示彩色盒子的长、宽、高和颜色
    {
        super.ShowBox ();             //调用父类成员方法 ShowBox()
        System.out.println("颜色: "+color);
    }
}
```

在子类里需要将父类 CBox 类中的方法 ShowBox( )功能增强，输出彩色盒子的长、宽、高和颜色，所以重写时也可以调用父类成员方法 ShowBox( )显示彩色盒子的长、宽和高，可以使用 super 关键字，调用方法如下：

```
super.父类成员方法名()
```

注意：super 不能出现在 static 修饰的方法中。

4.1.6 子类对象的构造

构建子类对象的过程会沿着继承链一直向上追溯，即先构建父类部分，再构造子类部分。设计构造方法时可以使用 this 调用本类的构造方法，也可以使用 super 调用父类的构造方法。

子类对象在实例化时，子类对象会默认先调用父类中的无参构造方法，然后再调用子类的构造方法。

【例 4.7】子类对象实例化过程。
程序如下：

```
package ch4.example.xmj;
class Person{
    String name;
    int age;
    public Person(){           //父类的构造方法
        System.out.println("***** 父类构造: 1. publicPerson()") ;
    }
}
class Student extends Person{
    String school;
    public Student(){          //子类的构造方法
      //super();                //实际上程序在这里隐含了这样一条语句
        System.out.println("##### 子类构造: 2. public Student()");
```

```
    }
}
public class TestStudent{
    public static void main(String[] args) {
        Student student=new Student();
    }
}
```

程序运行结果如下:

```
***** 父类构造: 1. publicPerson()
##### 子类构造: 2. public Student()
```

运行结果表明：子类对象在实例化时，会默认先去调用父类中的无参构造方法，之后再调用子类本身的相应构造方法。

实际上，在子类构造方法的首行相对于默认隐含了一个 super( )语句。上面的 Student 类如果改写成下面形式，也是合法的。运行结果也是一样的。

```
class Student extends Person{
    String school;
    public Student(){         //子类的构造方法
        super() ;             //隐含了这样一条语句，它负责调用父类无参构造方法
        System.out.println("##### 子类构造: 2. public Student()");
    }
}
```

实际上，从本质上讲，子类继承父类之后实例化子类对象的时候系统会首先实例化一个父类对象，当然此时调用的是父类无参构造方法。假如父类里只有有参构造方法，则用 super 传递参数给父类有参构造方法。

【例 4.8】super 传递参数给父类有参构造方法。

程序如下:

```
package ch4.example.xmj;
class Person{
    String name;
    int age;
    public Person(String name,int age){            //父类的构造方法
        this.name=name;
        this.age=age;
        System.out.println("***** 父类构造: 1. publicPerson()");
    }
}
class Student extends Person{
    String school;
     public Student(String name,int age,String school){
                                                   //子类的构造方法
        super(name,age);
        this.school=school;
        System.out.println("##### 子类构造: 2. public Student()");
    }
}
```

```
public class TestStudent2{
    public static void main(String[] args) {
        Student student=new Student("张海",20,"郑州中学");
    }
}
```

注意：super(name, age)必须编写在子类构造方法的第一句，传入的参数必须和父类构造方法中的参数列表类型匹配。

4.2 final 关键字

在 Java 中，可以使用 final 关键字声明类、属性、方法，在声明时需要注意以下几点：

① 使用 final 修饰的类不能有子类。
② 使用 final 修饰的方法不能被子类重写。
③ 使用 final 修饰的变量（成员变量和局部变量）是常量，常量不可修改。

4.2.1 final 类

Java 中的类被 final 关键字修饰后，该类将不可以被继承，即不能够派生子类。

【例 4.9】演示 final 类不可以被继承。

程序如下：

```
//使用 final 关键字修饰 Animal 类
final class Animal {
    //方法体为空
}
//Dog 类继承 Animal 类
class Dog extends Animal {
    //方法体为空
}
//定义测试类
public class Example07 {
    public static void main(String[] args) {
        Dog dog=new Dog();        //创建 Dog 类的实例对象
    }
}
```

上述程序编译时会报错。

4.2.2 final 方法

当一个类的方法被 final 关键字修饰后，这个类的子类将不能重写该方法。例如，Java.lang.Object 类中的 getClass( )方法。Object 类是一定会被继承的（它是所有类直接或间接的父类），但是 Java 不希望子类重写这个方法，所以使用 final 把它保护起来。Object 中的 final 方法还有 notify( )、notifyAll( )和 wait( )，其他方法没有 final 修饰，均可以被重写。

同样，在实际项目开发中，原则上不允许使用 final 方法。

4.2.3 final 关键字修饰变量

final 修饰的变量的值不能更改，即不能再次赋值，即使赋的新值与旧值一样也不可以。例如：

```
final int i=1;   //定义int型变量i，并赋初值为1
//i=2;           //wrong
```

注释掉的行会出现"The final local variable i can not be assigned.It must be blank and not using a compound assignment."的错误。

视频
多态

4.3 多　　态

多态性（Polymorphism）是面向对象程序设计的主要特征之一。多态性对于软件功能的扩展和软件复用都有重要的作用，它是学习面向对象程序设计必须要掌握的主要内容之一。

4.3.1 多态性的概念

多态性与封装性和继承性一起构成了面向对象程序设计的三大特性。多态性是指当不同的对象收到相同的消息时，产生不同的动作。利用多态性可以设计和实现一个易于扩展的系统。

在现实生活中有很多多态性的例子。如学校的上课铃响起的时候，不同班级的学生要去不同的教室上课，由于事先已经对各个班级的学生指定了不同的教室，因此在得到同一个消息时（上课铃声的时候），学生们都知道去哪个教室，这就是多态性。假若不利用多态性，当上课铃声响起的时候再对每一个学生一一指定教室，将是一件繁重的工作；利用多态性，在课前预先指定教室，就可以节省很多的工作，大大提高了工作效率。

在面向对象程序设计里多态性主要体现在：向不同的对象发送同一个消息，不同的对象在接收时会产生不同的行为（即方法）。也就是说，每个对象可以用自己的方式去响应共同的消息。

在 Java 中，多态是指不同对象在调用同一个方法时表现出的多种不同行为。例如，要实现一个动物叫的方法，由于每种动物的叫声是不同的，因此可以在方法中接收一个动物类型的参数，当传入猫类对象时就发出猫类的叫声，传入犬类对象时就发出犬类的叫声。在同一个方法中，这种由于参数类型不同而导致执行效果不同的现象就是多态。

Java 中多态主要有以下两种形式：
① 方法的重载。
② 对象的多态性（方法重写）。

【例 4.10】演示 Java 程序中的多态。
程序如下：

```
package ch4.example.xmj;
```

```
//定义类 Anmal
class Animal {
    public void move(){
        System.out.println("我可以move...");
    }
}
//定义 Bird 类继承 Animal 类
class Bird extends Animal {
    public void move(){              //实现 move()方法
        System.out.println("我在天空飞翔...");
    }
    public void singing(){
        System.out.println("鸟儿会清脆地歌唱...");
    }
}
//定义 Fish 类继承 Animal 类
class Fish extends Animal{
    public void move(){              //实现 move()方法
        System.out.println("我在水里游泳...");
    }
}
//定义测试类
public class Test {
    public static void main(String[] args) {
        Animal a1=new Animal();
        a1.move();
        Animal a2=new Bird();   //子类对象送给父类引用
        a2.move();
        Animal a3=new Fish();         //子类对象送给父类引用
        a3.move();
        if(a2 instanceof Bird){
            ((Bird)a2).singing();  //a2 强转后可以调用运行时类型 Bird 的方法
        }
    }
}
```

程序运行结果如下:

```
我可以 move...
我在天空飞翔...
我在水里游泳...
鸟儿会清脆地歌唱...
```

上述程序定义了两个继承 Animal 的类 Bird 和 Fish,并在 Bird 和 Fish 类中重写了 Animal 类中的 move( )方法。测试类 Test 创建了 Bird 和 Fish 类对象,并将 Bird 和 Fish 类对象向上转型成了 Animal 类型的对象,然后通过 Animal 类型的对象 a2 和 an3 调用 move( )方法。从运行结果可以看出,对象 a2 和 a3 调用的分别是 Bird 类和 Fish 类中的 move( )方法。

多态的理论基础是父类引用可以指向子类对象。例如:

```
Animal a2=new Bird();   //子类对象送给父类引用
```

```
Animal a3=new Fish();    //子类对象送给父类引用
```

　　Animal 类型父类引用 a2、a3 分别指向子类 Bird 和 Fish 对象。上例中 a1、a2、a3 都是 Animal 类型的引用变量，但是 a1.move( )、a2.move( )、a3.move( )的行为表现完全不同，这就是多态。

　　在 Java 语言中，一个父类引用变量既指向相同类型的类的对象，也可以指向该类的任何一个子类的对象。如同前例中，Animal 类型的引用既可以指向 Animal 对象，也可以指向 Bird 和 Fish 对象。将子类对象直接赋值给父类引用的过程称为向上转型（upcasting），向上转型不需要强制类型转换，由系统自动完成，正如同它们之间既已存在的"is a"关系一样，子类本就是一种特殊的父类（反之，不能将一个父类对象赋值给子类引用变量，如鸟是一种动物，但动物不都是鸟）。

　　在 Java 语言中，Object 是所有类的直接或间接父类，也就是说，任何类型的对象都可以赋值给 Object 引用。

　　【说明】如果把子类对象赋给父类引用变量（将子类对象当作父类对象看待），那么只能调用父类中已有的方法。

　　例如，Bird 类中有一个 Animal 中没有的 sing( )方法：

```
Animal a2=new Bird();    //子类对象送给父类引用
a2.move();
a2.singing();                    //错误
```

　　a2.singing( )的调用就是被禁止的。既然已经将子类的特殊性抹去，作为一般的父类对象看待，那么它自然失去了特性，只保留了一般性。也就是说，在编译阶段，编译器只按照引用变量的类型调用其包含的方法。

　　【说明】如果子类把父类方法覆盖了，再把子类对象赋给父类引用，通过父类引用调用该方法时，调用的是子类重写之后的方法。例如：

```
Animal a2=new Bird();    //子类对象送给父类引用
a2.move();
```

　　a2.move( )调用的是子类重写之后的方法。输出"我在天空飞翔..."而不是"我可以 move..."。

　　Java 中，只要类之间满足存在继承关系、子类重写了父类的方法、父类引用指向了子类对象三个条件，动态绑定就会发生，从而实现多态。

4.3.2　对象类型的转换

　　对象类型的转换主要分为以下两种情况。

1. 向上转型

　　子类对象→父类对象，程序会自动完成，转换格式如下：

```
父类类型  父类对象=子类实例；
Animal a2=new Bird();    //子类对象送给父类引用
```

2. 向下转型

　　父类对象→子类对象，必须指明要转型的子类类型。对象类型的转换格式如下：

```
父类类型 父类对象=子类实例；
子类类型 子类对象=(子类)父类对象；
```

在进行对象的向下转型前，必须发生对象向上转型，否则将出现对象转换异常。例如：

```
Animal a2=new Bird();    //子类对象送给父类引用
Bird b=(Bird)a2;         //向下转型
```

在向下转型时，不能直接将父类实例强制转换为子类实例，否则程序运行时会报错。例如，将代码修改为下面一行代码，则程序运行时会报如下的错误：

```
Bird b=(Bird)new Animal();
```

程序运行时的错误如下：

```
Exception in thread "main" java.lang.ClassCastException:
        Animal cannot be cast to Bird
```

4.3.3　instanceof 关键字

Java 中可以使用 instanceof 关键字判断一个对象是否是某个类（或接口）的实例，以防止出现直接将父类对象强制转换成子类对象时到程序运行时报错的现象，语法格式如下：

```
对象 instanceof 类(或接口)
```

在上述格式中，如果对象是指定的类的实例对象，则返回 true，否则返回 false。

```
public class Test{                              //定义测试类
    public static void main(String[] args) {
        Animal a1=new Bird();                   //通过向上转型实例化 Animal 对象
        System.out.println("Animal a1=new Bird(): "+
                        (a1 instanceof Animal));
        System.out.println("Animal a1=new Bird(): "+
                        (a1 instanceof Bird));
        Animal a2=new Animal();                 //实例化 Animal 对象
        System.out.println("Animal a1=new Animal(): "+
                        (a2 instanceof Animal));
        System.out.println("Animal a1=new Animal(): "+
                        (a2 instanceof Bird));
    }
}
```

程序运行结果如下：

```
Animal a1=new Bird(): true
Animal a1=new Bird(): true
Animal a1=new Animal(): true
Animal a1=new Animal(): false
```

上述代码中，第 3 行代码实例化 Bird 类对象，并将 Bird 类实例向上转型为 Animal 类对象 a1；第 4 行代码通过 instanceof 关键字判断对象 a1 是否是 Animal 类的实例；第 5 行代码通过 instanceof 关键字判断对象 a1 是否是 Bird 类的实例；第 6 行代码实例化了一个 Animal 类对象 a2；第 7 行代码通过 instanceof 关键字判断对象 a2 是否是 Animal 类的实例；第 8 行代码通过 instanceof 关键字判断对象 a2 是否是 Bird 类的实例。

从中可以看出，Bird 可以看成 Animal，但 Animal 不可以看成 Bird。

4.3.4 多态的好处

要理解多态的好处，还需要再编写一个方法，这个方法接收一个 Animal 类型的引用变量：

```
public static void run_twice(Animal a) {
    a.move();
    a.move();
}
```

当传入 Animal 的实例时，run_twice(new Animal( ))就打印出：

我可以 move...
我可以 move...

当传入 Bird 的实例时，run_twice(new Bird( ))就打印出：

我在天空飞翔...
我在天空飞翔...

当传入 Fish 的实例时，run_twice(new Fish( ))就打印出：

我在水里游泳...
我在水里游泳...

现在，如果再定义一个 Tortoise 类型，也从 Animal 派生：

```
//定义 Tortoise 类继承 Animal 类
class Tortoise extends Animal{
    public void move(){              //实现 move()方法
        System.out.println("我爬行很慢...");
    }
}
```

当调用 run_twice( )时，传入 Tortoise 的实例，run_twice(Tortoise ( ))就打印出：

我爬行很慢...
我爬行很慢...

会发现新增一个 Animal 的子类，不必对 run_twice( )做任何修改。实际上，任何依赖 Animal 作为参数的方法都可以不加修改地正常运行，原因就在于多态。

多态的好处：当需要传入 Bird、Fish、Tortoise……时，只需要接收 Animal 类型即可，因为 Bird、Fish、Tortoise……都是 Animal 类型，然后，按照 Animal 类型进行操作即可。传入的任意类型，只要是 Animal 类或者子类，就会自动调用实际类型的 run( )方法。

对于一个引用变量，只需要知道它是 Animal 类型，无须确切地知道它的子类型，就可以放心地调用 run( )方法，而具体调用的 run( )方法是作用在 Animal、Bird、Fish 还是 Tortoise 对象上，由运行时该对象的确切类型决定：调用方只管调用，不管细节，而当新增一种 Animal 的子类时，只要确保 run( )方法编写正确，不用管原来的代码是如何调用的。这就是著名的"开闭"原则：

对扩展开放：允许新增 Animal 子类；

对修改封闭：不需要修改依赖 Animal 类型的 run_twice( )等方法。

4.4 抽象类和接口

4.4.1 抽象类和抽象方法

抽象是相对于具体来说的，如果成员方法仅定义了方法而没有实现其具体功能，则称为抽象方法。在编写类时，有时并不需要把成员方法都实现，而是抽象方法，这种类称为抽象类。不论定义抽象方法还是抽象类，用到的关键字均为 abstract。

Java 抽象类的定义格式如下：

```
abstract class 抽象类名称{
    访问权限 返回值类型 方法名称(参数){
        return [返回值];
    }
    访问权限 abstract 返回值类型 抽象方法名称(参数);    //抽象方法，无方法体
}
```

抽象类的定义规则如下：

① 包含一个以上抽象方法的类必须是抽象类，即如果一个类中存在一个或多个抽象方法，此类必须定义成抽象类，但是抽象类并不一定存在任何抽象方法。

② 抽象类和抽象方法都要使用 abstract 关键字声明。

③ 抽象方法只需声明而不需要实现。

④ 如果一个类继承了抽象类，那么该子类必须实现抽象类中的全部抽象方法，否则该类也是一个抽象类。

⑤ 使用 abstract 关键字修饰的抽象方法不能使用 private 修饰，因为抽象方法必须被子类实现，如果使用了 private 声明，则子类无法实现该方法。

抽象类和抽象方法可以使程序将共同的方法继承，而不必重新编写代码来实现，这在程序中非常有用。

【例 4.11】创建一个门的抽象类，门分为防盗门、自动门等，其在开门和关门时都会用各自的方法。

程序如下：

```
public abstract class Door {
    protected boolean isOpen;                        //定义boolean 变量
    public void setOpen(boolean isOpen) {
        this.isOpen=isOpen;                          //设置门状态
    }
    public boolean getOpen() {
        return this.isOpen;                          //判断门是否为打开状态
```

```java
    }
    public void state() {                          //判断门是否打开
        if(isOpen) {
            System.out.println("门已经打开");
        }else {
            System.out.println("门已经关闭");
        }
    }
    public abstract void setOpenMethod(int num);   //抽象方法
}
public class guardDoor extends Door {              //防盗门
    public void setOpenMethod(int num) {           //实现抽象方法
        if(num==8)                                 //当按8次时可以打开
            this.isOpen=true;
    }
}
public class AutoDoor extends Door {               //自动门
    public void setOpenMethod(int num) {
        if(num==1)                                 //当按1次时可以打开
            this.isOpen=true;
    }
}
```

第2行定义一个boolean值变量，用其来控制门当前的状态，当其为true时，则门打开，否则门关闭。

第16行定义一个抽象方法，即设置门的打开方法，可以根据门的不同而自行设定。

上述代码包括两类门，一为防盗门（guardDoor），其打开门的方法为按8次就可以打开；一为自动门（AutoDoor），其只需要按1次就可以打开。

注意：如果多个类存在共同的方法，则可以定义一个抽象的成员方法或类，这样可以节省很多资源。

例4.10中，Animal的子类分别实现自己move( )行为，也就是说，实际上父类实现的move( )方法对于子类是没有意义的。这种情况下，可以在父类中只声明move( )方法，而不做任何的实现，即没有方法体；将其留给子类按照自己的方式去实现。例如：

```java
abstract class Animal {
    private String name;
    public abstract void move();         //抽象方法
    public Animal() {                    //构造方法，抽象类中可以有构造方法
    }
    public String getName(){             //非抽象方法，抽象类中可以有非抽象方法
        return this.name;
    }
}
```

子类 Bird 类继承 Animal 类，对继承的抽象方法进行重写：

```
class Bird extends Animal {
    public void move(){                //实现move()方法
        System.out.println("我在天空飞翔...");
    }
}
```

抽象类的子类必须实现父类的所有抽象方法后才能实例化，否则这个子类仍是抽象类，抽象类是不能被实例化的。

注意：抽象类中不一定所有方法都是抽象方法，可以在抽象类中定义非抽象方法。尽管抽象类不能实例化，但是抽象类可以有构造方法，为其子类的创建做准备。

4.4.2 接口

一个类只能继承一个抽象类，如果此抽象类不能够满足其要求，又不能随便更改抽象类，则可以用接口解决这一难题。一个类可以实现多个接口，一个接口也可以被多个类实现。

1. 定义接口

创建一个接口，必须使用 Java 中的 interface 关键字代替 class 关键字。另外，接口中只能包括常量和抽象方法，且方法默认都是公有抽象的，所以，接口中定义常量和抽象方法时可以省略 public abstract 这两个关键字，但是 JDK 1.8 对接口做了扩展，允许接口中包含默认方法和静态方法，也就是说，接口中可以有方法的具体实现。

接口使用 interface 关键字声明，语法格式如下：

```
public interface 接口名{
    public static final 数据类型 常量名=常量值;
    public 返回值类型 抽象方法名(参数列表);
    public default abstract 返回值类型 方法名(参数列表){
        //默认方法的方法体
    }
    public static abstract 返回值类型方法名(参数列表){
        //静态方法的方法体
    }
}
```

但是，通常定义一个接口，例如，简单创建一个 Door 接口，其实现代码如下：

```
public interface Door{
    void open();              //等同于 public abstract void open() ;
    void close();             //等同于 public abstract void close() ;
}
```

其实接口也是一个抽象类，即接口只提供了方法的一种形式，而没有具体实现。如果一个抽象类的所有方法都是抽象的，则可以将这个类定义为接口。接口是 Java 中最重要的概念之一。接口是一种特殊的类，由全局常量和公共的抽象方法组成，不能包含普通方法。

注意：在 JDK 1.8 之前，接口是由全局常量和抽象方法组成的，且接口中的抽象方法不允许有方法体。JDK 1.8 对接口进行了重新定义，接口中除了抽象方法外，还可以有非抽象的方法——默认方法和静态方法（也叫类方法），默认方法使用 default 修饰，静态方法使用 static 修饰，且这两种方法都允许有方法体。接口的静态方法只能通过接口调用（接口名、静态方法名）。

2．实现接口

当类实现接口的时候，类要实现接口中所有的抽象方法。否则，类必须声明为抽象的类。类使用 implements 关键字实现接口。在类声明中，implements 关键字放在 class 声明后面。

实现一个接口的语法格式如下：

```
implements 接口名 1[,接口名 2，其他接口名 3...,...]
```

例如，guardDoor 实现 Door 接口，其实现代码如下：

```java
public class guardDoor implements Door{
    public void open() {
        //方法体
    }
    public void close() {
        //方法体
    }
}
```

在实现接口的时候，也要注意一些规则：

① 一个类只能继承一个类，但是能实现多个接口。

② 一个接口能继承另一个接口，这和类之间的继承比较相似。但一个接口能继承多个父接口。

③ 类在重写接口方法时要保持一致的方法名，并且应该保持相同或者相兼容的返回值类型。

④ Java 接口中没有构造方法，不能被实例化。

⑤ Java 接口必须通过类来实现它的抽象方法。

⑥ 接口和抽象类的区别是，接口里只能包含抽象方法，静态方法和默认方法，不能为普通方法提供实现，而抽象类中的普通方法可以为方法提供实现。抽象类中可以定义构造方法供子类调用，接口中不能定义构造方法。

4.4.3 接口的用法

1．精简程序结构，免除重复定义

比如，有两个及上的类拥有相同的方法，就可以定义一个接口，将这个方法提炼出来，在需要使用该方法的类中去实现，就免除了多个类定义相同方法的麻烦。

例如，鸟类和昆虫类都具有飞行的功能，这个功能是相同的，但是其他功能是不同的，在程序实现的过程中，就可以定义一个接口，专门描述飞行。

图 4-6 分别定义了鸟类和昆虫类，其都有飞行的方法。

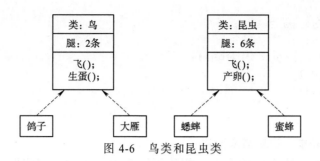

图 4-6　鸟类和昆虫类

图 4-7 定义了接口,鸽子、大雁继承鸟类并实现飞行接口,蟋蟀、蜜蜂继承昆虫类并实现飞行接口。

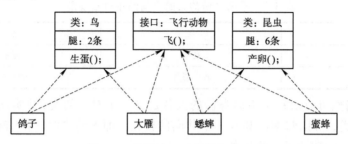

图 4-7　使用接口后鸟类和昆虫类

程序如下:

```
interface Flyanimal{              //飞行接口
    public abstract void fly();    //如果省略public abstract修饰符编译器
                                   //会自动加上
}
class Insect {
    int legnum=6;
}
class Bird {
    int legnum=2;
    void egg(){};
}
class Bee extends Insect implements Flyanimal {   //蜜蜂类
    public void fly(){
        System.out.println("蜜蜂嗡嗡地飞");
    }
}
class Pigeon extends Bird implements Flyanimal { //鸽子类
    public void fly(){
        System.out.println("鸽子能归巢地飞");
    }
    public void egg(){
        System.out.println("鸽子能产蛋");
    }
}
public class InterfaceDemo{
    public static void main(String args[]){
```

```
        Bee a=new Bee();
        a.fly();
        Pigeon p=new Pigeon();
        p.fly();
        p.egg();
    }
}
```

2．拓展程序功能，应对需求变化

假设一个学校接待方面的程序，招待不同身份的人的食宿问题，其对应规则见表 4-2。

表 4-2　不同身份的人的食宿问题对应规则

身份	食	宿
学生	食堂	寝室
教师	教工餐厅	学校公寓

理论上，当然可以对每个不同身份的人各定义一个对应的类，并实现各自的方法，但是观察这些类，可以归纳出其有一个共同的模板，即人的"食、宿"问题。这时候，就可以发挥接口的功能了。程序如下：

```
interface Person{
    void eat();      //与public abstract void eat();等价
    void sleep();    //与public abstract void sleep();等价
}
class Student implements Person{
    public void eat(){
        System.out.println("学生去食堂吃饭！");
    }
    public void sleep(){
        System.out.println("学生回寝室睡觉！");
    }
}
class Teacher implements Person{
    public void eat(){
        System.out.println("教师去教工餐厅吃饭！");
    }
    public void sleep(){
        System.out.println("教师回学校公寓睡觉！");
    }
}
public class PersonInterface{
    public static void main(String[] args){
        Person p=new Student();
        p.eat();
        p.sleep();
        p=new Teacher();
```

```
            p.eat();
            p.sleep();
        }
    }
```

程序完成后,现在需要添加一些功能,即添加"外宾、家长"两类角色。此时,只需要根据需要添加"外宾"类、"家长"类,而主类仍然可以拿来就用,无须进行更多的修改。此时,在上面的程序中添加如下两个类即可:

```
class Foreign implements Person{        //外宾类
    public void eat(){
        System.out.println("外宾去宾馆吃饭!");
    }
    public void sleep(){
        System.out.println("外宾回宾馆睡觉!");
    }
}
class Parent implements Person{         //家长类
    public void eat(){
        System.out.println("家长去食堂吃饭!");
    }
    public void sleep(){
        System.out.println("家长回招待所睡觉!");
    }
}
```

4.5 Object 类

Java 提供了一个 Object 类,它是所有类的父类,每个类都直接或间接继承 Object 类,因此 Object 类通常称为超类。当定义一个类时,如果没有使用 extends 关键字为这个类显式地指定父类,那么该类会默认继承 Object 类。Object 类常用方法见表 4-3。

表 4-3 Object 类常用方法

方法名称	方法说明
boolean equals( )	判断两个对象是否"相等"
int hashCode( )	返回对象的哈希码值
String toString( )	返回对象的字符串表示形式
Object clone( )	创建并返回此对象的一个副本
final void notify( )	唤醒在此对象监视器上等待的单个线程
final void notifyAll( )	唤醒在此对象监视器上等待的所有线程
final void wait( )	使当前对象的线程等待
void finalize( )	垃圾回收时调用该方法

下面介绍其中一些常用方法的使用。

4.5.1 toString( )方法

toString( )方法是对对象的文字描述，返回一个字符串。通过例子演示 Object 类中 toString( )方法的使用。例如：

```
Bird a2=new Bird();            //Bird 对象
System.out.println(a2);        //调用从 Object 继承而来的 toString()方法
```

System.out.println(a2)时会自动调用 Bird 类从 Object 继承而来的 toString( )方法，打印该对象的字符串描述（类全名@ hashCode 编码）。打印结果如下：

```
ch5.example.xmj.Bird@15db9742
```

如果在新创建的类中重写 toString( )方法，返回一个与该类具体相关信息字符串，则打印对象的操作将变得非常简单，直接调用 System.out.println( )方法即可。正因为如此，toString( )方通常都会被重写。

在实际开发中，通常希望对象的 toString( )方法返回的不仅仅是基本信息，而是对象特有的信息，这时可以重写 Object 类的 toString( )方法。

【例 4.12】编写扑克牌程序。设计一个扑克类 Card 和测试类实现一副扑克牌。
程序如下：

```java
package ch4.example.xmj;
class Card{                                        //扑克类
    String color;                                  //牌面花色
    String num;                                    //牌面大小
    public Card(String color,String num) {         //构造方法
        this.color=color;
        this.num=num;
    }
    //重写 toString()，实现返回扑克牌花色和牌面大小
    @Override
    public String toString() {
        return color+num;
    }
}
public class Demo {
    public static void main(String[] args) {
        Card[] pocker=new Card[52];
        //定义数组存储所有的花色和点数
        String[] colors={"黑桃","红桃","梅花","方块"};
        String[] nums={"A","2","3","4","5","6","7","8","9","10","J","Q","K"};
        //添加数组 Poker 中扑克牌
        for(int i=0;i<nums.length;i++){
            for(int j=0;j<colors.length;j++){
                pocker[j* nums.length+i]=new Card(colors[j],nums[i]);
            }
        }
        //输出数组 Poker 中扑克牌
        for(int i=0;i<pocker.length;i++){
            System.out.print(" "+pocker[i]);
```

```
            //换行
            if((i+1)%13==0){
                System.out.println();
            }
        }
        System.out.println("牌数:"+pocker.length);//显示多少张牌
    }
}
```

程序运行结果如下:

```
黑桃A 黑桃2 黑桃3 黑桃4 黑桃5 黑桃6 黑桃7 黑桃8 黑桃9 黑桃10 黑桃J 黑桃Q 黑桃K
红桃A 红桃2 红桃3 红桃4 红桃5 红桃6 红桃7 红桃8 红桃9 红桃10 红桃J 红桃Q 红桃K
梅花A 梅花2 梅花3 梅花4 梅花5 梅花6 梅花7 梅花8 梅花9 梅花10 梅花J 梅花Q 梅花K
方块A 方块2 方块3 方块4 方块5 方块6 方块7 方块8 方块9 方块10 方块J 方块Q 方块K
牌数:52
```

这里重写父类 Object 类的 toString( )方法,使 System.out.println( )输出扑克牌的牌面信息。

4.5.2 equals( )方法

equals( )方法是 java.lang.Object 类的方法。而 Object 类中的 equals( )方法是用来比较"地址"的,而不是比较内容的。

例如:

```
public class Demo {
    public static void main(String[] args) {
        Card a1=new Card("黑桃","A");
        Card a2=new Card("黑桃","A");
        Card a3=a1;                                //引用同一个对象
        System.out.println(a1==a2);                //输出 false
        System.out.println(a1.equals(a2));         //输出 false
        System.out.println(a1==a3);                //输出 true
        System.out.println(a1.equals(a3));         //输出 true
    }
}
```

这里 a1、a2 对象引用分别指向在堆内存产生的两个 Card 对象(虽然都代表黑桃A),由于两个 Card 对象在堆内存中的地址不同,a1、a2 对象引用实际存储的对象首地址不同,所以在==或 equals( )方法比较时都是假(false)。

a3、a1 对象引用指向在堆内存产生的同一 Card 对象,a1、a2 对象引用实际存储的对象首地址相同,所以在==或 equals( )方法比较时都是真(true)。

如果希望 equals( )方法能对 Card 对象牌面内容进行相等比较,则需要重写 equals( )方法。

在 Card 类中重写 equals( )方法:

```
class Card{                                        //扑克类
    String color;                                  //牌面花色
    String num;                                    //牌面大小
```

```
        public Card(String color,String num) {        //构造方法
            this.color=color;
            this.num=num;
        }
        public boolean equals(Card other) {
            if(this.color==other.color&&this.num==other.num)
                return true;
            else
                return false;
        }
}
public class Demo {
    public static void main(String[] args) {
        Card a1=new Card("黑桃","A");
        Card a2=new Card("黑桃","A");
        Card a3=a1;                                     //引用同一个对象
        System.out.println(a1==a2);                     //输出 false
        System.out.println(a1.equals(a2));              //输出 true
        System.out.println(a1==a3);                     //输出 true
        System.out.println(a1.equals(a3));              //输出 true
    }
}
```

关于 String 中 "==" 和 "equals( )" 用法说明:

对于字符串变量来说，使用 "==" 和 "equals( )" 方法比较字符串时，其比较方法不同。"==" 比较两个变量本身的值，即两个对象在内存中的首地址。"equals( )" 比较字符串中所包含的内容是否相同。比如:

```
String s1,s2,s3="abc",s4="abc";
s1=new String("abc");
s2=new String("abc");
```

那么 s1==s2 是 false，两个引用变量 s1、s2 存储的字符串内存地址不一样，也就是说，它们指向的对象不一样，故不相等。

s1.equals(s2) 是 true，String 实际是类，并对 equals( ) 方法重写，所以 s1.equals(s2) 是比较 s1、s2 引用变量所指向对象包含的内容，都是 abc，故相等。

4.6 内 部 类

在 Java 中，允许在一个类的内部定义类，这样的类称为内部类，内部类所在的类称为外部类。在实际开发中，根据内部类的位置、修饰符和定义方式的不同，内部类可分为三种，分别是成员内部类、方法内部类、匿名内部类。

4.6.1 成员内部类

在一个类中除了可以定义成员变量、成员方法，还可以定义类，这样的类称为成员内部类。成员内部类可以访问外部类的所有成员。例如:

```
class Outer {                           //外部类
```

```java
        private String name="xmj";
        public int age=20;
        class Inner {                       //成员内部类
            public int num=10;
            public void show2() {   //成员内部类的方法
                //在成员内部类的方法中访问外部类的成员变量
                System.out.println("外部成员变量name="+name);
                System.out.println("外部成员变量age="+age);
            }
        }
        void test() {
            Inner inner=new Inner();
            System.out.println("内部成员变量num="+inner.num);
            inner.show2();
        }
    }
    public class Test {
        public static void main(String[] args) {
            Outer outer=new Outer();
            Outer.Inner inner=outer.new Inner();
            inner.show2();
            outer.test();
        }
    }
```

程序运行结果如下：

```
外部成员变量name=xmj
外部成员变量age=20
内部成员变量num=10
外部成员变量name=xmj
外部成员变量age=20
```

从结果看出，内部类可以在外部类中使用，并能访问外部类的成员。如果想通过外部类访问内部类，则需要通过外部类创建内部类对象，创建内部类对象的具体语法格式如下：

```
外部类名.内部类名 变量名=new 外部类名().new 内部类名();
```

成员内部类是依附外部类的，只有创建了外部类之后才能创建内部类。

4.6.2 方法内部类

方法内部类（也称局部内部类）是指定义在某个局部范围中的类，它和局部变量一样，都是在方法中定义的，有效范围只限于方法内部。

在方法内部类中，内部类可以访问外部类的所有成员变量和方法，而方法内部类中变量和方法只能在所属方法中访问。

```java
class Outer{
    private String name="xmj";
    public void dispaly()
    {
```

```
        //方法内部类即嵌套在dispaly方法里面
        public class Inner{
            public int num=10;
            public void show2() {  //方法内部类的方法
                //在方法内部类的方法中访问外部类的成员变量
                System.out.println("外部成员变量name="+name);
            }
        }
        //方法内部
        Inner inner=new Inner();
        System.out.println("方法内部类变量num="+inner.num);
        inner.show2();
    }
}
public class Test2{
    public static void main(String[] args) {
        //此处不能直接使用上面定义的方法内部类Inner
        Outer outer=new Outer();
        outer.dispaly ();
    }
}
```

方法内部类对外部完全隐藏,除了创建这个类的方法可以访问它之外,其他地方均不能访问(其他方法或者类都不知道有这个类的存在)。

4.6.3 匿名内部类

定义类最终目的是创建一个类的对象实例,但如果某个类的实例只使用一次,可以将类的定义和对象实例的创建在一起完成,或者说在定义类的同时就创建一个类的实例,以这种方式定义的类称为匿名内部类(anonymous inner class)。

匿名内部类就是一个没有名字的方法内部类,与方法内部类完全一致,除此之外,还有自己的特点:

① 匿名内部类必须继承一个抽象类或者实现一个接口。

② 匿名内部类没有类名,因此没有构造方法。

在 Java 中调用某个方法时,如果该方法的参数是接口类型,除了可以传入一个接口实现类之外,还可以使用实现接口的匿名内部类作为参数,在匿名内部类中直接完成接口的实现。

创建匿名内部类的基本语法格式如下:

```
new 父接口(){
    //匿名内部类实现部分
}
```

一个匿名内部类一定是在 new 的后面,匿名内部类隐含实现一个接口或继承一个类,但不需要使用 extends 或 implements 关键字。由于不知道类名,因此只能在创建匿名内部类的同时使用 new 关键字创建匿名类的实例。

例如,定义 Animal 接口,实现 Animal 接口的匿名内部类:

```
interface Animal{
```

第4章 Java 面向对象高级特性

```
    void shout();
  }
  public class Test3{
    public static void main(String[] args){
      String name="小花";
      animalShout(new Animal(){    //此处是匿名内部类
        @Override
        public void shout() {
          System.out.println(name+"喵喵...");
        }
      });
    }
    public static void animalShout(Animal an){
      an.shout();
    }
  }
```

第 1~3 行代码创建了 Animal 接口；第 7~12 行代码是调用 animalShout( )方法，将实现 Animal 接口的匿名内部类对象作为 animalShout( )方法的参数，并在匿名内部类中重写了 Animal 接口的 show( )方法。

上述代码中的匿名内部类中访问了局部变量 name，而局部变量 name 并没有使用 final 修饰符修饰，程序也没有报错。这是 JDK 8 的新增特性，允许在局部内部类、匿名内部类中访问非 final 修饰的局部变量。而在 JDK 8 之前，局部变量前必须加 final 修饰符，否则程序编译时会报错。

4.7 应用案例——学生和教师信息管理程序

编写一个学生信息和教师信息输入和显示的管理程序。其中学生信息有编号、姓名、性别、生日和各门（5 门）课程的成绩；教师信息有编号、姓名、性别、生日和职称、部门。要求将学生和教师信息的共同特性设计成一个类（CPerson 类），作为学生 CStudent 类和教师 CTeacher 类的基类。

分析：根据题目要求，可以将编号、姓名、性别、生日作为基类 CPerson 类的数据成员，为实现输入和显示这些信息，在基类 CPerson 类设计 Input( )和 PrintCPersonInfo( )这两个成员方法实现。在子类 CStudent 类和 CTeacher 类中主要考虑自有信息输入和显示即可。

程序如下：

```
package ch4.example.xmj;
import java.util.Scanner;
//基类 CPerson
class CPerson {
    private long no;
    private String name;
    private String sex;
    private String birthday;
    public CPerson() {
    }
```

```java
        public CPerson(long no,String name,String sex,String birthday) {
            this.no=no;
            this.name=name;
            this.sex=sex;
            this.birthday=birthday;
        }
        public void input() {
            Scanner scanner=new Scanner(System.in);
            System.out.print("请输入编号:");
            no=scanner.nextInt();   //键盘输入
            System.out.print("姓名:");
            name=scanner.next();
            System.out.print("性别:");
            sex=scanner.next();
            System.out.print("生日:");
            birthday=scanner.next();
        }
        public void printCPersonInfo() {
            System.out.printf("编号:%d;姓名:%s;性别:%s; 生日:%s", no,
                            name, sex, birthday);
        }
}
//派生类 CStudent
class CStudent extends CPerson {
    private String[] course={"数学","语文","政治","体育","自然"};
    private int[] grades=new int[5];
    public CStudent() {
    }
    public void inputCourse() {
        Scanner scanner=new Scanner(System.in);
        System.out.println("input your scores: ");
        for(int i=0; i<course.length;i++) {
            System.out.print(course[i]+":");
            grades[i]=scanner.nextInt();
        }
    }

    public void printCourse() {
        System.out.print("student's courses score are: ");
        for(int i=0; i<course.length;i++) {
            System.out.print(course[i]);
            System.out.printf("is :%d", grades[i]);
        }
        System.out.println();
    }
}
//派生类 CTeacher
class CTeacher extends CPerson{
    private String depart;
    private String prof;
```

```java
    public CTeacher(){
    }
    public void inputTeacherInfo() {
        Scanner scanner=new Scanner(System.in);
        System.out.print("请输入部门:");
        depart=scanner.next();
        System.out.print("职称:");
        prof=scanner.next();
    }
    public void printCTeacherInfo() {
        System.out.printf("所在部门:%s;职称是:%s", depart, prof);
    }
}
public class Program {                    //测试类
    public static void main(String[] args) {
        CStudent s1=new CStudent();
        s1.input();                       //调用父类的input成员函数
        s1.inputCourse();
        s1.printCPersonInfo();            //调用父类的printCPersonInfo()
        s1.printCourse();
        CTeacher t1=new CTeacher();
        t1.input();                       //调用父类的input成员函数
        t1.inputTeacherInfo();
        t1.printCPersonInfo();            //调用父类的printCPersonInfo()
        t1.printCTeacherInfo();
    }
}
```

程序运行结果如图 4-8 所示。

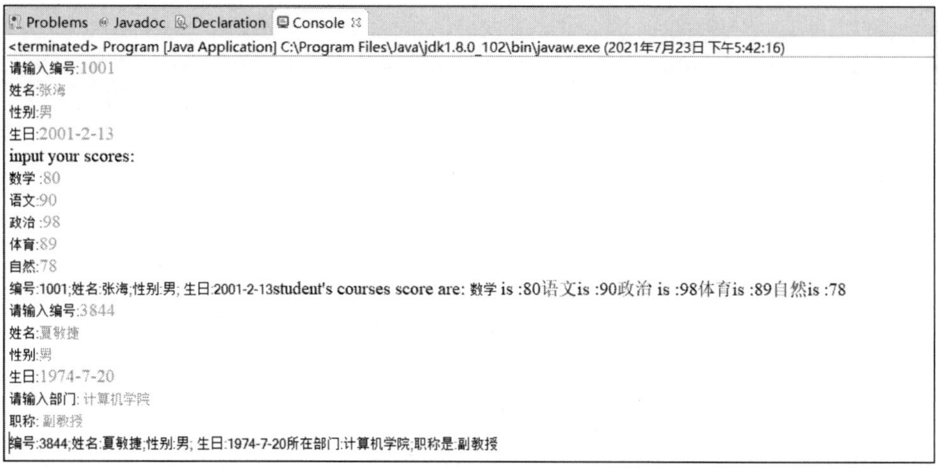

图 4-8 程序运行结果

在软件实际开发中，往往需要用户从键盘输入具体数据。在 CStudent 类 input( ) 成员方法中为实现从父类继承的编号、姓名、性别、生日这些数据成员的输入，直接调用父类的 input( ) 方法实现，同理为显示这些信息调用父类的 printCPersonInfo( )，这样可简化程序的开发复杂度。

习 题

1. 定义一个圆柱体类 Cylinder，该类包含：(1) 一个私有数据成员表示圆柱体底面半径 radius，一个公有数据成员表示圆柱体的高度 height；(2) 编写获取、修改私有数据成员 radius 的方法；(3) 编写方法 ComputeVol( )，用来计算圆柱体的体积。最后编写一个测试程序对圆柱体类 Cylinder 类的功能进行验证。

2. 简述面向对象程序设计中继承与多态性的作用。

3. 写一个继承的例子。定义一个圆柱体类Cylinder2，它继承Circle类(有半径radius和getArea( )方法，要求定义一个变量height表示圆柱高度。

（1）覆盖getArea( )方法求圆柱的表面积，定义getVolume( )方法求圆柱体积。定义默认构造方法和带radius和height两个参数的构造方法。

（2）编写测试程序，提示用户输入圆柱的底面圆的半径和高度，程序创建一个圆柱对象，计算并输出圆柱表面积和体积。

4. 定义一个 shape 抽象类，利用它作为基类派生出 Rectangle、Circle 等具体形状类，已知具体形状类均具有两个方法 GetArea( )和 GetColor( )，分别用来得到形状的面积和颜色。最后编写一个测试程序对产生的类的功能进行验证。

5. 设计一个三角形 Triangle 类，其属性包含三个 float 类型的边长。一个判断是否为三角形的 isTriangle( )方法，以及重写 toString( )方法输出三角形的三条边长。

设计三角形类的子类 RightTriangle（直角三角形），实现一个计算周长的方法 getPerimeter( )和计算面积的方法 getArea( )。

测试根据输入三角形的基本信息（三条边），判定输入是否为三角形，如果是则输出其三条边长；判断此三角形是否为直角三角形，如果是则输出其周长和面积。

第 5 章
Java 异常处理

程序在运行过程中，由于程序设计逻辑上的缺陷或者是运行环境的变化，不可避免地会出现一些异常。当程序出现异常的时候，需要捕获异常、处理异常、引导程序向正确的方向执行。本章主要介绍 Java 语言提供的常用异常类、Java 语言如何捕获和抛出异常以及 Java 自定义异常等内容。

5.1 异常概述

异常是程序运行过程中出现一些不正常的情况，只不过这种情况多数是受程序员控制的，当程序员在编程的时候进行一些逻辑判断，能够避免异常的发生或者当异常发生时能够引导程序正确的执行，而不至于程序终止运行。异常的实质也是错误，是"轻微"的错误。而常说的错误是"严重"的错误，是脱离程序员控制范围的，如程序运行过程中JVM 出现死锁或者出现堆栈溢出等情况，这种错误系统只能导致程序终止运行。例如下面的代码：

视 频

异常概述

```
public class Test {
    public static void main(String[] args) {
        int n;
        int m=0;
        for(n=5;n>=-1;n--){
            m=10/n;
            System.out.println(m);
        }
    }
}
```

程序编译没有任何错误，但在运行过程中由于执行 n--导致某一个时刻 n 值为 0，执行语句 m=10/n 时，出现除数为零的异常，弹出图 5-1 所示异常信息。

115

```
Problems  @ Javadoc  Declaration  Console
<terminated> Test [Java Application] C:\Program Files\Java\jdk1.8.0_162\bin\javaw.exe (202
Exception in thread "main" 2
2
3                           异常方式在哪个方法或者线程
5           异常发生的原因      哪一行代码触发异常
10
java.lang.ArithmeticException: / by zero
        at Test.main(Test.java:6)
```

图 5-1 异常信息

Java 虚拟机详细描述了异常发生在哪个方法、哪一行代码以及异常的类型。对于这样的异常，程序员完全可以增加逻辑判断避免发生异常，修改后代码如下：

```java
public class Test {
    public static void main(String[] args) {
        int n;
        int m=0;
        for(n=5;n>=-1;n--){
            if(n!=0) {//增加逻辑判断，当 n!=0 时运行该代码块
                m=10/n;
                System.out.println(m);
            }
        }
    }
}
```

视 频

Java 异常类
介绍

5.2 Java 异常类介绍

5.2.1 Java 异常类层次结构

Java 提供许多异常处理类，这些类层次结构如图 5-2 所示。

从图 5-2 可以看出，Throwable 是所有异常类的父类，Throwable 类包含 Error 类和 Exception 类。Error 类是程序无法处理的错误，表示运行应用程序中较严重问题，大多数错误与代码编写者执行的操作无关，而表示代码运行时 JVM 出现的问题。下面重点介绍 Exception 类及其子类的使用。

Exception 异常分为检查异常和非检查异常：

① 非检查异常（unchecked exception），主要是 RuntimeException 子类这些异常类，所以也称运行时异常，如算数异常（ArithmeticException）、空指针异常（NullPointerException）、数组越界异常（ArrayIndexOutOfBoundException）。对于运行时异常，Java 编译器不要求必须进行异常捕获处理或者抛出声明，由程序员自行决定。

② 检查异常（checked exception），RuntimeException 之外的异常，也称非运行

时异常，Java 编译器强制程序员必须进行捕获处理。检查异常是 Exception 的本身或者子类，如常见的 IOException（输入输出异常）、FileNotFoundException（找不到文件异常）、SQLException（SQL 异常）。对于非运行时异常如果不进行捕获或者抛出声明处理，编译都不会通过，必须要用 try catch 语句捕获或者用 throws 抛出异常。

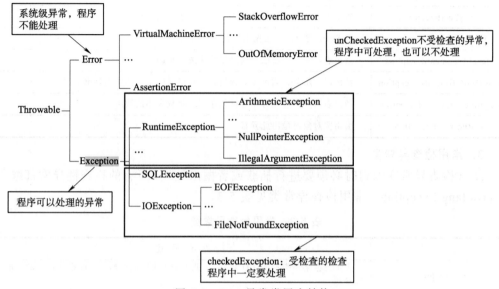

图 5-2　Java 异常类层次结构

5.2.2　常用异常类

1. Throwable 类

Throwable 是所有异常类的父类，只有作为此类（或其一个子类）的实例的对象由 Java 虚拟机抛出，或者由 `throw` 语句抛出。类似地，只有这个类或其子类可以是 `catch` 子句中的参数类型。程序经常通过 Throwable 提供的表 5-1 所示的方法捕获或打印异常信息。

表 5-1　Throwable 类常用方法

方 法 声 明	功 能 描 述
String getMessage( )	返回此 throwable 的详细消息字符串
StackTraceElement[ ] getStackTrace( )	返回堆栈跟踪信息
void printStackTrace( )	将此 throwable 和其追溯打印到标准错误流
String toString( )	返回此可抛出的简短描述

2．常用非检查异常类

非检查异常类用得比较多，主要是 RuntimeException 类以及子类。常用非检查异常类见表 5-2。

表 5-2　常用非检查异常类

类　名	功　能　描　述
RuntimeException	Java 虚拟机的正常操作期间可以抛出的那些异常的超类
ArithmeticException	异常算术条件时抛出。例如，除数为零会抛出此类的一个实例
ArrayStoreException	抛出表示尝试将错误类型的对象存储到对象数组中
ClassCastException	抛出表示代码尝试将对象转换为不属于实例的子类
EmptyStackException	由 Stack 类中的方法抛出，表示堆栈为空
IllegalArgumentException	抛出表示一种方法已经通过了非法或不正确的参数
IndexOutOfBoundsException	抛出以表示某种索引（如数组、字符串或向量）的索引超出范围
NegativeArraySizeException	抛出表示一个应用程序尝试创建一个负数大小的数组
NullPointerException	引用空对象时抛出此异常

3. 常用检查异常类

Java 检查异常在编程时必须要进行捕获或者抛出处理，所有的检查性异常都继承自 java.lang.Exception。常用检查异常类见表 5-3。

表 5-3　常用检查异常类

类　名	功　能　描　述
IOException	表示发生某种类型的 I/O 异常。此类是由失败或中断的 I/O 操作产生的一般异常类
FileNotFoundException	指示尝试打开由指定路径名表示的文件失败
EOFException	表示在输入过程中意外地到达文件结束或流结束
InterruptedIOException	抛出一个 InterruptedIOException 表示输入或输出传输已被终止，因为执行它的线程被中断
MalformedURLException	抛出表示发生格式不正确的网址。在规范字符串中找不到任何合法协议，或者无法解析字符串
SocketException	抛出表示创建或访问 Socket 时出错
SQLException	提供有关数据库访问错误或其他错误信息的异常

视　频

Java 捕获异常

5.3　Java 捕获异常

Java 异常处理包括异常捕获和异常抛出两种机制，本节介绍 Java 异常捕获。异常捕获主要通过 try、catch 和 finally 三个关键字来实现，其语法结构如下：

```
try{
    代码块 1
}catch(XException ex){
    代码块 2
}finally{
    代码块 3
}
```

使用 try 将可能出现异常的代码块 1 包围，如果代码块 1 没有发生异常，将跳过 catch 语句块执行后面的语句；如果代码块 1 有异常，系统将抛出异常对象，该对象和 catch 异常对象 ex 进行匹配，如果是 XException 对象或者是 XException 的子对象，将执行相应的代码块 2，进行异常处理，如果没有匹配相应的 ex 对象，那么程序将中断；finally 语句是不管 try 语句块是否有异常，都将执行代码块 3，进行异常中断后的善后处理，比如关闭文件，关闭连接的数据库等，该语句可以省略不写。

5.3.1　try...catch 语句捕获异常

try...catch 语句捕获异常是最常用的一种异常捕获处理方法。

【例 5.1】try...catch 语句的使用。

程序如下：

```
public class Test5_1 {
    public static void main(String[] args) {
        int n;
        int m=0;
        try {
            for(n=5;n>=-1;n--){
                m=10/n;      //n有可能为 0，产生被 0 除异常
                System.out.println(m);
            }
        }catch(ArithmeticException ex) {
            ex.printStackTrace();
        }
    }
}
```

语句 m=10/n，n 的值在程序运行的过程中 n 的值为 0，产生异常，被 catch 语句捕获，传递给对象 ex，ex 执行 printStacktrace( )方法将堆栈信息打印出来。

5.3.2　try...catch...finally 语句捕获异常

finally 语句不能单独使用，需要与 try 语句配合使用。不管 catch 语句是否捕获异常，finally 语句都会执行，一般用于收尾工作。

【例 5.2】try...catch...finally 语句的使用。

程序如下：

```
import java.util.InputMismatchException;
import java.util.Scanner;
public class Test5_2 {
    public static void main(String args[]){
        System.out.print("请选择操作(1.添加 2.删除 3.修改 4.退出):");
        int op=-1;
        try {
            Scanner sc=new Scanner(System.in);
            op=sc.nextInt();
            switch(op) {
                case 1:System.out.println("执行添加操作...");break;
```

```
            case 2:System.out.println("执行删除操作...");break;
            case 3:System.out.println("执行修改操作...");break;
            case 0:System.out.println("执行退出操作...");break;
        }
    }catch(InputMismatchException ex) {
        ex.printStackTrace();
    }finally {
        op=-1;
        System.out.println("系统执行完毕! ");
    }
  }
}
```

这个例子模拟操作菜单选择，op 初始值为–1，当执行语句 op=sc.nextInt( )时，可能会通过键盘输入非数字数据，如图 5-3 所示，输入字符"r"，从而产生 InputMismatchException 异常，当处理完异常后，执行 finally 语句块，重新将 op 设置为–1，同时显示"系统执行完毕"提示信息。

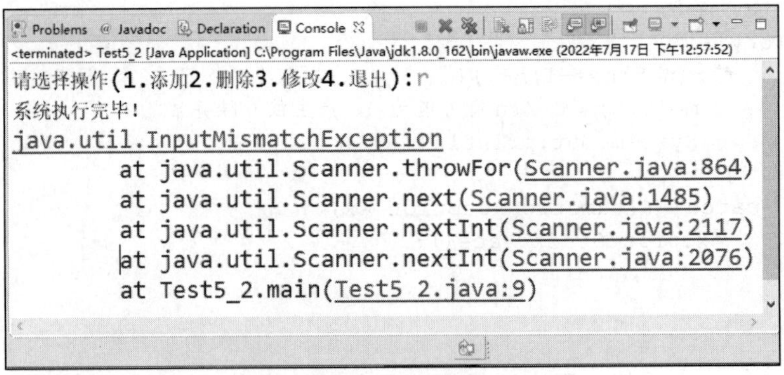

图 5-3 异常信息

5.3.3 多 catch 语句捕获异常

当一个 try 语句包含的语句块可能发生多个异常时，可以通过多个 catch 语句块来捕获不同的异常。

【例 5.3】多 catch 语句的使用。

程序如下：

```
public class DivTest {
  public static void main(String[] args) {
    try {
        int a=Integer.parseInt(args[0]);
        int b=Integer.parseInt(args[1]);
        int c=a/b;
        System.out.println("a/b="+c);
    } catch(IndexOutOfBoundsException ie) {
        System.out.println("数组下标越界");
    } catch(NumberFormatException ne) {
        System.out.println("数字格式非法异常");
    } catch(ArithmeticException ae) {
```

```
            System.out.println("算术运算异常");
        } catch(Exception e) {
            System.out.println("未知异常");
        }
    }
}
```

该程序运行时启动 main( )函数，需要输入两个参数，通过 args 数组获取，如果输入参数不够，则发生 IndexOutOfBoundsException 异常；如果输入参数不是数值型，则发生 NumberFormatException 异常；如果第二个参数值为零，执行 int c=a/b 时发生 ArithmeticException 异常，其他可能会发生 Exception 未知的异常。用多个 catch 可以处理不同的异常。

需要注意的是，如果这些异常具有继承关系，catch 书写时应该先捕获子异常，然后捕获父异常，如果写反，则后面 catch 语句将永远捕获不到异常。例如，例 5.3 中 Exception 是所有异常的父异常，如果写在第一个 catch 语句，则后面异常处理都不会执行。

另外，对于 JDK 1.7 之后的版本，catch 语句可以同时获取多个异常对象进行处理，如上述例子异常处理代码可以修改为：

```
try {
    int a=Integer.parseInt(args[0]);
    int b=Integer.parseInt(args[1]);
    int c=a/b;
    System.out.println("您输入的两个数相除的结果是: "+c);
} catch(IndexOutOfBoundsException|NumberFormatException|
        Arithmetic Exception ie) {
    System.out.println("数组越界或者数字格式异常或者算术运算异常");
} catch(Exception e) {
    System.out.println("未知异常");
}
```

5.3.4　try 语句嵌套捕获异常

当发生异常时，try 语句包围的代码块就会终止程序的运行，如果希望 try 代码块某一个语句发生异常时，后面的代码还能继续执行，可以考虑使用 try 语句嵌套捕获异常。

【例 5.4】try 语句嵌套捕获异常。

程序如下：

```
import java.util.InputMismatchException;
import java.util.Scanner;
public class Test5_4 {
    public static void main(String args[]) {
        int n=0;
        Scanner sc=new Scanner(System.in);
        try {
            n=sc.nextInt();              //输入数据格式不匹配异常
            try {
```

```
            int b=10/n;                    //算术运算异常
        }catch(ArithmeticException ex) {
          ex.printStackTrace();;
        }
        System.out.println("继续执行");     //当内层try语句块异常发生时,
                                           //该语句继续执行
    }catch(InputMismatchException ex) {
      ex.printStackTrace();
    }
  }
}
```

上述代码当n=sc.nextInt( )输入数据格式不正确时产生 InputMismatchException 异常；当输入数据为 0 时，内层 try 语句块中代码 int b=10/n 产生 ArithmeticException 异常，被捕获后，下一条语句 System.out.println("继续执行")继续被执行，如图 5-4 所示。

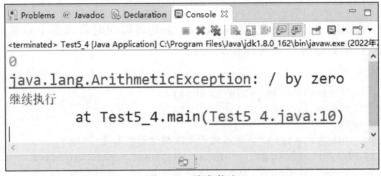

图 5-4　异常信息

5.4　Java 抛出异常

Java 处理异常机制的另一种方法是抛出异常，就是 Java 方法不想捕获异常或者无能力处理异常时，可以选择抛出异常，由调用者去捕获异常。抛出异常用 throws 和 throw 两个关键字来处理。

5.4.1　throws 抛出异常

throws 关键字通常被应用在声明方法时，用来显式指定该方法可能抛出的异常。多个异常可以使用逗号隔开。当调用该方法时，如果发生异常，就会将异常抛给指定异常对象。

格式如下：

```
修饰符 返回类型 方法名(参数) throws 异常1,异常2,...,异常n
{
    方法体
}
```

【例 5.5】throws 语句抛出异常。

程序如下：

```java
public class Test5_5 {
    public static void f1(int a[]) throws ArrayIndexOutOfBounds
                        Exception{
        System.out.println(a[3]);
    }
    public static void main(String args[]){
        int a[]={1,2,3};
        try {
            f1(a);
        } catch ( ArrayIndexOutOfBoundsException e) {
            //TODO Auto-generated catch block
            e.printStackTrace();
        }
    }
}
```

方法 f1( )传递一个数组参数 a，方法体打印 a[3]的值，如果传递的数组最多有 3 个元素，显然 a[3]下标越界，产生 ArrayIndexOutOfBoundsException 异常，但是方法体没有捕获异常，而是通过 throws 显示声明该方法抛出异常，main( )方法调用 f1( )时通过 try...catch 语句捕获异常。

如果调用者不想捕获异常，也可以向上一级抛出异常，一层一层地向上一级抛出异常，最终由 main( )方法将异常抛给 Java 虚拟机。

```java
public class Test5_5_1 {
    public static void f1(int a[]) throws ArrayIndexOutOfBounds
                        Exception{
        System.out.println(a[3]);
    }
    public static void main(String args[])throws ArrayIndexOutOf
                        BoundsException{
        int a[]={1,2,3};
        f1(a);
    }
}
```

5.4.2 throw 抛出异常

throw 关键字也可以抛出异常，只不过 throw 关键字用在方法体中，抛出一个异常对象，当程序在执行到 throw 语句时立即停止，它后面的语句将不执行。通过 throw 关键字抛出异常后，如果想在上一级代码中来捕获并处理异常，则需要在抛出异常的方法中使用 throws 关键字在方法声明中指明要跑出的异常；如果要捕获 throw 关键字抛出的异常，需要使用 try...catch 语句。

【例 5.6】throw 语句抛出异常。

程序如下：

```java
public class Test5_6 {
    int age;
```

```
    public void setAge(int age) throws Exception{
       if(age<0)
          throw new Exception("年龄不能够为负数！");
       this.age=age;
    }
    public static void main(String args[]) {
       Test5_6 stu=new Test5_6();
       try {
          stu.setAge(-5);
       } catch (Exception e) {
          e.printStackTrace();
       }
    }
}
```

setAge( )方法为数据成员 age 赋值，当 age 为负数时，通过 throw 关键字抛出异常对象，这里的异常对象必须是继承自 Throwable 类的子类，一般的类对象不能够抛出。main( )方法中实例 stu 调用方法 setAge( )时，要么用 try...catch 语句捕获，要么用 main( )方法抛出异常。

5.5 Java 自定义异常

Java 内置的异常类可以描述在编程时出现的大部分异常情况，然而用户为了能够将异常描述信息表述更加清晰或者为了某种特殊的需要，可以自定义异常类。用户自定义异常，只需要继承 Exception 类即可。

【例 5.7】自定义异常类，年龄不合法时抛出异常。

首先定义异常类 InvalidAgeException：

```
public class InvalidAgeException extends Exception{
    public InvalidAgeException() {
    }
    public InvalidAgeException(String msg) {
       super(msg);
    }
}
```

调用异常类进行测试：

```
public class Test5_7 {
    int age;
    public void setAge(int age) throws InvalidAgeException{
       if(age<0)
          throw new InvalidAgeException("年龄不能够为负数！");
       this.age=age;
    }
    public static void main(String args[]) {
       Test5_7 stu=new Test5_7();
       try {
          stu.setAge(-5);
```

```
        } catch (InvalidAgeException e) {
            e.printStackTrace();  // System.out.print(e.getMessage());
        }
    }
}
```

stu.setAge(-5);这条语句可能存在异常，所以将其放入 try 语句块，在 catch 语句块捕获异常时用自定义异常 InvalidAgeException 进行匹配。

程序运行结果如图 5-5 所示。

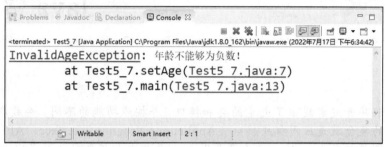

图 5-5　程序运行结果

这里首先自定义异常类 InvalidAgeException，在类 Test5_7 中进行测试，可以自定义异常类发生的条件和发生异常时给出的异常信息。

习　题

1．从键盘输入三个数，通过 Integer.parseInt( ) 方法转化为整型存放到一个整型数组中。如果输入的数不是整数，则抛出异常。

2．输入三个数作为三角形的边，判断是否能够构成三角形，如果不能则抛出异常提示"三边不能够构成三角形"，否则求该三角形的周长。

3．编写一个方法，比较两个字符串。假如其中一个字符串为空会产生 NullPointerException 异常，在方法声明中通告该异常。

4．自定义异常类，判断成绩是否合法，如果小于 0 分或者大于 100 分，则抛出异常提示"无效成绩"，并测试自定义异常类。

第 6 章
Java 常用类

Java 为程序开发者提供了大量的类和接口，并按照功能的不同，存放在不同的包中。这些包的集合就是应用程序接口（Application Program Interface，API），也称类库，它们分别存放在 Java 核心包（包名以 java 开头）和扩展包（包名以 javax 开头）中。Java 的类库非常庞大，本章通过实例介绍一些使用频率较高的工具类。

6.1 字符串类

在程序开发中经常会用到字符串，所谓字符串就是指一连串的字符，它是由许多单个字符连接而成的，如多个英文字母所组成的一个英文单词。字符串中可以包含任意字符，这些字符必须包含在一对双引号" "之内，例如"abc"。Java 中定义了三个封装字符串的类，分别是 String、StringBuffer 和 StringBuilder，它们位于 java.lang 包中；并提供了一系列操作字符串的方法，这些方法不需要导入包就可以直接使用。

6.1.1 String 类的初始化

① 使用字符串常量直接初始化一个 String 对象，具体代码如下：

```
String str1="abc";
```

由于 String 类比较常用，所以提供了这种简化的语法，用于创建并初始化 String 对象，其中"abc"表示一个字符串常量。

② 使用 String 类的构造方法初始化字符串对象。String 类有 11 种构造方法，这些方法提供不同的参数来初始化字符串。String 类的常见构造方法见表 6-1。

表 6-1 String 类的常见构造方法

方法声明	功能描述
String( )	创建一个内容为空的字符串
String(String value)	根据指定的字符串内容创建对象
String(char[ ] value)	根据指定的字符数组创建对象
String(byte[ ] bytes)	根据指定的字节数组创建对象

【例 6.1】演示 String 类的初始化。

程序如下：

```java
package ch6.example.xmj;
public class StringDemo{
   public static void main(String args[]){
      String s1="Runoob";                    //直接初始化
      String s2="Runoob";                    //直接初始化
      String s3=s1;                          //相同引用
      String s4=new String("Runoob");        //创建字符串对象
      String s5=new String();                //创建一个空的字符串对象
      String str1=new String("Hello");       //创建一个内容为Hello的字符串对象
      char[] helloArray={'w', 'o', 'r', 'l', 'd'};
      String str2=new String(helloArray);//字符数组参数创建字符串对象
      System.out.println(s1+s2+s3);
      System.out.println(s4+s5);
      System.out.println(str1+str2);
   }
}
```

程序运行结果如下：

```
RunoobRunoobRunoob
Runoob
Helloworld
```

注意：String 类是不可改变的，所以一旦创建了 String 对象，那它的值就无法改变了。如果需要对字符串进行修改，那么应该选择使用 StringBuffer 或者 StringBuilder 类。

6.1.2　String 类的常见操作

String 类的常用方法见表 6-2。

表 6-2　String 类的常用方法

方法声明	功能描述
int length()	返回指定字符串的长度
int indexOf(int ch)	返回指定字符 ch 在字符串中第一次出现位置的索引
int lastIndexOf(int ch)	返回指定字符 ch 在字符串中最后一次出现位置的索引
int indexOf(String str)	返回指定子字符串 str 在字符串第一次出现位置的索引
int lastIndexOf(String str)	返回指定子字符串 str 在此字符串中最后一次出现位置的索引
char charAt(int index)	返回字符串中 index 位置上的字符，其中 index 的取值范围是 0～(字符串长度-1)
String substring(int beginIndex)	返回一个新字符串，它包含从指定的 beginIndex 处开始，直到此字符串末尾的所有字符
String substring(int beginIndex, int endIndex)	返回一个新字符串，它包含从指定的 beginIndex 处开始，直到索引 endIndex-1 处的所有字符
Boolean endsWith(String suffix)	判断此字符串是否以指定的字符串结尾
boolean startsWith(String prefix)	判断此字符串是否以指定的字符串开始
String concat(String str)	将指定字符串 str 连接到此字符串的结尾

续表

方法声明	功能描述
boolean equals(Object anObject)	将此字符串与指定的字符串比较
boolean isEmpty( )	判断字符串长度是否为 0，如果为 0 则返回 true，反之则返回 false
boolean contains(CharSequence cs)	判断此字符串中是否包含指定的字符序列
String toLowerCase( )	使用默认语言环境的规则将 String 中的所有字符都转换为小写
String toUpperCase( )	使用默认语言环境的规则将 String 中的所有字符都转换为大写
static String valueOf(int i)	将 int 变量 i 转换成字符串（String 类的 valueOf( )方法可以把任意类型的数据转成字符串）
static String valueOf(char[ ] chs)	将字符数组转成字符串
byte[ ] getBytes( )	将字符串转换为字节数组
char[ ] toCharArray( )	将此字符串转换为一个字符数组
String[ ] split(String regex)	根据参数 regex 将原来的字符串分割为若干个子字符串
String replace(CharSequence oldstr, CharSequence newstr)	返回一个新的字符串，它是通过用 newstr 替换此字符串中出现的所有 oldstr 得到的
String trim( )	返回一个新字符串，它去除了原字符串首尾的空格

1. 字符串的获取功能

在 Java 程序中，需要对字符串进行一些获取的操作，如获得字符串长度、获得指定位置的字符、截取子串等。

【例 6.2】字符串的获取功能。

程序如下：

```java
package ch6.example.xmj;
public class Mytest1 {
    public static void main(String[] args) {
        String str="ababcdebcba";
        System.out.println("String类的获取功能");
        int length=str.length();      //获取字符串的长度
        char c1=str.charAt(0);         //获取指定索引位置的字符
        //返回指定字符在此字符串中第一次出现处的索引
        int c2=str.indexOf('c');
        //返回指定字符串在此字符串中第一次出现处的索引
        int c3=str.indexOf("bc");
        //返回指定字符在此字符串中从指定位置后第一次出现处的索引
        int c4=str.indexOf('a',2);
        //返回指定字符串在此字符串中从指定位置后第一次出现处的索引
        int c5=str.indexOf("ab",2);
        //从指定位置开始截取字符串，默认到末尾
        String c6=str.substring(2);
        //从指定位置开始到指定位置结束截取字符串
        String c7=str.substring(2,4);
        System.out.println("字符串的长度"+length);
        System.out.println("索引位置0的字符"+c1);
        System.out.println("c在字符串中第一次出现处的索引"+c2);
        System.out.println("bc在字符串中第一次出现处的索引"+c3);
        System.out.println("a在字符串中从指定位置后第一次出现处的索引"+c4);
```

```
            System.out.println("ab在字符串中从指定位置后第一次出现处的索引"+c5);
            System.out.println("截取子串"+c6);
            System.out.println("截取子串"+c7);
    }
}
```

程序运行结果如下：

```
String 类的获取功能
字符串的长度 11
索引位置 0 的字符 a
c 在字符串中第一次出现处的索引 4
bc 在字符串中第一次出现处的索引 3
a 在字符串中从指定位置后第一次出现处的索引 2
ab 在字符串中从指定位置后第一次出现处的索引 2
截取子串 abcdebcba
截取子串 abAdEfg
```

从结果中可以看出，String 类提供的方法可以很方便地获取字符串的长度、指定位置的字符、指定字符和字符串的位置以及截取子串。

注意：String 字符串在获取某个字符时，会用到字符的索引，当访问字符串中的字符时，如果字符的索引不存在，则会产生 StringIndexOutOfBoundsException（字符串下标越界）异常。

2．字符串的转换操作

程序开发中，经常需要对字符串进行转换操作。例如，将字符串转换成数组的形式，将字符串中的字符进行大小写转换等。

【例 6.3】字符串的转换操作。

程序如下：

```java
package ch6.example.xmj;
public class Mytest2 {
    public static void main(String[] args) {
        String str="abcDEf";
        String str2="hello";
        int a=123323;
        byte[] bytes=str.getBytes();              //把字符串转换为字节数组
        for(int i=0;i<bytes.length;i++) {
            System.out.print(bytes[i]+" ");
        }
        System.out.println();
        char[] chars=str.toCharArray();           //把字符串转换为字符数组
        for(int i=0;i<chars.length;i++) {
            System.out.print(chars[i]+" ");
        }
        System.out.println();
        String s2=new String (chars);             //把字符数组转换成字符串
        String s3=Integer.toString(a);            //把 int 类型的数据转换字符串
        String s=str.toLowerCase();               //把字符串转换成小写
```

```
            String s1=str.toUpperCase();          //把字符串变成大写
            String s4=str.concat(str2);           //字符串拼接
            System.out.println(s);
            System.out.println(s1);
            System.out.println(s2);
            System.out.println(s3);
            System.out.println(s4);
      }
}
```

程序运行结果如下：

```
97 98 99 68 69 102
a b c D E f
abcdef
ABCDEF
abcDEf
123323
abcDEfhello
```

3. 字符串的替换和去除空格操作

程序开发中，用户输入数据时经常会有一些错误和空格，这时可以使用 String 类的 replace( )和 trim( )方法，进行字符串的替换和去除空格操作。

【例 6.4】 字符串的替换和去除空格操作。

程序如下：

```
package ch6.example.xmj;
public class Mytest3{
    public static void main(String[] args) {
        String str="  abcDEf  ";
        //将指定字符进行互换
        String s=str.replace('a','b');
        System.out.println(s);
        //将指定字符串进行互换
        String s1=str.replace("ab","qq");
        System.out.println(s1);
        //去除两端空格
        String s2=str.trim();
        System.out.println(s2);
    }
}
```

程序运行结果如下：

```
bbcDEf
qqcDEf
abcDEf
```

其中，str.replace('a', 'b')方法将字符串 str 的"a"替换为"b"；str.replace("ab", "qq")将字符串 str 的"ab"替换为"qq"。代码中使用 str.trim( )去除 str 字符串两端的空格。trim( )方法只能去除两端的空格，不能去除中间的空格。若想去除字符串中间的空格，需要调用 String 类的 replace( )方法。

```
String str="  abc    DEf  ";
String s3=str.replace(" ","%");
System.out.println(s3);
String s4=str.replace(" ","");
System.out.println(s4);
```

程序运行结果如下：

```
%%abc%DEf%%
abcDEf
```

4．字符串的判断操作

操作字符串时，经常需要对字符串进行一些判断，如判断字符串是否以指定的字符串开始、结束，是否包含指定的字符串，字符串是否为空等。

【例 6.5】字符串的判断操作演示。

程序如下：

```
package ch6.example.xmj;
public class Mytest4{
    public static void main(String[] args) {
        String s1="String";     //声明一个字符串
        String s2="Str";
        System.out.println("判断是否以字符串 Str 开头:"+s1.startsWith
                    ("Str"));
        System.out.println("判断是否以字符串 ng 结尾:"+s1.endsWith
                    ("ng"));
        System.out.println("判断是否包含字符串 tri:"+s1.contains
                    ("tri"));
        System.out.println("判断字符串是否为空:"+s1.isEmpty());
        System.out.println("判断两个字符串是否相等"+s1.equals(s2));
    }
}
```

程序运行结果如下：

```
判断是否以字符串 Str 开头:true
判断是否以字符串 ng 结尾:true
判断是否包含字符串 tri:true
判断字符串是否为空:false
判断两个字符串是否相等 false
```

在程序中可以通过==和 equals( )两种方式对字符串进行比较，但这两种方式有明显的区别。equals( )方法用于比较两个字符串中的字符是否相等，==方法用于比较两个字符串对象的地址是否相同。也就是说，对于两个内容完全一样的字符串对象，使用 equals 判断的结果是 true，使用==判断的结果不一定是 true。

```
String str1=new String("abc");
String str2=new String("abc");
//结果为 false，因为 str1 和 str2 是两个对象
System.out.println(str1==str2);
```

```
//结果为true,因为str1和str2字符内容相同
System.out.println(str1.equals(str2));
String str3="abc";
String str4="abc";
//结果为true,因为str3和str4是同一对象
System.out.println(str3==str4);
//结果为true,因为str1和str2字符内容相同
System.out.println(str3.equals(str4));
```

5. 字符串的截取和分割

在 String 类中，substring( )方法用于截取字符串的一部分，split( )方法用于将字符串按照某个字符进行分割。

【例 6.6】 字符串的截取和分割演示。

程序如下：

```
package ch6.example.xmj;
public class Mytest5 {
    public static void main(String[] args) {
        String str1="aaa,bbb,ccc";
        String s1=str1.substring(5);
        System.out.println(s1);              //bb,ccc
        String s2=str1.substring(4,7);
        System.out.println(s2);              //bbb
        String[] strsplit=str1.split(",");
        for (int i=0;i<strsplit.length;i++)
            System.out.println(strsplit[i]);  //aaa bbb ccc
        String str2="xxx.yyy.zzz";
        String[] str3=str2.split("\\.");
        for (int j=0;j<str3.length;j++) {
            System.out.print(str3[j]);        //xxx yyy zzz
        }
    }
}
```

程序运行结果如下：

```
aaa
bbb
ccc
xxxyyyzzz
```

split( )方法的参数其实就是一个"正则表达式"，如果按照英文句点"."进行分割的话，必须写为"\\"（两个反斜杠）。

6.1.3 StringBuffer 类

由于字符串是常量，因此一旦创建，其内容和长度是不可改变的。如果需要对一个字符串进行修改，则只能创建新的字符串。为了对字符串进行修改，Java 提供了一个 StringBuffer 类（也称字符串缓冲区）。StringBuffer 类和 String 类最大的区别在于它的内容和长度都是可以改变的。StringBuffer 类似一个字符容器，当在其中添加或

删除字符时，并不会产生新的 StringBuffer 对象。

StringBuffer 类提供了大量的方法，来支持可变字符串操作。打开 Java API 文档，找到 java.lang.StringBuffer 类，会发现这个类有三个构造方法，常用的构造方法有以下两个：

① 实例化一个空的 StringBuffer 对象：

```
public StringBuffer()
```

② 传入一个字符串组成 StringBuffer 对象：

```
public StringBuffer(String str)
```

关于它的其他构造方法，可以参考 API 文档。

StringBuffer 类的常用方法见表 6-3。

表 6-3　StringBuffer 类的常用方法

方 法 声 明	功 能 描 述
StringBuffer append(char c)	添加参数到 StringBuffer 对象中
StringBuffer insert(int offset,String str)	将字符串中的 offset 位置插入字符串 str
StringBuffer deleteCharAt(int index)	移除此序列指定位置的字符
StringBuffer delete(int start,int end)	删除 StringBuffer 对象中指定范围的字符或字符串序列
StringBuffer replace(int start,int end,String s)	在 StringBuffer 对象中替换指定的字符或字符串序列
void setCharAt(int index, char ch)	修改指定位置 index 处的字符序列
String toString( )	返回 StringBuffer 缓冲区中的字符串
StringBuffer reverse( )	将此字符序列用其反转形式取代

【例 6.7】StringBuffer 类的使用。

程序如下：

```
package stringbuffer;
public class StringBufferTest {
    public static void main(String[] args) {
        StringBuffer sb=new StringBuffer("Hello World!");
        System.out.println("sb 内容是: "+sb);
        sb.append("China");
        System.out.println("添加 lemon 之后, sb 内容是: "+sb);
        sb.append(100);
        System.out.println("添加 PI 之后, sb 内容是: "+sb);
        sb.delete(2,5);
        System.out.println("删除 2-5 位置的字符之后, sb 内容是: "+sb);
        sb.insert(2,"红苹果");
        System.out.println("在第 2 个位置插入红苹果之后, sb 内容是: "+sb);
        System.out.println("sb 对应的字符串是: "+sb.toString());
        System.out.println("sb 长度是: "+sb.length());
        sb.reverse();
        System.out.println("sb 倒转之后的内容是: "+sb);
    }
}
```

程序运行结果如下:

```
sb 内容是: Hello World!
添加 lemon 之后, sb 内容是: Hello World! lemon
添加 PI 之后, sb 内容是: Hello World! lemon100
删除 2-5 位置的字符之后, sb 内容是: He World! lemon100
在第 2 个位置插入红苹果之后, sb 内容是: He 红苹果 World! lemon100
sb 对应的字符串是: He 红苹果 World! lemon100
sb 长度是: 20
sb 倒转之后的内容是: 001nomel!dlroW 果苹红 eH
```

6.1.4 StringBuilder 类

StringBuilder 类也可以对字符串进行修改。StringBuffer 类和 StringBuilder 类的对象都可以被多次修改,并不产生新的未使用对象。StringBuilder 类是 JDK5 中新加的类,它与 StringBuffer 之间最大不同在于 StringBuffer 的方法是线程安全的。线程安全的优势是可以在多线程环境下使用。多线程不要用 StringBuilder,否则会出现问题。

StringBuilder 类和 StringBuffer 类、String 类有很多相似之处,初学者在使用时很容易混淆。接下来针对这三个类进行对比,简单归纳一下三者的不同。

① String 类表示的字符串是常量,一旦创建后,内容和长度都是无法改变的。而 StringBuilder 和 StringBuffer 表示字符容器,其内容和长度可以随时修改。在操作字符串时,如果该字符串仅用于表示数据类型,则使用 String 类即可;如果需要对字符串中的字符进行增删操作,则需要使用 StringBuffer 与 StringBuilder 类。如果有大量字符串拼接操作,不要求线程安全的情况下,采用 StringBuilder 更高效,如果需要线程安全则需要使用 StringBuffer。

② 在 StringBuffer 类与 StringBuilder 类中并没有重写覆盖 Object 类的 equals( )方法,也就是说,equals( )方法对于 StringBuffer 类与 StringBuilder 类而言并不起作用。

```
String s1=new String("abc");
String s2=new String("abc");
System.out.println(s1.equals(s2));              //打印结果为 true
StringBuffer sb1=new StringBuffer("abc");
StringBuffer sb2=new StringBuffer("abc");
System.out.println(sb1.equals(sb2));            //打印结果为 false
StringBuilder sbr1=new StringBuilder("abc");
StringBuilder sbr2=new StringBuilder("abc");
System.out.println(sbr1.equals(sbr2));
```

③ String 类对象可以用操作符"+"进行连接,而 StringBuffer 类对象之间不能。

```
String s1="a";
String s2="b";
String s3=s1+s2;                                //合法
System.out.println(s3);                         //打印输出 ab
StringBuffer sb1=new StringBuffer("a");
StringBuffer sb2=new StringBuffer("b");
StringBuffer sb3=sb1+sb2;                       //编译出错
```

6.2 Math 类与 Random 类

6.2.1 用 Math 类实现数值运算

Math 类提供了大量的方法，来支持各种数学运算及其他有关运算。打开 Java API 文档，找到 java.lang.Math 类，会发现这个类没有可用的构造方法。这种情况下，这个类的成员函数一般用静态方法的形式对外公布。因此，可以调用里面的静态函数或者访问静态变量。其功能主要如下：

① 自然对数 e：

```
public static final double E=2.718281828459045d
```

② 圆周率：

```
public static final double PI=3.141592653589793d
```

③ 计算绝对值：

```
public static double abs(double/float/int/long a)
```

④ 不小于一个数字的最小整数：

```
public static double ceil(double a)
```

⑤ 不大于一个数字的最大正整数：

```
public static double floor(double a)
```

⑥ 两数中较大的那个：

```
public static double max(double/float/int/long a,double/float/int/long b)
```

⑦ 两数中较小的那个：

```
public static double min(double/float/int/long a,double/float/int/long b)
```

⑧ 开平方：

```
public static double sqrt(double a)
```

⑨ 求一个弧度值的正弦：

```
public static double sin(double a)
```

⑩ 求一个弧度值的余弦：

```
public static double cos(double a)
```

⑪ 求一个弧度值的正切：

```
public static double tan(double a)
```

⑫ 弧度转角度(180° 等于 PI 弧度)：

```
public static double toDegrees(double angrad)
```

⑬ 角度转弧度:

```
public static double toRadians(double angdeg)
```

【例 6.8】 Math 类的使用。

程序如下:

```
public class MathTest {
    public static void main(String[] args) {
        System.out.println("e="+Math.E);
        System.out.println("pi="+Math.PI);
        System.out.println("abs(-12)="+Math.abs(-12));
        System.out.println("ceil(-2.3)="+Math.ceil(-2.3));
        System.out.println("floor(2.3)="+Math.floor(2.3));
        System.out.println("max(1,2)="+Math.max(1,2));
        System.out.println("min(1,2)="+Math.min(1,2));
        System.out.println("sqrt(16)="+Math.sqrt(16));
        System.out.println("sin(PI)="+Math.sin(Math.PI));
        System.out.println("cos(PI)="+Math.cos(Math.PI));
        System.out.println("tan(PI)="+Math.tan(Math.PI));
        System.out.println("弧度PI对应的角度是："+Math.toDegrees(Math.PI));
        System.out.println("角度180度对应的弧度："+Math.toRadians(180));
    }
}
```

程序运行结果如下:

```
e=2.718281828459045
pi=3.141592653589793
abs(-12)=12
ceil(-2.3)=-2.0
floor(2.3)=2.0
max(1,2)=2
min(1,2)=1
sqrt(16)=4.0
sin(PI)=1.2246467991473532E-16
cos(PI)=-1.0
tan(PI)=-1.2246467991473532E-16
弧度PI对应的角度是：180.0
角度180度对应的弧度是：3.141592653589793
```

注意：Math.sin(Math.PI))和 Math.tan(Math.PI))理论上讲结果等于 0，但是在运行结果中发现它们是和 0 非常接近的数值，这是由于二进制离散化计算时造成的误差引起的。

6.2.2 用 Random 类实现随机数

在 Java 中，产生随机数一般有两种方法，分别是使用 Math 类的 random( )方法和使用 java.util.Random 类。

1. 使用 Math 类的 random( )方法

在 Math 类中，有一个 random( )方法，其作用是生成一个 0~1 之间的 double 类型的随机数。

如果需要生成更大范围的随机数，可以将 **Math.random( )** 方法返回的随机数放大。

```
public class RandomTest1 {
    public static void main(String[] args) {
        System.out.println((int)(Math.random()*10));
                                    //产生0-10之间的随机整数
        System.out.println((int)(Math.random()*10)+10);
                                    //产生10-20之间的随机整数
    }
}
```

2. 使用 java.util.Random 类

java.util.Random 类提供了生成随机数的方法。Random 类最常见的构造方法下：

```
public Random()
```

生成对象之后，就可以调用 Random 类中的成员方法来完成生成随机数功能。相对于 Math 的 random( ) 方法而言，Random 类提供了更多的方法来生成各种伪随机数，不仅可以生成整数类型的随机数，还可以生成浮点类型的随机数。Random 类的常用方法见表 6-4。

表 6-4 Random 类的常用方法

方法声明	功能描述
double nextDouble( )	随机生成 double 类型的随机数，返回的是 0.0～1.0 之间 double 类型的值
float nextFloat( )	随机生成 float 类型的随机数，返回的是 0.0～1.0 之间 float 类型的值
int nextInt( )	随机生成 int 类型的随机整数
int nextInt(int n)	随机生成 0～n（不包括 n）之间 int 类型的随机整数

最常用的方法是生成一个 0～n（不包括 n）之间的整型随机数：

```
public int nextInt(int n)
```

例如：

```
import java.util.Random;
public class RandomTest2 {
    public static void main(String[] args) {
        Random rnd=new Random();
        System.out.println(rnd.nextInt(10));   //产生0-10之间的随机整数
        System.out.println(rnd.nextInt(10)+10);//产生10-20之间的随机整数
    }
}
```

6.3 包 装 类

Java 语言是一个面向对象的语言，但是 Java 中的基本数据类型却是不面向对象的，将每个基本数据类型设计一个对应的类进行代表，这种方式增强了 Java 面向对象的性质。

包装类

如果仅仅有基本数据类型，那么在实际使用时将存在很多不便，很多地方都需要使用对象而不是基本数据类型。比如，在集合类中，无法将 int、double 等类型放进去，因为集合的容器要求元素是 Object 类型。而包装类型的存在使得向集合中传入数值成为可能，包装类的存在弥补了基本数据类型的不足。

包装类还为基本类型添加了属性和方法，丰富了基本类型的操作。如当想知道 int 取值范围的最小值时需要通过运算，有了包装类之后就可以直接使用 Integer.MAX_VALUE。

6.3.1 认识包装类

Java 语言基本数据类型都对应相应的包装类。具体如下：
① boolean 类型对应的包装类：java.lang.Boolean。
② byte 类型对应的包装类：java.lang.Byte。
③ char 类型对应的包装类：java.lang.Character。
④ double 类型对应的包装类：java.lang.Double。
⑤ float 类型对应的包装类：java.lang.Float。
⑥ int 类型对应的包装类：java.lang.Integer。
⑦ long 类型对应的包装类：java.lang.Long。
⑧ short 类型对应的包装类：java.lang.Short。

包装类创建对象的方式与其他类一样。每个包装类的对象会将对应的基本类型的值包装在一个对象中。例如，一个 Integer 类型的对象包含了一个类型为 int 的成员变量，一个 Double 类型的对象包含了一个类型为 double 的成员变量。

6.3.2 通过包装类进行数据转换

本节以整数类型为例进行讲解，其他类型基本相同。

1. 将基本数据类型封装为包装类对象

一般情况下，将基本数据类型封装为包装类对象，可以通过包装类的构造方法。比如，以下代码可以将一个整数进行封装：

```
Integer itg=new Integer(254);           //Integer 类型的对象
Double db=new Double (12.4);            //Double 类型的对象
```

或者使用 valueOf( ) 静态方法实现转换为包装类对象。

```
Integer itg=Integer.valueOf (254);      //Integer 类型的对象
Double db=Double.valueOf (12.4);        //Double 类型的对象
```

2. 从包装类对象得到基本数据类型

一般情况下，从包装类对象得到基本数据类型，可以通过包装类对象的 xxxValue( ) 方法（如 intValue( )、byteValue( )、doubleValue( )、shortValue( )、booleanValue( )等），高版本的 JDK 中也可以直接赋值。例如，以下代码可以从对象 itg 得到相应的整数：

```
Integer itg=new Integer(254);
int i=itg.intValue();                   //或者直接 int i=itg;
Double db=new Double(12.4);             //double 类型的对象
```

```
        double m=db.doubleValue();              //或者直接  double m=db;
```

3．利用包装类进行数据类型转换

利用包装类，可以方便地进行数据类型转换。例如，parseXxx 将字符串转换为各种基本类型。

```
int a1=Integer.parseInt("12");        //将字符串"12"解析成十进制整数 12
int a2=Integer.parseInt("12",8);      //将字符串"12"按八进制解析成整数 10
int a3=Integer.parseInt("FF",16);     //将字符串"12"按十六进制解析成整数 255
int a4=Integer.parseInt("123a");      //不将字符串"123a"解析成十进制
                                      //整数，产生异常
String str="123.45"
double a=Double.parseDouble(str);     //将字符串解析成 double 数据 123.45
```

图 6-1 演示了 int、Integer、String 数据类型之间的转换。

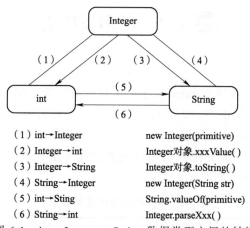

图 6-1　int、Integer、String 数据类型之间的转换

【例 6.9】int、Integer、String 数据类型之间的转换示例。
程序如下：

```
public class TestInteger {
    public static void main(String[] args) {
        //TODO Auto-generated method stub
        Integer i1=new Integer(123);
        Integer i2=new Integer("123");
        //Integer-->int    包装对象.intValue()
        int i=i1.intValue();
        System.out.println(Integer.max(10, 20));   //返回最大值
        //(2)String -->int    包装类类名.parseInt(String s)
        int ii=Integer.parseInt("234");
        Integer i4=Integer.valueOf(123);           //int-->Integer
        String str=ii+"";
        String s=String .valueOf(ii);              //int-->String
        Integer i5=new Integer("345");             //String-->Integer;
```

```
            String ss=i5.toString();                    //Integer-->String
            System.out.println(ss);
        }
}
```

程序运行结果如下：

```
20
345
```

Java 为什么要保留基本数据类型？

在 Java 语言中，用 new 关键字创建的对象是存储在堆里的，通过栈中的引用来使用这些对象，所以，对象本身来说是比较消耗资源的。对于经常用到的类型，如 int 等，如果每次使用这种变量的时候都需要 new 一个对象，就会比较消耗资源。所以，Java 提供了基本数据类型，这种数据的变量不需要使用 new 在堆上创建，而是直接在栈内存中存储，因此会更加高效。

6.4 常用系统类

6.4.1 System 类

System 类封装了一系列和 Java 系统操作相关的功能，System 类对读者来说并不陌生，因为在之前所学知识中，需要打印结果时，使用的 System.out.println( )代码中就使用了 System 类。System 类定义了一些与系统相关的属性和方法，它所提供的属性和方法都是静态的，因此，想要引用这些属性和方法，直接使用 System 类调用即可。System 类的常用方法见表 6-5。

表 6-5 System 类的常用方法

方法名称	功能描述
static void arraycopy(Object src,int srcPos,Object dest,int destPos,int length)	从 src 引用的指定源数组复制到 dest 引用的数组，复制从指定的位置开始，到目标数组的指定位置结束
static void exit(int status)	该方法用于终止当前正在运行的 Java 虚拟机，其中参数 status 表示状态码，若状态码非 0，则表示异常终止
static void gc( )	运行垃圾回收器，并对垃圾进行回收
static void currentTimeMillis( )	返回以毫秒为单位的当前时间
static Properties getProperties( )	取得当前的系统属性
static String getProperty(String key)	获取指定键描述的系统属性

除此 System.out 之外，比较常用的功能有三个。

1. 利用 System 类显示当前时间

System 类中有一个静态方法：

```
public static long currentTimeMillis()
```

通过该方法，可以得到系统当前时间，以毫秒数显示，其表示从 1970 年 1 月 1 日 0 时 0 分 0 秒到当前时间的毫秒数。通常也将该值称为时间戳。

该方法最常见的一个用处就是测试程序段运行了多长时间。
接下来通过一个 for 循环的求和的案例计算程序运行时所消耗的时间。

```java
public class Example6_1 {
    public static void main(String[] args) {
        long startTime=System.currentTimeMillis();    //循环开始时的
                                                       //当前时间
        int sum=0;
        for (int i=0;i<1000000000;i++) {
            sum+=i;
        }
        long endTime=System.currentTimeMillis();      //循环结束后的
                                                       //当前时间
        System.out.println("程序运行的时间为: "+(endTime-startTime)+
                            "毫秒");
    }
}
```

程序在求和开始和结束时，分别调用 currentTimeMillis( )方法获得两个时间戳（系统当前时间），两个时间戳之间的差值便是求和操作所耗费的时间。

2. 利用 System 类中止程序运行

System 类中有一个静态方法：

```
public static void exit(int status)
```

通过该方法，可以终止当前正在运行的 Java 虚拟机。参数 status 为状态码；根据惯例，非零的状态码表示异常终止。例如：

```
System.exit(0) ;        //程序正常退出
```

3. 利用 System 类进行强制垃圾收集

在 Java 中，当一个对象成为垃圾后仍会占用内存空间，时间一长，就会导致内存空间的不足。针对这种情况，Java 中引入了垃圾回收机制。有了这种机制，程序员不需要过多关心垃圾对象回收的问题，Java 虚拟机会自动回收垃圾对象所占用的内存空间。除了等待 Java 虚拟机进行自动垃圾回收外，还可以通过调用 System.gc( )方法通知 Java 虚拟机立即进行垃圾回收。

System 类中有一个静态方法：

```
public static void gc()
```

通过该方法，运行垃圾回收器，以便能够快速地重用这些对象当前占用的内存。

6.4.2 Runtime 类

Runtime 类用于表示虚拟机运行时的状态，它用于封装 JVM 虚拟机进程。和 System 类类似，Runtime 类也封装了一系列和 Java 系统操作相关的功能，每个 Java 应用程序都有一个 Runtime 类实例，使应用程序能够与其运行的环境相连接。该类中的方法和 System 类有些类似。

在 Runtime 类定义的时候,它的构造方法已经被私有化了(单例设计模式的应用),对象不可以直接实例化。若想在程序中获得一个 Runtime 实例,只能通过以下方式:

```
Runtime run=Runtime.getRuntime();    //其静态方法 getRuntime()用于返回其对象
```

由于 Runtime 类封装了虚拟机进程,因此在程序中通常会通过该类的实例对象来获取当前虚拟机的相关信息。Runtime 类的常用方法见表 6-6。

表 6-6 System 类的常用方法

方法名称	功能描述
getRuntime()	返回当前应用程序的运行环境对象
exec(String command)	根据指定的路径执行对应的可执行文件
freeMemory()	返回 Java 虚拟机中的空闲内存量,以字节为单位
maxMemory()	返回 Java 虚拟机的最大可用内存量
availableProcessors()	返回当前虚拟机的处理器个数
totalMemory()	返回 Java 虚拟机中的内存总量

1. 获取当前虚拟机信息

Runtime 类可以获取当前 Java 虚拟机的处理器的个数、空闲内存量、最大可用内存量和内存总量的信息。

```
public class Example6_2 {
    public static void main(String[] args) {
        Runtime rt=Runtime.getRuntime();    //获取
        System.out.println("处理器的个数:"+
                          rt.availableProcessors()+"个");
        System.out.println("空闲内存数量:"+
                          rt.freeMemory()/1024/1024+"MB");
        System.out.println("最大可用内存数量:"+
                          rt.maxMemory()/1024/1024+"MB");
        System.out.println("虚拟机中内存总量: "+
                          rt.totalMemory()/1024/1024+"MB");
    }
}
```

程序运行结果如下:

```
处理器的个数:12 个
空闲内存数量:483MB
最大可用内存数量:7227MB
虚拟机中内存总量:489MB
```

上述程序通过 Runtime 的 availableProcessors()方法获取了 Java 虚拟机的处理器个数;通过 freeMemory()方法获取了 Java 虚拟机的空闲内存数;通过 maxMemory()方法获取了 Java 虚拟机的最大可用内存数量;通过 totalMemory()方法获取 Java 虚拟机中内存总量。

空闲内存数、可用最大内存数和内存总量都是以字节为单位计算的,上述运行结果已经将字节换算成了兆字节(MB)。

2. 执行一个命令

该类最常见的功能是可以执行一个命令，类似于在操作系统命令提示符上运行。Runtime 类中提供了一个 exec( )方法，该方法用于执行一个 DOS 命令，从而实现和在命令行窗口中输入 DOS 命令同样的效果。例如，通过运行 calc.exe 命令打开一个 Windows 自带的计算器程序。

```
public class Example15{
    public static void main(String[] args) throws IOException {
        Runtime rt=Runtime.getRuntime();         //创建 Runtime 实例对象
        rt.exec("calc.exe");                     //调用 exec()方法
    }
}
```

Runtime 类的 exec( )方法返回一个 Process 对象，该对象就是 exec( )所生成的新进程，通过该对象可以对产生的新进程进行管理，如关闭此进程只需调用 destroy( )方法即可。例如：

```
Process process=rt.exec("calc.exe");    //得到表示进程的 Process 对象
Thread.sleep(3000);                     //程序休眠 3 s
process.destroy();                      //杀掉进程
```

上述代码中，通过调用 Process 对象的 destroy( )方法关闭了打开的计算器程序。为了突出演示的效果，使用了 Thread 类的静态方法 sleep(long millis)使程序休眠了 3 s，因此，程序运行后，会看到打开的计算器在 3 s 后自动关闭了。

6.5 日 期 类

Java 中提供了灵活的日期操作方法，日期操作牵涉到日期、时间和时区等，主要用到以下几个类：

① 日期时间类：java.util.Date。
② 日历类：java.util.Calendar。
③ 时区类：java.util.TimeZone。

6.5.1 Date 类

Date 类提供了对日期和时间的封装。打开 API 文档，找到 java.util.Date 类，常见的是下列构造函数：

1. public Date( )

该构造方法实例化 Date 对象，生成一个代表当前日期时间的 Date 对象，精确到毫秒。其通过调用 System.currentTimeMillis( )方法获得 long 类型整数代表日期时间。这个整数是距离 1970 年 1 月 1 日 0 点的毫秒数。

2. Date(long date)

构造方法，利用一个距离 1970 年 1 月 1 日 0 点的毫秒数生成一个 Date 对象。
Date 类常用的方法如下：

3. compareTo( )

int compareTo(Date anotherDate)，比较调用该方法的日期和参数日期的大小，前者比后者大时返回 1，比后者小时返回-1。

4. before( )

boolean before(Date when)，判断调用该方法的日期是否在参数日期之前。

5. after( )

boolean after(Date when)，判断调用该方法的日期是否在参数日期之后。

6.5.2 Calendar 类

实际操作中，还可以单独得到日期时间中的年、月、日、时、分、秒等一系列的内容。这将要用到 java.util.Calendar 类，java.util.Date 和 java.util.Calendar 类配合起来，提供了对日期时间的封装和操作。

Calendar 类没有可用的构造方法实例化 Calendar 对象。一般可以用以下两个方法得到 Calendar 对象：

```
public static Calendar getInstance()
```

得到当前时区的日历对象，默认是当前时区的当前日期时间。

```
public static Calendar getInstance(TimeZone zone)
```

指定时区，得到该时区的日期时间。

Calendar 类提供了大量访问、修改日期的方法。

（1）get( )

int get(int field)，返回调用该方法的 Calendar 对象的指定日历字段的取值。Field 为 Calendar 类中的常量，例如：

get(Calendar.DAY_OF_MONTH)返回一个代表本月第几天的整数。

get(Calendar.MONTH)返回一个代表月的整数，范围为 0~11。

get(Calendar.Year) 返回一个代表年的整数。

get(Calendar.DAY_OF_Year) 返回一个代表本年内第几天的整数。

get(Calendar.DAY_OF_WEEK) 返回一个代表星期几的整数，范围为 1~7，1 表示星期日，2 表示星期一，依此类推。

（2）set( )

void set(int field, int value)，根据给定的日历字段设置给定值，字段同上。

```
void set(int year,int month,int date)
void set(int year,int month,int date,int hour,int minute)
void set(int year,int month,int date,int hour,int minute,int second).
```

在 Calendar 中，月份的取值是从 0 开始的，如 Calendar 对象表示的日历是 6 月，从 Calendar 对象中取出的是 5；要设置日历表示 12 月，送给 Calendar 对象的值应该是 11。

（3）add( )

void add(int field, int amount)，该方法根据日历的规则，为给定的日历字段加上指定的时间量。

add( )方法的功能非常强大，当日历字段的取值超出日历规则允许的范围时，会自动进行进位或退位处理。

（4）getTime( )

Date getTime( )，返回一个表示调用此方法的 Calendar 对象的 Date 对象。

（5）getTimeInMillis( )

long getTimeInMillis( )，返回表示调用此方法的 Calendar 对象的毫秒数。

（6）getActualMaximum( )

int getActualMaximum(int field)，返回指定日历字段可能的最大值。如日历字段为 MONTH 时，返回 11；日历字段为 DAY_OF_MONTH 时，返回调用该方法的日历对象的月份的最大天数。

【例 6.10】打印 2021 年 8 月的日历。

分析：此处利用 Calendar 类可以打印任何日期的日历，并且，关于该月第一天是星期几、该月有多少天等运算都可以调用 Calendar 的方法获取。

```java
package ch6.example.xmj;
import java.util.Calendar;
public class PrintCalendar {
    public static void main(String[] args) {
        Calendar cal=Calendar.getInstance();
        cal.set(Calendar.YEAR,2021);
        cal.set(Calendar.MONTH,7);
        cal.set(Calendar.DAY_OF_MONTH,1);
        //输出标题行
        System.out.println("*********"+cal.get(Calendar.YEAR)+
                       "年"+(cal.get(Calendar.MONTH)+1)
                       + "月日历***********");
        System.out.println("日\t一\t二\t三\t四\t五\t六");
        //计算星期，并输出之前的空白
        int day_of_week=cal.get(Calendar.DAY_OF_WEEK);
        for(int s=1;s<day_of_week;s++) {
            System.out.print("\t");
        }
        //输出该月所有天
        for(int day=1;
            day<=cal.getActualMaximum(Calendar.DAY_OF_MONTH);day++) {
            System.out.print(day+"\t");
            if((day+day_of_week-1)%7==0)
                System.out.println();
        }
    }
}
```

程序运行结果如图 6-2 所示。

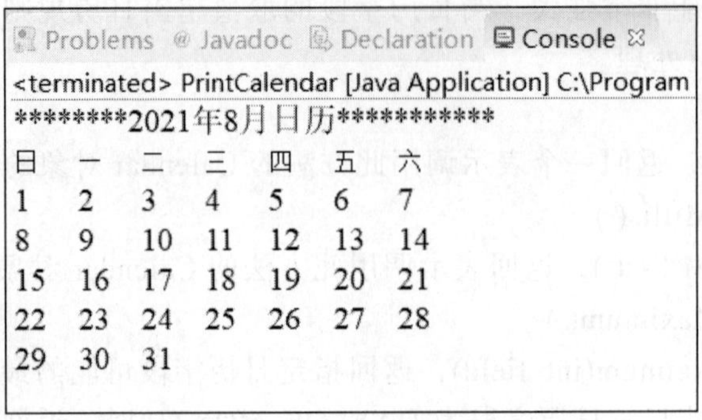

```
Problems  @ Javadoc  Declaration  Console
<terminated> PrintCalendar [Java Application] C:\Program
********2021年8月日历***********
日   一   二   三   四   五   六
1   2   3   4   5   6   7
8   9   10  11  12  13  14
15  16  17  18  19  20  21
22  23  24  25  26  27  28
29  30  31
```

图 6-2　Calendar 类打印日历

6.5.3　SimpleDateFormat 类

在实际开发中能否将日期用比较美观的方式显示呢？比如将当前日期显示为"2010-11-12"。如何实现？此时可以用 java.text.SimpleDateFormat 类来进行日期的格式化操作，将日期的格式转化成想要的格式。

该类最常见的构造方法如下：

```
public SimpleDateFormat(String pattern)
```

其中，参数 pattern 表示传入的格式字符串。SimpleDateFormat 中提供几个常用的格式占位符来表示想要的格式：y 年，M 月，d 日，H 时（24 小时制），m 分，s 秒，E 星期，常用格式字符串为"yyyy-MM-dd HH:mm:ss"。

例如，获取当前时间并转化为 yyyy-MM-dd HH:mm:ss 格式，代码如下：

```
import java.text.SimpleDateFormat;
import java.util.Date;
//设置日期格式
private SimpleDateFormat sdf
        =new SimpleDateFormat("yyyy-MM-dd HH:mm:ss");
Date now=new Date();
String time=sdf.format(now);      //从 Date 到 String 类型的转换
System.out.println(time) ;        //输出 2021-07-29 10:49:46
```

SimpleDateFormat 常用的方法如下：

（1）parse( )

Date parse(String text)，该方法对参数字符串 text 进行解析，如果按照指定的日期模板解析成功，返回得到的日期对象。

```
SimpleDateFormat sdf=new SimpleDateFormat("yyyy-MM-dd");
Date date=sdf.parse("2016-8-5");
```

如果字符串与给定的日期模板不匹配，则解析失败，并抛出 ParseException 异常。

（2）format( )

String format(Date date)，该方法按照调用此方法的 SimpleDateFormat 对象所设定

的模式格式化日期型参数 date，返回一个字符串，实现从 Date 到 String 类型的转换。

6.6 查看 Java API 文档

拓展阅读

正则表达式

Java 程序开发过程中，Java API 文档对于程序员来说非常重要。本书后面的讲解过程中，也大量用到了 Java API 文档。

API 文档窗口分为三个窗格，左上方窗格显示可以使用的所有包，左下窗格列出所有的类。浏览单击左上窗格链接可以控制左下窗格中显示该包下所有的接口、类等，单击某一个类（Math 类）的链接，这个类的 API 文档就会显示在右侧的大窗格中，如图 6-3 所示。文档按字母顺序排列这个类所有的常量、方法，单击任何一个链接可以查看相关的详细描述。

图 6-3　API 文档窗口

6.7 应用案例——猜单词游戏

视　频

猜单词游戏

游戏随机产生一个单词，提示用户每次猜一个字母。单词中的每个字母以星号显示。当用户猜对一个字母时，显示实际字母。当用户完成一个单词时，显示猜的次数，同时询问用户是否继续下一单词。单词存储使用数组形式，如 String[] words={"write", "that",…};为了降低猜单词难度，单词前两个字母已给出。

设计思路：从字符串数组 words 中随机选择一个单词，使用名为 label 的 char 类型的数组，里面的每个字母设置为*，然后供用户进行猜测，一共有 5 次猜测的机会。每进行一次猜测，如果猜测成功，则输出该字母在单词中的位置，否则输出该字母没有在单词中，如果在猜测5次中，猜对该单词，则退出for循环，输出单词和用户猜错的次数，如果5次结束之后没有猜测出该单词，则输出猜错5次，然后询问用户是否进行下一局，如果用户输入y，则返回重新开始游戏，如果用户输入n，则结束游戏。

```java
import java.util.Random;
import java.util.Scanner;
public class Guess {
    public static void main(String[] args) {
        Scanner input=new Scanner(System.in);
        String[] words={"write", "that", "person", "animal",
                        "program", "intro"};
        while (true) {
            //随机选择数组中一个单词
            Random random=new Random();
            int n=random.nextInt(words.length);
            String word=words[n];
            int count=0;
            //label是星号形式存储的单词
            char[] label=new char[word.length()];
            label[0]=word.charAt(0);label[1]=word.charAt(1);
            for (int i=2;i<word.length();i++) {
                label[i]='*';
            }
            //用户允许输入5次
            for(int i=0;i<5;i++) {
                for(int j=0;j<label.length;j++) {
                    System.out.print(label[j]);
                }
                System.out.print("请输入单词中的一个字母： ");
                String letter=input.next();
                char firstChar=letter.charAt(0);
                if(word.indexOf(firstChar)!=-1) {
                    for(int j=0;j<word.length();j++) {
                        if(firstChar==word.charAt(j))
                            label[j]=firstChar;
                    }
                } else {
                    System.out.println(firstChar+" 字母不在单词中");
                }
                count++;
                //如果猜的已经和原单词一样了，那么退出此循环
                String newString=new String(label);
                if(newString.equals(word))
                    break;
            }
            System.out.println("单词是"+word+".你猜了"+count+"次.");
            System.out.println("是否猜下一个单词？输入y or n");
            String s=input.next();
            if(s.equals("y")) {
```

```
                continue;
            }
            else if (s.equals("n")) {
                break;
            }else {//非法输入退出
                System.out.println("无效输入");
                System.exit(0);
            }
        }
    }
}
```

程序运行结果如下：

```
th**请输入单词中的一个字母: m
m 字母不在单词中
th**请输入单词中的一个字母: i
i 字母不在单词中
th**请输入单词中的一个字母:  t
th*t 请输入单词中的一个字母:  a
单词是 that.你猜了 4 次.
是否猜下一个单词？输入 y or n
```

习　　题

1. 用 String 和 StringBuffer 实现以下题目：

（1）制作一个简单的"加密"程序，控制台输入一个字符串，并且将每个字符对应值加 3，显示新的字符串。

（2）统计一个字符串内有几个"苹果"。

（3）去掉一个字符串中的所有空格。

2. 将 1~100 的各个数字打乱顺序之后放入一个有 100 个元素的数组内。

3. 实现输入一个单词，把单词字母顺序打乱后重新显示。例如，输入 Lemon，可能输出 nmole。

4. 程序员日是每年的第 256 天，编写程序计算 2023 年的程序员日是哪一天。

5. 使用 Random 类创建一个 4 位数字或字母的验证码。

6. 从键盘上输入一个字符串，试分别统计出该字符串中所有数字、大写英文字母、小写英文字母以及其他字符的个数，并分别输出这些字符。

7. 从键盘上输入一个字符串，利用字符串类提供的方法将大写字母转换为小写字母、小写字母转换为大写字母，并输出结果。

8. 输入一个手机号，用正则表达式判断其合法性。

第 7 章 Java 集合

程序中经常需要将一组数据存储起来,为了在程序中可以保存数目不确定的对象,Java 提供了一系列特殊的类,这些类可以存储任意类型的对象,并且长度可变,这些类被统称为集合。Java 集合为程序设计者封装了很多数据结构,本章介绍 Java 集合的操作和应用。

7.1 集合概述

视频
集合概述和 List 集合

集合都位于 java.util 包中,使用时必须导入包。

集合按照其存储结构可以分为两大类,单列集合 Collection 和双列集合 Map。

1. Collection

单列集合类的根接口,用于存储一系列符合某种规则的元素,它有两个重要的子接口,分别是 List 和 Set。其中,List 的特点是元素有序、元素可重复;Set 的特点是元素无序,而且不可重复。List 接口的主要实现类有 ArrayList、LinkedList 和 Vector;Set 接口的主要实现类有 HashSet 和 TreeSet。

Collection 是所有单列集合的父接口,它定义了单列集合通用的一些方法,这些方法可用于操作所有的单列集合。Collection 接口的常用方法见表 7-1。

表 7-1 Collection 接口的常用方法

方法声明	功能描述
boolean add(Object o)	向集合中添加一个元素
boolean addAll(Collection c)	将指定 Collection 中的所有元素添加到该集合中
void clear( )	删除该集合中的所有元素
boolean remove(Object o)	删除该集合中指定的元素
boolean removeAll(Collection c)	删除指定集合中的所有元素
boolean isEmpty( )	判断该集合是否为空
boolean contains(Object o)	判断该集合中是否包含某个元素
boolean containsAll(Collection c)	判断该集合中是否包含指定集合中的所有元素
Iterator iterator( )	返回在该集合的元素上进行迭代的迭代器(Iterator),用于遍历该集合所有元素
int size( )	获取该集合元素个数

2. Map

双列集合类的根接口,用于存储具有键(Key)、值(Value)映射关系的元素,每个元素都包含一对键值,其中键值不可重复并且每个键最多只能映射到一个值,在使用 Map 集合时可以通过指定的 Key 找到对应的 Value。例如,根据一个学生的学号就可以找到对应的学生。Map 接口的主要实现类有 HashMap 和 TreeMap。

集合框架的继承体系如图 7-1 所示。

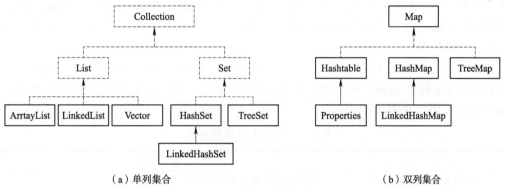

图 7-1 集合框架的继承体系

Java 集合框架采用接口与实现分离的方式,即面向接口的编程框架。

7.2 List 集合

List 接口作为 Collection 集合的子接口,不但继承了 Collection 接口中的全部方法,而且增加了一些根据元素索引操作集合的特有方法。List 接口常用方法见表 7-2。

表 7-2 List 接口常用方法

方 法 声 明	功 能 描 述
void add(int index,Object element)	将元素 element 插入到 List 集合的 index 处
boolean addAll(int index,Collection c)	将集合 c 所包含的所有元素插入到 List 集合的 index 处
Object get(int index)	返回集合索引 index 处的元素
Object remove(int index)	删除 index 索引处的元素
Object set(int index, Object element)	将索引 index 处元素替换成 element 对象,并将替换后的元素返回
int indexOf(Object o)	返回对象 o 在 List 集合中出现的位置索引
int lastIndexOf(Object o)	返回对象 o 在 List 集合中最后一次出现的位置索引
List subList(int fromIndex, int toIndex)	返回从索引 fromIndex(包括)到 toIndex(不包括)处所有元素集合组成的子集合

List 集合的共同特点如下:

① 实现了 java.util.List 接口。

② 集合中元素有顺序。

③ 允许重复元素。

④ 每个元素可以通过下标访问。下标从 0 开始。

List 集合中最代表性的实现类是 ArrayList（java.util.ArrayList）、LinkedList（java.util.LinkedList）和 Vector（java.util.Vector）。这三个类的使用基本相同，但是在底层实现上有些区别。比如，ArrayList 不是线程安全的，Vector 实现了线程安全。

7.2.1　ArrayList

ArrayList 是 List 接口的一个实现类，它是程序中最常见的一种集合。在 ArrayList 内部封装了一个长度可变的数组对象，当存入的元素超过数组长度时，ArrayList 会在内存中分配一个更大的数组来存储这些元素，因此可以将 ArrayList 集合看作一个长度可变的数组。

ArrayList 实现了 List 接口，List 接口要求对添加的元素可以根据索引访问元素，先添加的元素排在前面。和数组一样下标从 0 开始，可以添加重复元素和 null 值。ArrayList 常用方法见表 7-3。

表 7-3　ArrayList 常用方法

方 法 声 明	功 能 描 述
boolean add(Object obj)	将指定元素 obj 追加到集合的末尾
Object get(int index)	返回集合中指定位置上的元素
int size( )	返回集合中的元素个数
boolean add(int index, Object obj)	将指定元素 obj 插入到集合中指定的位置
Object remove (int index)	从集合中删除指定 index 处的元素，返回该元素
void clear( )	清空集合中所有元素
Object set(int index, Object obj)	用指定元素 obj 替代集合中指定位置上的元素

ArrayList 集合中大部分方法都是从父接口 Collection 和 List 继承过来的，其中 add( )方法和 get( )方法分别用于实现元素的存入和取出。

创建 ArrayList 对象时常用的两种方法如下：

① new ArrayList( )：不加任何参数。此时 ArrayList 中不包含任何元素，size( )为 0。实际上会在底层生成一个容量大小为 10 的 Object 类型数组。

② new ArrayList(int initialCapacity)：参数为初始的默认容量大小。此时 ArrayList 中不包含任何元素，size( )为 0。

例如，可以使用下面的方式进行声明：

```
List arrayList=new ArrayList(4);
```

将 ArrayList 的默认容量大小设置为 4。当 ArrayList 中的元素超过 4 个以后，会重新分配内存空间，使数组的大小增长到 7。容量大小变化的规则是((旧容量 * 3) / 2)+1。

刚开始创建 ArrayList 对象时 size( )为 0；之后每添加一个元素 size( )会加 1。

【例 7.1】ArrayList 集合的使用。

程序如下：

```
import java.util.ArrayList;
public class ListTest1 {
    public static void main(String[] args) {
        ArrayList al=new ArrayList();
```

```
        //添加元素
        al.add("苹果");
        al.add("柠檬");
        al.add("橘子");
        al.add("香蕉");
        String str=(String)al.get(1);   //Object 转换成 String
        System.out.println(str);                //输出柠檬
        al.remove(1);                           //删除柠檬
        //将 0 位置的元素修改为 "Apple"
        al.set(0,"Apple");
        System.out.println(al);
        System.out.println(al.get(0));
        int size=al.size();                     //获取集合中元素的个数
        for(int i=0;i<size;i++){                //遍历输出 ArrayList
            str=(String)al.get(i);
            System.out.println(str);
        }
    }
}
```

程序运行结果如下:

```
柠檬
[Apple, 橘子, 香蕉]
Apple
橘子
香蕉
```

注意：索引的取值范围是从 0 开始的，最后一个索引是 size-1。在访问元素时一定要注意索引不可超出此范围，否则会抛出角标越界异常 IndexOutOfBoundsException。

同时在编写程序时，不要忘记使用"import java.util.ArrayList;"语句导入包。在后面的案例中会大量地用到集合类，为了方便，程序中可以使用 import java.util.*;来导入包，其中*为通配符，整条语句的意思是将 java.util 包中的内容都导入进来。

对于 ArrayList 集合来说，直接打印得到的不是地址值，而是内容，得到的是[数据 1,数据 2,…]。

【例 7.2】扑克牌发牌程序。

在例 4.12 中已设计 Card 扑克牌类，这里不再重复编写。

程序如下：

```
package xmj.cards;
import java.util.ArrayList;
import java.util.Random;
class Poke{//一副牌
    private ArrayList CardList=new ArrayList();        //牌列表 CardList
    //定义数组存储所有的花色和点数
    String[] colors={"黑桃","红桃","梅花","方块"};
    String[] nums={"A","2","3","4","5","6","7","8","9","10","J","Q","K"};
    public Poke() {
```

```java
        for(int i=0;i<4;i++){
            for(int j=0;j<13;j++){
                //添加扑克牌到列表 CardList 中
                CardList.add(new Card(colors[i],nums[j]));
            }
        }
    }
    public Card Shuffle(){//发牌
        if (CardList.size()<=0) return null;
        Card c=null;
        Random r=new Random();
        //int i=(int)(CardList.size()*r.nextDouble()); //随机产生索引号
        int i=r.nextInt(CardList.size());    //随机产生索引号
        c=(Card)CardList.get(i);             //获取索引号为 i 的牌
        CardList.remove(i);                  //从列表中删除此张牌
        return c;                            //返回抽取索引号为 i 的牌
    }
}
public class testPoker {
    public static void main(String[] args) {
        Poke Poke1=new Poke();//Poke 实例 Poke1
        for(int i=1;i<=4;i++) {
            System.out.println(i+"号牌手:");
            for(int j=1;j<=13;j++) {
                Card card1=Poke1.Shuffle();//获取一张牌
                if(card1!=null) {
                    System.out.print(card1.toString()+" ");
                }
            }
            System.out.println();
        }
    }
}
```

程序运行结果如下：

```
1号牌手:
红桃 6 黑桃 8 红桃 4 方块 A 方块 4 红桃 7 红桃 9 梅花 3 方块 6 梅花 2 红桃 10 红桃 3 黑桃 6
2号牌手:
梅花 4 梅花 K 黑桃 3 红桃 2 黑桃 Q 梅花 A 黑桃 A 方块 5 黑桃 2 黑桃 7 方块 K 梅花 10 梅花 9
3号牌手:
黑桃 4 梅花 6 方块 8 梅花 Q 红桃 5 方块 7 黑桃 J 红桃 8 黑桃 Q 方块 3 黑桃 K 黑桃 10 红桃 J
4号牌手:
黑桃 9 梅花 5 黑桃 5 梅花 J 梅花 7 红桃 K 红桃 A 方块 J 红桃 Q 方块 2 方块 9 梅花 8 方块 10
```

由于 ArrayList 集合的底层是使用一个数组来保存元素，在增加或删除指定位置的元素时，会导致创建新的数组，效率比较低，因此不适合进行大量的增删操作。因为这种数组的结构允许程序通过索引的方式来访问元素，所以使用 ArrayList 集合查找元素很便捷。

7.2.2 LinkedList

ArrayList 集合在查询元素时速度很快，但在增删元素时效率较低。为了克服这种局限性，可以使用 List 接口的另一个实现类 LinkedList。LinkedList 集合内部维护了一个双向循环链表，链表中的每一个元素都使用引用的方式来记住它的前一个元素和后一个元素，从而可以将所有的元素彼此连接起来。当插入一个新元素时，只需要修改元素之间的这种引用关系即可，删除一个节点也是如此。正因为具有这样的存储结构，所以 LinkedList 集合对于元素的增删操作具有很高的效率。

LinkedList 集合添加元素和删除元素的过程如图 7-2 所示。

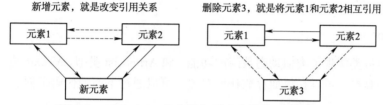

图 7-2　LinkedList 集合添加元素和删除元素的过程

LinkedList 集合特有的方法见表 7-4。

表 7-4　LinkedList 集合特有的方法

方 法 声 明	功 能 描 述
void add(int index, E element)	在此列表中指定的位置插入指定的元素
void addFirst(Object o)	将指定元素插入此列表的开头
void addLast(Object o)	将指定元素添加到此列表的结尾
Object getFirst( )	返回此列表的第一个元素
Object getLast( )	返回此列表的最后一个元素
Object removeFirst( )	移除并返回此列表的第一个元素
Object removeLast( )	移除并返回此列表的最后一个元素

【例 7.3】LinkedList 集合的使用。

程序如下：

```
package ch7.example.xmj;
import java.util.*;
public class LinkedList2 {
    public static void main(String[] args) {
        LinkedList link=new LinkedList();        //创建 LinkedList 集合
        link.add("张三");
        link.add("李四");
        link.add("王五");
        link.add("赵六");
        System.out.println(link.toString());     //取出并打印该集合中的元素
        link.add(3,"Student");                   //向该集合中指定位置插入元素
        link.addFirst("First");                  //向该集合第一个位置插入元素
        System.out.println(link);
```

```
            System.out.println(link.getFirst());    //取出该集合中第一个元素
            link.remove(3);                         //移除该集合中指定位置的元素
            link.removeFirst();                     //移除该集合中第一个元素
            System.out.println(link);
    }
}
```

程序运行结果如下：

```
[张三,李四,王五,赵六]
[First,张三,李四,王五,Student,赵六]
First
[张三,李四,Student,赵六]
```

7.2.3 Vector

Vector 向量类实现了类似动态数组的功能。和 ArrayList 类似，Vector 是一个可以自行扩展大小的容器，可以在里面存放任何对象。可以通过下面的代码来创建对象实例：

```
Vector vec=new Vector();                              //默认
Vector vec=new Vector(int initLength);
Vector vec=new Vector(int initLength,int step);
```

上面代码中的参数 initLength 表示初始化 Vector 容器的大小，而参数 step 表示 Vector 容器扩大时每次增加 step 大小。例如，创建一个容器大小为 10、步进值为 5 的 Vector 对象：

```
Vector vec=new Vector(10,5);                          //创建 Vector 对象
System.out.println(vec.capacity());                   //打印 Vector 容量
```

capacity( )方法表示返回的为 vec 的容量大小。

注意：size( )方法返回的是当前容器中元素数量，而 capacity( )方法返回的是容器的容量大小，此时，capacity( )方法获得的大小一定大于或等于 size( )的返回值。

Vector 容器提供如下常用方法：

indexOf(Object obj)：从头开始搜索 obj，返回所遇到的第一个 obj 对应的下标，若不存在此 obj，则返回-1。

addElement(Object obj)：该方法把 obj 对象添加到 Vector 对象实例中。

elementAt(int index)：当在 Vector 容器中添加对象后，可以通过该方法获得 index 索引指定的对象。

firstElement( )：获得第一个添加的对象。

lastElement( )：获得最后一个添加的对象。

removeElementAt(int index)：删除某个对象。

removeAllElements( )：删除所有对象。

【例 7.4】 Vector 集合的使用。创建一个 Vector 对象实例，并通过调用添加、获得和删除对象等操作实现对应的功能。

程序如下：

```
package ch7.example.xmj;
```

```java
import java.util.Vector;
class Student {
    private String name;                                //定义成员变量
    private int age;
    //定义构造方法
    public Student(String name,int age) {
        this.name=name;                                 //必须使用 this
        this.age=age;
    }
    public String sayHello(){
        return "我是:"+name+",年龄:"+age;
    }
}
public class Vectortest {
    public static void main(String[] args) {
        Vector vec=new Vector(3);                       //创建 Vector 对象实例
        vec.addElement(new Student("张海",20));          //添加 Student 对象
        vec.addElement(new Student("李四",21));          //添加 Student 对象
        vec.addElement(new Student("王五",19));          //添加 Student 对象
        vec.addElement(new Student("王琳",19));          //添加 Student 对象
        System.out.println("Vector 容器容量大小: "+vec.capacity());
        System.out.println("Vector 容器当前元素数量: "+vec.size());
        Student stu=(Student)vec.firstElement();
        System.out.println("第一个对象: "+stu);
        System.out.println(stu. sayHello());
        Student stu2=(Student)vec. lastElement();
        System.out.println("最后一个对象: "+ stu2);
        System.out.println(stu2.sayHello());
        vec.removeAllElements();                        //全部删除
        System.out.println("Vector 容器容量大小: "+vec.capacity());
        System.out.println("Vector 容器当前元素数量: "+vec.size());
    }
}
```

通过运行上述程序,可以查看添加、获得和删除各个方法的具体用法以及含义,在控制台上的显示结果如下:

```
Vector 容器容量大小: 6
Vector 容器当前元素数量: 4
第一个对象: Student@15db9742
我是:张海,年龄:20
最后一个对象: Student@6d06d69c
我是:王琳,年龄:19
Vector 容器容量大小: 6
Vector 容器当前元素数量: 0
```

说明:System.out.println(stu)输出 stu 对象时,实际上调用对象的 toString( )方法,如果该对象 toString( )方法没被覆盖重写,则实际调用 Object 类中的 toString( )方法,会默认返回全类名(包名+类名)@哈希值的十六进制。

7.2.4 遍历集合

视频
遍历集合

所谓"遍历",就是按照某种次序访问集合中的全部元素,且每个元素只访问一次。将对象存储在集合中的目的就是能对其进行所需的访问,所以遍历是集合的一个重要操作。

1. 迭代器遍历

Collection 接口作为 List 和 Set 接口的父接口,它定义了操作集合元素的方法,其中的 iterator( )方法用于获取迭代器,从而遍历 Collection 中的所有元素。

iterator( )方法是 Collection 从 Iterable 接口继承而来的,用于返回一个迭代器 Iterator 对象。作为 Java 集合框架的成员,它的作用不是存放对象,而是遍历集合中的元素,所以 Iterator 对象被称作迭代器。

Iterator 对象中的方法:

(1) next( )

Object next( )。迭代器会记录迭代位置的变更,它使用 next( )方法将迭代位置向下一个元素移动,并返回刚刚越过的那个元素,如图 7-3 所示。

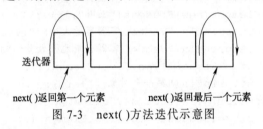

图 7-3 next( )方法迭代示意图

(2) hasNext( )

boolean hasNext( ):如果集合中还有未被遍历的元素,则返回 true,即迭代器还可以继续向后移动的时候返回 true。

遍历时,在 hasNext( )方法的控制下,通过反复调用 next( )方法,逐个访问集合中的各个元素。

(3) remove( )

boolean remove( ):调用 remove( )方法将迭代器上一次 next( )方法返回的元素删除。

【例 7.5】示范迭代器的使用。

程序如下:

```java
public static void main(String[] args) {
    Collection c=new ArrayList();    //创建一个 ArrayList 对象
    //向 ArrayList 中存放元素
    c.add("Java");
    c.add("C++");
    c.add("Python");
    Iterator it=c.iterator();        //(1)iterator()方法获取迭代器
    while(it.hasNext()){             //(2)hasNext()方法控制迭代过程
        String element=(String)it.next();  //(3)next()方法获取迭代元素,
需要强制转换
```

```
        System.out.println(element);
    }
}
```

当 Iterator 迭代访问 Collection 集合中元素时，Collection 的元素不能改变，只有通过 Iterator 的 remove( )方法删除上一次 next( )方法返回集合才可以。否则会引发 ModificationException 异常，即 fail-fast 机制。

说明：将上述代码中的实现类 ArrayList 更换为 Collection 的其他实现类，后面的代码无须任何修改仍可保持程序的功能不变。这就是集合框架使用了接口与实现相分离、遵循开闭原则的好处。

2. foreach 循环遍历

foreach 循环语句是 Java 1.5 的新特征之一，在遍历数组、集合方面，foreach 为开发者提供了极大的方便。foreach 循环语句是 for 语句的特殊简化版本，主要用于执行遍历功能的循环。

foreach 循环语句的语法格式如下：

```
for(类型 变量名:集合) {
    语句块;
}
```

其中，"类型"为集合元素的类型，"变量名"表示集合中的每一个元素，"集合"是被遍历的集合对象或数组。每执行一次循环语句，循环变量就读取集合中的一个元素。

采用 foreach 循环语句遍历数组的方式如下：

```
//声明并初始化int数组
int[] numbers={43,32,53,54,75,7,10};
System.out.println("----for each----");
//foreach 语句
for(int item:numbers) {
    System.out.println("Count is:"+item);
}
```

从示例中可以发现，item 不是循环变量，它保存了集合中的元素，foreach 语句将集合中的元素一一取出来，并保存到 item 中，这个过程中不需要使用循环变量。

使用 foreach 循环遍历数组元素时无须获得数组长度，也无须根据索引来访问数组元素。可见 foreach 语句在遍历集合的时候要简单方便得多。

【例 7.6】foreach 循环遍历集合。

程序如下：

```
public static void main(String[] args) {
    Collection c=new ArrayList(); //创建一个ArrayList对象
    //向ArrayList中存放元素
    c.add("Java");
    c.add("Struts");
    c.add("Spring");
    for(String item:numbers) {
```

```
            System.out.println("element is:"+item);
        }
    }
```

视 频
Set 集合

7.3 Set 集合

Set 集合类似于一个罐子，程序可以依次把多个对象放入 Set 集合，而 Set 集合通常不能记住元素的添加顺序。Set 继承于 Collection 接口，是一个不允许出现重复元素并且无序的集合，主要有 HashSet 和 TreeSet 两大实现类。

Set 集合的共同特点如下：

① 实现了 java.util.Set 接口。
② 默认情况下，集合中元素没有顺序。
③ 不允许重复元素，如果重复元素被添加，则覆盖原来的元素。
④ 元素不可以通过下标访问。

Set 集合中最有代表性的是 java.util 包中的 HashSet 和 TreeSet。

7.3.1 HashSet

HashSet 是 Set 接口的实现类，大多数时候使用 Set 集合时就是使用这个实现类。HashSet 按 Hash 算法来存储集合中的元素，因此具有很好的存取和查找性能。底层数据结构是哈希表（一个元素为链表的数组，综合了数组与链表的优点）。

哈希表也称散列表，它采用按照对象的散列码计算对象存储地址的策略，实现对象的"定位"存放，相应也提高了查找效率。哈希表示意图如图 7-4 所示。

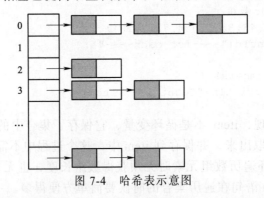

图 7-4 哈希表示意图

举一个例子，设数组的长度为 100（散列地址为 0~99），按照将对象的散列码对 100 求余数的方法得到散列地址。如果一个对象的散列码是 67628，那么该对象应放在位置索引为 28（67628%100）的链表中。

如果这个链表中没有其他元素，那么这个对象就可以直接插入进去。如果该链表中已经填充了对象，这时，必须将新插入的对象和该链表中所有的对象进行比较（按照 equals( ) 方法），查看该对象是否已经存在于该链表，如不存在，则插入；如已存在，则放弃该对象。

散列码是以某种方法从对象的属性字段产生的整数，Object 类中的 hashCode( )

方法完成此任务，对于其他类，需要重写 Object 类中的 hashCode( )方法产生散列码。

【例 7.7】 HashSet 集合的示例。

程序如下：

```
import java.util.HashSet;
public class SetDemo {
    public static void main(String[] args) {
        HashSet set=new HashSet();
        set.add("Java");
        set.add("Python");
        set.add("C++");
        set.add("C++");                 //该元素将被拒绝添加
        System.out.println(set);        //输出[Java, C++, Python],与添加的顺
序无关
    }
}
```

程序运行结果如下：

```
[Java, C++, Python]
```

从输出结果看出，重复元素只添加一次，输出元素的顺序与添加的顺序不一致。

当向 HashSet 集合中存入一个元素时，HashSet 会调用该对象的 hashCode( )方法来得到该对象的 hashCode 值(散列码)，然后根据该 hashCode 值决定该对象在 HashSet 中的存储位置。如果该位置上没有元素，则直接将元素存入，如果该位置上有元素存在，则会调用 equals( )方法让当前存入的元素依次和该位置上的元素进行比较，返回的结果为 false 则将该元素存入集合，返回的结果为 true 则说明有重复元素，就将该元素舍弃。

也就是说，HashSet 集合判断两个元素的重复标准是两个对象的 hashCode( )方法返回值相等，并且两个对象通过 equals( )方法比较也相等。

【例 7.8】 HashSet 集合中添加学生对象的示例。

程序如下：

```
package ch7.example.xmj;
import java.util.HashSet;
class Student {
    private String name;
    private int age;
    public Student() {
    }
    public Student(String name, int age) {
        this.name=name;
        this.age=age;
    }
    public String getName() {
        return name;
    }
    public void setName(String name) {
        this.name=name;
```

```java
    }
    public int getAge() {
        return age;
    }
    public void setAge(int age) {
        this.age=age;
    }
    @Override
    public String toString() {              //重写object类 toString()方法
        return "Student{"+"name='"+name+'\''+",age="+age+'}';
    }
}
public class SetDemo2 {
    public static void main(String[] args) {
        Student s1=new Student("张海", 23);
        Student s2=new Student("赵大强", 24);
        Student s3=new Student("张海", 23);
        Student s4=new Student("伊琳", 29);
        HashSet hashSet=new HashSet();
        hashSet.add(s1);
        hashSet.add(s2);
        hashSet.add(s3);
        hashSet.add(s4);
        for (Object stu : hashSet) {
            System.out.println(stu);
        }
    }
}
```

程序运行结果如下：

```
Student{name='张海', age=23}
Student{name='张海', age=23}
Student{name='赵大强', age=24}
Student{name='伊琳', age=29}
```

程序运行结果中出现了两个相同的学生信息"Student{name='张海', age=23}"，这样的学生信息应该被视为重复元素，不允许同时出现在 HashSet 集合中。之所以没有去掉这样的重复元素，是因为在定义 Student 类时没有重写 hashCode( )和 equals( )方法。

下面对 Student 类进行改写，增加重写 hashCode( )和 equals( )方法。

```java
@Override
public boolean equals(Object o) {
    //判断判断两个对象是否相等,即对象的name和age是否相等
    if(this==o) return true;
    Student stu=(Student) o;
    return this.age==stu.age && this.name.equals(stu.name));
}
@Override
```

```
    public int hashCode() {
        return Objects.hash(name, age);    //返回对象的 name 和 age 的 hash 值
    }
```

程序运行结果如下：

```
Student{name='张海',age=23}
Student{name='伊琳',age=29}
Student{name='赵大强',age=24}
```

在上述代码中，Student 类重写了 Object 类的 hashCode( )和 equals( )方法。在 hashCode( )方法中返回 name 和 age 属性的哈希值，在 equals( )方法中比较对象的 name 和 age 属性是否相等，并返回结果。当调用 HashSet 集合的 add( )方法添加 s3 对象时，发现它的哈希值与 s1 对象相同，而且 stu2.equals(stu3)返回 true，HashSet 集合认为两个对象相同，因此重复的 Student 对象被成功避免了。

7.3.2 TreeSet

HashSet 集合存储的元素是无序的和不可重复的，为了对集合中的元素进行排序，Set 接口提供了另一个可以对 HashSet 集合中元素进行排序的类——TreeSet。

1. TreeSet 的底层结构

TreeSet 是一种基于树的集合。TreeSet 是 Set 接口的实现类，秉承了 Set 不记录对象在集合中出现顺序的特点。但是，它最终建立的是一个有序集合，对象可以按照任意顺序插入集合，而对该集合进行迭代输出时，各个对象将自动以排序后的顺序出现。

【例 7.9】TreeSet 集合的示例。

程序如下：

```
import java.util.TreeSet;
public class SetDemo3{
    public static void main(String[] args) {
        TreeSet set=new TreeSet();
        set.add("Java");
        set.add("Python");
        set.add("Spring");
        set.add("Spring");              //该元素将被拒绝添加
        set.add("C++");
        System.out.println(set);        //输出[C++, Java, Python, Spring],
                                        //与添加的顺序无关,字符串对象按升序排列
    }
}
```

程序运行结果如下：

```
[C++,Java,Python,Spring]
```

2. TreeSet 的排序

TreeSet 集合之所以可以对添加的元素进行排序，是因为元素的类可以实现 java.lang.Comparable 接口。有一部分类已实现了 java.lang.Comparable 接口，如基本类型的包装类、String 类等，它们在 Comparable 接口的 compareTo( )方法中定义好了

比较对象的规则。像这样的对象可以直接插入 TreeSet 集合。

如果将自定义的 Student 对象存入 TreeSet，TreeSet 将不会对添加的元素进行排序，Student 对象必须实现 Comparable 接口并重写 compareTo( )方法实现对象元素的比较规则。

例如，以年龄属性升序排序 Student 对象：

```
public int compareTo(Object obj) {        //以年龄属性排序
    Student stu=(Student) obj;
    if(this.age-stu.age<0) {
        return -1;
    } else if(this.age-stu.age>0) {
        return 1;
    } else
        return 0;
}
```

比较规则是：如果 this 位于 obj 的前面，那么 compareTo( )方法返回一个负整数；如果 this 与 obj 相同返回 0；如果 this 位于 obj 的后面，则返回一个正整数。

【例 7.10】实现年龄属性排序的 TreeSet 集合。

程序如下：

```
import java.util.TreeSet;
class Student implements Comparable {
    private String name;
    private int age;
    public Student(String name,int age) {
        this.name=name;
        this.age=age;
    }
    public int compareTo(Object obj) {//以年龄属性排序
        Student stu=(Student) obj;
        if(this.age-stu.age<0) {
            return -1;
        } else if(this.age-stu.age>0) {
            return 1;
        } else
            return 0;
    }
    public String toString() {           //重写 object 类 toString()方法
        return "Student{"+"name='"+name+'\''+",age="+age+'}';
    }
}
public class TreeSet2 {
    public static void main(String[] args) {
        TreeSet set=new TreeSet();
        set.add(new Student("Lucy",20));
        set.add(new Student("Hellen",21));
        set.add(new Student("Andrew",19));
        System.out.println(set);          //输出
```

```
    }
}
```

程序运行结果如下：

```
[Student{name='Andrew', age=19}, Student{name='Lucy', age=20}, Student
{name='Hellen', age=21}]
```

假如先按姓名排序，姓名相同按年龄，则如下编写 compareTo( )方法：

```
public int compareTo (Object obj) {
    Student stu=(Student) obj;
    if(this.name.equals(stu.name)) {
       return this.age-stu.age;
    } else {
       return this.name.compareTo(stu.name);
    }
}
```

3．HashSet 和 TreeSet 的选用

原则上取决于集合中存放的对象，如果不需要对对象进行排序，那么就没有理由在排序上花费不必要的开销，使用 HashSet 即可。

散列的规则通常更容易定义，只需要打散排列各个对象就行。而 TreeSet 要求任何两个对象都必须具有可比性，可是在有的应用中比较的规则会很难定义。

7.4 Map 集合

Map 是一种双列集合，用于保存具有映射关系的数据，它的每个元素以键值对<key,value>的形式存在，键 key 和值 value 之间存在一种一对一关系，称为映射。从 Map 集合中访问元素时，只要指定了 Key，就能找到对应的 Value。Map 集合将键、值分别存放。键的集合用 Set 存储，不允许重复、无序；值的集合用 List 存储，与 Set 对应、可以重复、有序，如图 7-5 所示。

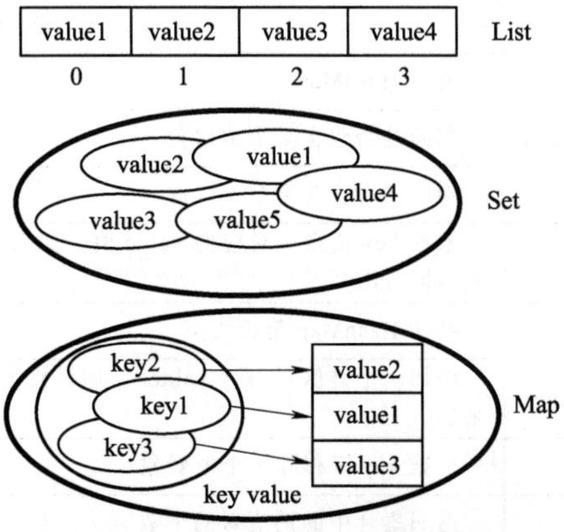

图 7-5　List、Set、Map 示意图

Map 接口常用方法见表 7-5。

表 7-5 Map 接口常用方法

方法声明	功能描述
void put(Object key, Object value)	添加一个键值对<key,value>，如果指定 key 键在集合中，则新值覆盖原来的
Object get(Object key)	返回指定键对应的 value 值；如果不包含该键的映射关系，则返回 null
void clear( )	移除所有的键值对元素
Object remove(Object key)	根据键删除对应的值，返回被删除的值
int size( )	返回集合中的键值对的个数
boolean containsKey(Object key)	判断是否包含某个 key 键，是则返回 true
boolean containsValue(Object value)	如果一个或多个键映射到指定值，则返回 true
Set keySet( )	返回所有 key 键组成的 Set 集合
Collection values( )	返回 Map 包含的所有 value 值组成的 Collection
Set<Map.Entry<K,V>>entrySet( )	返回此包含的键值对的 Set

Map 接口的主要实现类有 HashMap 和 TreeMap。HashMap 对键进行散列，TreeMap 对键进行排序。在 Map 中，散列函数或比较函数只能作用于键，而与键相关联的值不能进行散列或者比较。

那么究竟是应该选择 HashMap 还是 TreeMap 呢？与 HashSet 一样，HashMap 的运行速度比较快，如果不需要按照有序的方式访问键，那么最好选择 HashMap。

Map 集合将键、值分别存放，键的集合用 Set 存储，不允许重复；值的集合用 Collection 存储，可以重复。

7.4.1 HashMap

HashMap 类是 Map 接口的一个实现类，用于存储键值映射关系，但 HashMap 集合没有重复的键且键值无序。

可以调用 HashMap 类里面的方法来进行<key,value>数据操作，主要方法见表 7-6。

表 7-6 HashMap 类主要方法

方法声明	功能描述
void clear( )	清空 HashMap
boolean containsValue(Object value)	判断是否包含某个值对象
boolean containsKey(Object key)	判断是否包含某个 key 键
Object get(Object key)	根据 key 值得到对应的 value 值，如果不包含该键的键值对映射关系，则返回 null
boolean isEmpty( )	判断 HashMap 是否为空
Object put(Object key, Object value)	添加一个键值对<key,value>，如果指定 key 键在集合中则新值覆盖原来的
Object remove(Object key)	根据 key 键移除一个值对象
int size( )	返回集合中的键值对的个数
Set keySet( )	得到所有 key 键的集合

从上面可以知道，HashMap 无法通过下标来访问集合中的元素，因为元素是没有顺序的。因此，集合的遍历不能由循环来进行。

HashMap 的一般用法如下：

① 声明一个 Map：

```
Map map=new HashMap();
```

② 向 map 中放值，注意 map 是 key-value 的形式存放的，如：

```
map.put("1001","张海");
map.put("1002","李智宽");
```

③ 从 map 中取值：

```
String str=map.get("1001").toString();
```

结果是：

```
str="张海"
```

④ 利用所有 key 键的集合遍历 map，从中取得 key 和 value：

```
for (Object key : map.keySet()) {   //根据键遍历 map
    value=(String)map.get(key);
    System.out.println(value);
}
```

【例 7.11】HashMap 演示。

程序如下：

```
import java.util.*;
public class HashMapDemo {
    public static void main(String[] args) {
        HashMap map=new HashMap();
        map.put("1001","张海");
        map.put("1002","李智宽");
        map.put("1003","赵大强");
        Collection c=map.values();
        System.out.println(c);                    //输出所有 value 值
        Set set=map.keySet();
        System.out.println(set);                  //输出所有 key 键
        for (Object key : map.keySet()) {         //根据键遍历 map
            String value=(String) map.get(key);
            System.out.println(value);
        }
    }
}
```

程序运行结果如下：

```
[赵大强,李智宽, 张海]
[1003,1002,1001]
赵大强
李智宽
张海
```

通过打印结果发现人员输出顺序和人员添加顺序是不一致的，说明 HashMap 集合中的元素是没有顺序的。

7.4.2 TreeMap

HashMap 集合存储的元素的键值是无序的和不可重复的，为了对集合中的元素的键值进行排序，Map 接口提供了另一个可以对集合中元素键值进行排序的类 TreeMap。

【例 7.12】演示 TreeMap 集合的用法。

程序如下：

```java
import java.util.TreeMap;
public class TreeMapDemo {
    public static void main(String[] args) {
        TreeMap map=new TreeMap();
        map.put("1001","张海");
        map.put("1003","赵大强");
        map.put("1002","李智宽");
        Set keys=map.keySet();                    //获得key集合
        Iterator it=keys.iterator();
        while(it.hasNext()){                       //遍历键集合
            Object key=it.next();
            Object value=map.get(key);        //获取每个键所对应的值
            System.out.println(key+":"+value);
        }
    }
}
```

程序运行结果如下：

```
1001:张海
1002:李智宽
1003:赵大强
```

TreeMap 集合之所以可以对添加的元素的键值进行排序，其实现与 TreeSet 一样，键 key 所对应的类需要实现 Comparable 接口的 compareTo( )方法，其中定义比较键 key 对象的规则。

泛型和 Collections 类

7.5 泛型简化集合操作

泛型（Generic Type）是对 Java 语言的类型系统的一种扩展，主要服务于集合类，泛型让集合知道元素的数据类型，支持创建可以按类型进行参数化的类。

7.5.1 泛型的意义

首先，看下下面这段简短的代码：

```java
public class GenericTest {
    public static void main(String[] args) {
```

```
        List list=new ArrayList();
        list.add("Hello");
        list.add("corn");
        list.add(100);
        for(int i=0;i<list.size();i++) {
            String name=(String)list.get(i);     //①强制类型转换
            System.out.println("name:"+name);
        }
    }
}
```

定义了一个 List 类型的集合，先向其中加入了两个字符串类型的值，随后加入一个 Integer 类型的值。这是完全允许的，因为此时 list 默认的类型为 Object 类型。在之后的循环中，由于忘记了之前在 list 中也加入了 Integer 类型的值或其他编码原因，很容易出现类似于①中的错误。因为编译阶段正常，而运行时会出现 java.lang.ClassCastException 异常。因此，导致此类错误编码过程中不易发现。

在如上的编码过程中，发现主要存在两个问题：

① 当将一个对象放入集合中，集合不会记住此对象的类型，当再次从集合中取出此对象时，该对象的类型变成了 Object 类型。

② 取出集合元素时需要强制类型转化到具体的目标类型，且很容易出现 java.lang.ClassCastException 异常。

那么，有没有什么办法可以使集合记住集合内元素各类型，且只要编译时不出现问题运行时就不会出现 java.lang.ClassCastException 异常呢？答案就是使用泛型。

7.5.2 泛型的使用

泛型支持创建可以按类型进行参数化的类。

例如，在定义集合时可以指定集合中必须存放什么类型的元素：

```
ArrayList<类名> al=new ArrayList<类名>();
```

这样，在使用时取出集合元素时就不必强制类型转换。

```
public class GenericTest {
    public static void main(String[] args) {
        ArrayList<String> list=new ArrayList<String>();
        list.add("Hello");
        list.add("corn");
        //list.add(100);                          //①提示编译错误
        for(int i=0; i<list.size();i++) {
            String name=list.get(i);      //②
            System.out.println("name:"+name);
        }
    }
}
```

采用泛型写法后，在①处想加入一个 Integer 类型的对象时会出现编译错误，通过 List<String>，直接限定了 list 集合中只能含有 String 类型的元素，从而在②处无须进行强制类型转换，因为此时集合能够记住元素的类型信息，编译器已经能够确认它是 String 类型了。

结合上面的泛型定义,我们知道在 List<String>中,String 是类型实参,也就是说,相应的 List 接口中肯定含有类型形参。且 get( )方法的返回结果也直接是此形参类型。

【例 7.13】使用泛型改写例 7.2 扑克牌发牌程序。

```
package xmj.cards;
import java.util.ArrayList;
import java.util.Random;
class Poke{//一副牌
    private ArrayList<Card> CardList=new ArrayList<Card>();
                                             //牌列表 CardList
    //定义数组存储所有的花色和点数
    String[] colors={"黑桃","红桃","梅花","方块"};
    String[] nums={"A","2","3","4","5","6","7","8","9","10",
            "J","Q","K"};
    public Poke() {
        for(int i=0;i<4;i++){
            for(int j=0;j<13;j++){
                //添加扑克牌到列表 Poker 中
                CardList.add(new Card(colors[i],nums[j]));
            }
        }
    }
    public Card Shuffle(){                        //发牌
        if(CardList.size()<=0) return null;
        Card c=null;
        Random r=new Random();
        int i=r.nextInt(CardList.size());   //随机产生索引号
        c=CardList.get(i);                  //获取索引号为 i 的牌
        CardList.remove(i);                 //从列表中删除此张牌
        return c;                           //返回抽取索引号为 i 的牌
    }
}
```

【例 7.14】已知字符串"adhflkalkfdhasdkhflsa",完成如下操作:
① 统计去掉重复后的字符。
② 统计每个字符出现的次数。
程序如下:

```
public class countTest {
    public static void main(String[] args) {
        String str="adhflkalkfdhasdkhflsa";
        HashMap<Character,Integer>map=new HashMap<>();
        for(int i=0; i<str.length();i++) {
            Character c=str.charAt(i);
            //进行判断: 如果包含 c, 则 value+1; 如果不包含, value 就是 1
            map.put(c,map.containsKey(c)?map.get(c)+1:1);
        }
        //统计去掉重复后的字符
        System.out.println("去重后: "+map.keySet());
```

```
            //统计每个字符出现的次数
            System.out.println("统计出现次数: "+map);
    }
}
```

7.6 使用 Collections 类对集合进行处理

java.util.Collections 类是 Java 提供的操作 List、Set、Map 等集合的工具类。服务于 Collection 框架，不能实例化。Collections 类提供了许多操作集合的静态方法，借助静态方法可以实现集合元素的排序、查找替换和复制等操作。同时，Collections 还能够对集合进行再包装，如将线程不安全的集合包装为线程安全的集合等。

说明：务必区分 Collections 和 Collection。Collections 是一个类，它具有静态工具方法；而 Collection 是一个接口，带有多数集合常用方法的声明，包括 add( )、remove( )、contains( )、size( )、iterator( )等。

Collections 类提供如下主要方法：

① 对 List 进行升序排序。

```
public static void sort(List list)
```

如果要降序排列，可以在 sort( )函数中指定降序。可以选择：

```
public static void sort(List list,Comparator c)
```

其中，参数用 java.util.Collections 的 reverseOrder( )方法返回。

② 返回指定 collection 中等于指定对象的元素数。

```
public static int frequency(Collection c,Object o)
```

③ 判断两个指定 collection 中有无相同的元素。

```
public static boolean disjoint(Collection c1,Collection c2)
```

④ 寻找集合中的最大/最小值。

```
public static Object max/min(Collection coll)
```

⑤ 对集合中的元素进行替换。

```
public static boolean replaceAll(List list,Object oldVal,Object newVal)
```

⑥ 将 List 集合中的元素逆置排列。

```
public static void reverse(Collection c1)
```

⑦ 将 List 集合中的元素随机重排。

```
public static void shuffle(Collection c1)
```

⑧ 折半算法查找集合中的指定元素，返回所查找元素的索引。

```
public static int binarySearch(Collection,Object)
```

其他操作读者可以参考 API 文档。

【例 7.15】演示 shuffle(Collection)的简单用法。
程序如下：

```
package ch7.example.xmj;
import java.util.*;
public class Practice {
    public static void main(String[] args){
        ArrayList c=new ArrayList();
        c.add("l");
        c.add("o");
        c.add("v");
        c.add("e");
        System.out.println(c);
        Collections.shuffle(c);          //对元素随机重排
        System.out.println(c);
        Collections.shuffle(c);          //对元素随机重排
        System.out.println(c);
        ArrayList c2=new ArrayList();
        for(int i=1;i<=10;i++)
            c2.add(i);
        Collections.shuffle(c2);
        System.out.println(c2);
    }
}
```

程序运行结果如下：

```
[l, o, v, e]
[l, v, e, o]
[o, v, e, l]
[4, 9, 7, 8, 5, 6, 2, 10, 1, 3]
```

7.7 应用案例——教学课程管理

已知某学校的教学课程内容安排如下：

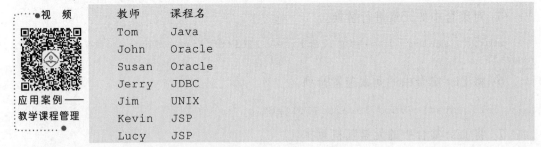

教师	课程名
Tom	Java
John	Oracle
Susan	Oracle
Jerry	JDBC
Jim	UNIX
Kevin	JSP
Lucy	JSP

编写教学课程管理程序完成下列要求：

① 使用一个 Map，以教师的名字作为键，以教师教授的课程名作为值，表示上述课程安排。

② 增加了一位新教师 Allen，教授 JDBC。

③ Lucy 改为教授 Java。

④ 遍历 Map，输出所有的教师及教师教授的课程。
⑤ 利用 Map，输出所有教授 JSP 的教师。
程序如下：

```java
import java.util.*;
public class Test {
    public static void main(String[] args) {
        Map<String,String> course=new HashMap<>();
        //①Map 表示上述课程安排
        course.put("Lucy","JSP");
        course.put("Kevin","JSP");
        course.put("Jim","Unix");
        course.put("Jerry","JDBC");
        course.put("Susan","Oracle");
        course.put("John","Oracle");
        course.put("Tom","CoreJava");
        System.out.println(course);
        //②增加了一位新教师 Allen，教授 JDBC
        course.put("Allen","JDBC");
        System.out.println("Allen 教授的科目为: "+course.get("Allen"));
        //③Lucy 改为教授 Java
        course.put("Lucy","Java");
        System.out.println("Lucky 教授的科目为: "+course.get("Lucy"));
        //④遍历 Map，输出所有的教师及教师教授的课程
        for (String key:course.keySet()) {   //根据键遍历 map
            String value=course.get(key);
            System.out.println("授课教师: "+key+" \t教授科目: "+value);
        }
        //⑤教授 JSP 科目的教师
        System.out.print("教授 JSP 科目的教师有: ");
        for(String key:course.keySet()) {   //根据键遍历 map
            String value=course.get(key);
            if(value.equals("JSP"))
                System.out.println(key);
        }
    }
}
```

习 题

1. 在一个 List 中按照顺序存放 1~100 的各个数字。使用 Collections 类把数字顺序打乱。

2. 有一个 List 包含了一些字符串，其中包含重复字符串，要求编写程序去除重复的字符串，最后打印。

3. 输入一个字符串，要求统计每一个字符出现的频率，并按照字母排序之后偷出。频率=字符出现的次数/字符总数。提示：可以用 HashMap。

4. 输入一个字符串，要求输出每个字符在字符串中的位置，例如：

输入：

"HelloWorld"

输出：

H:1 e:2 l:3,4,9 o:5,7 W:6 r:8 d:10

5. 有一个 List 存储 10 个 student 学生对象（其有 name、sex、score 成员变量），要求编写程序实现对学生按成绩排序，最后打印排序后的学生信息。

第 8 章
图形用户界面开发

前面章节介绍的例子中,输入/输出都是通过命令提示符窗口(控制台)来完成的,对程序的使用者而言不美观也不是很友好。对于一个软件来说,不但要有比较强大完善的功能,而且还要有一个简洁美观的界面。本章主要介绍如何进行图形界面编程,其中包括 AWT 和 Swing 两部分内容。目前在开发图形界面的应用时,使用最多的是 Swing 技术。

8.1 AWT 和 Swing 简介

视 频
AWT和Swing简介
及窗口创建

8.1.1 AWT 简介

为了开发图形用户界面(Graphical User Interface,GUI)程序,Java 从 1.0 版就提供了一个 AWT 类库。AWT 的全称是抽象窗口工具集(Abstract Window Toolkit),它为程序员提供了构建 GUI 程序的组件。它的库类非常丰富,包括了创建 Java 图形界面程序的所有工具。用户可以利用 AWT 在容器中创建标签、按钮、复选框、文本框等用户界面元素。

AWT 中包括了图形界面编程的基本类库。它是 Java 语言图形用户界面程序设计的核心,它为用户提供基本的界面组件。这些组件是为了使用户和机器之间能够更好地进行交互,而用来建立图形用户界面的独立平台。AWT 主要由以下几部分组成:组件类(Component)、容器类(Container)、图形类(Graphics)和布局管理器(LayoutManager)等,如图 8-1 所示。

1. 组件(Component)

组件是一个以图形化方式显示在屏幕上并能与用户进行交互的对象,如按钮(Button)、标签(Label)、复选框(Checkbox)、文本框(TextField)等,组件通常被放在容器中。

Component 类定义了所有组件所具有的特性和行为,并派生出其他所有的组件。

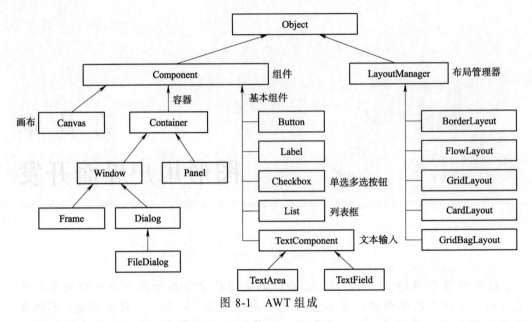

图 8-1　AWT 组成

2．容器（Container）

容器是 Component 的子类，所以说容器本身也是一个组件，它具有组件的所有特性，同时又具有容纳基本组件和容器的功能，一个容器可以将多个容器和基本组件组织为一个整体。每个容器用 add( ) 方法向容器添加内容，用 remove( ) 方法从容器中删除内容。每个容器与一个布局管理器相关联，以确定容器内组件的布局方式。容器可以通过 setLayout( ) 方法设置某种布局。

Panel、Window、Dialog 和 Frame 等是由 Container 演变的类，容器中可以包括多个组件。

3．布局管理器（LayoutManager）

布局管理器定义容器中组件摆放位置和大小接口。Java 中定义了几种默认的布局管理器。

在 AWT 中存在缺少剪贴板、缺少打印支持等缺陷，甚至没有弹出式菜单和滚动窗口等，同时由于 AWT 使用本机代码资源，因此 Java 从 1.2 版开始提供了 Swing 类库。Swing 是纯 Java 实现的轻量级（Light-weight）组件，它不依赖系统的支持。本章主要讨论 Swing 组件基本的使用方法和使用 Swing 组件创建用户界面的初步方法。

8.1.2　Swing 基础

Swing 是 Sun 公司推出的第二代图形用户接口工具包，通过 Swing 可以开发出功能强大、界面优美的客户应用程序。Swing 中不但提供了很多功能完善的组件，而且具有良好的扩展能力，用 Swing 来进行交互界面的开发是一件令开发人员感到愉快的工作。

Swing 组件的屏幕显示性能要比 AWT 好，而且 Swing 是完全使用 Java 来实现的，不依赖特定平台，所以 Swing 也理所当然地具有 Java 的跨平台性。Swing 并不是真正使用原生平台提供设备，而是仅仅在模仿，组件的外观都由 Swing 确定，而不是由操作系统决定，这意味组件在任何平台上都有一致的行为方式。

Swing 被称为轻量级组件，AWT 称为重量级组件。虽然 AWT 是 Swing 的基础，但是 Swing 中却提供了比 AWT 更多的图形界面组件。而且 Swing 中组件的类名都是由字母 J 开头，还增加了一些比较复杂的高级组件，如 JTable、JTree。所有的 Swing 组件都定义在 javax.swing 包中，下面列出了 Swing 常用的组件类。

JButton	JCheckBox	JColorChooser	JComboBox
JComponent	JDialog	JFileChooser	JFrame
JLabel	JList	JMenu	JMenuBar
JMenuItem	JOptionPane	JPanel	JPasswordFied
JPopupMenu	JProgressBar	JRadioButton	JRadioButtonMenuItem
JScrollBar	JScrollPane	JSeparator	JTable
JTextArea	JTextField	JToolTip	JTree

说明：所有的 Swing 组件类都以大写字母 J 开头，前两个字母都大写。例如，表示标签的类是 JLabel，表示按钮的类是 JButton，表示复选框的类是 JCheckBox。

但要注意 Swing 并没有完全取代 AWT，它只是替代了 AWT 包中的 UI 组件（如 Button、TextField 等），AWT 中的一些辅助类（如 Graphics、Color、Font 等）仍然保持不变。另外，Swing 仍然使用 AWT 的事件模型。

Swing 组件需要放置到容器中。Swing 定义了顶层容器，如 JFrame、JDialog。顾名思义，顶层容器必须位于容器层次结构的顶层。顶层容器不能被其他任何容器包含，而且每一个容器层次结构都必须由顶级容器开始。通常用于应用程序的顶层容器是 JFrame。

Swing 还支持轻量级容器，它们继承自 JComponent 类，包括 JPanel、JScrollPane 等。轻量级容器通常用来组织和管理一组相关的组件，因为轻量级容器可以包含在另一个容器中，因此，可以使用轻量级容器来创建相关控件子组，让它们包含在一个外部容器中。

在标准的 Java 应用中提倡使用 Swing，本书主要针对 Swing 讲解。

8.2 创建窗口

制作图形用户界面首要的问题是如何显示一个窗口，至少这是所有图形界面的基础。

8.2.1 用 JFrame 框架类开发窗口

每个使用 Swing 的程序必须至少有一个 Swing 顶层容器。对 GUI 应用程序来说，一般应该有一个主窗口，或称框架窗口。在 Swing 中，窗口是由 JFrame 对象实现的。JFrame（框架）是 Swing GUI 应用程序的主窗口，窗口有边界、标题、关闭按钮等。

JFrame 类是 java.awt 包中 Frame 类的子类，其创建的窗口对象是一个顶层容器；与 AWT 组件不同，Swing 组件不直接添加到顶层容器中，而是添加到与 Swing 顶层容器（JFrame、JDialog 等）相关联的内容面板（contentPane）容器中。
　　JFrame 构造方法如下：
- JFrame( )：创建一个无标题的窗口。
- JFrame(String)：创建一个标题为 Ttitle 的窗口。

JFrame 常用的方法和事件如下：
- setVisible(true)：上述构造方法创建的窗口都是不可见的，必须调用 setVisible(true)方法使其可见。
- setSize(width,height)：设置窗口的初始显示大小。
- pack( )：使窗口的大小正好显示出所有组件。
- setDefaultCloseOperation(JFrame.EXIT_ON_CLOSE)：当用户单击窗口的关闭按钮则终止程序。
- setResizable(boolean b) ：设置窗口是否可调整大小，默认可调整大小。
- setLocation(int x,int y) ：设置窗口的位置，默认位置是(0,0)。
- dispose( )：撤销当前窗口，并释放当前窗口所使用的资源。

Swing 窗体通过 getContentPane( )方法，获得 JFrame 的内容面板容器，再对其加入组件的代码如下：

```
JFrame frame=new JFrame();
Cotainer ct= frame.getContentPane();    //获取内容面板容器
ct.add(childComponent);                 //内容面板容器加入组件
```

【例 8.1】基于 JFrame 实现的窗口界面，窗口界面中有一个按钮组件，如图 8-2 所示。

图 8-2　显示窗口和按钮

程序如下：

```
import java.awt.*;
import javax.swing.*;
public class JFrameDemo{
    public static void main(String args[]){
        JFrame frame=new JFrame("JFrame 演示");
        JButton bt=new JButton("测试按钮");
        Container c=frame.getContentPane();    //获取内容面板容器
        c.add(bt);                             //内容面板容器添加按钮组件
        frame.setSize(400,200);
        frame.setVisible(true);
    }
}
```

在 Java SE 5.0 以后版本中，用户可以直接添加组件到最顶层的 Swing 容器（如 JFrame、JDialog 等）和删除部件。这个变化允许用户省去调用 getContentPane( )方法获取内容面板而直接在容器内应用 add( )、setLayout( )和 remove( )方法。上例代码修改如下：

```
public static void main(String args[]){
    JFrame frame=new JFrame("JFrame 演示");
    JButton bt=new JButton("测试按钮");
    frame.add(bt);                    //添加按钮组件
    frame.setSize(400,200);
    frame.setVisible(true);
}
```

运行效果同上。

【例 8.2】使用继承 JFrame 的子类创建一个窗口。

程序如下：

```
//JFrameDemo2.java
import javax.swing.*;
class MyFrame extends JFrame{          //创建子类 MyFrame 继承父类 JFrame
    //定义构造方法，带有四个参数，用于设置窗口位置和大小
    MyFrame(int x,int y,int h,int w){
        super("一个简单窗口");              //重写父类方法，为窗口定义标题
        setLocation(x,y);
        setSize(h,w);
        setResizable(false);
        setVisible(true);
        setDefaultCloseOperation(EXIT_ON_CLOSE);   //单击右上角关闭按钮时真
正退出程序
    }
}
public class JFrameDemo2{
    public static void main( String args[]) {
        MyFrame f=new MyFrame(300,300,300,200);  //实例化类对象，设置参数
    }
}
```

8.2.2 用 JDialog 对话框类开发窗口

创建的 JDialog 对话框对象可以用来向用户返回信息，接收用户的输入，实现与用户的交互。JDialog 与 JFrame 窗口的区别在于：

JDialog 对象需要依赖于其他的窗口（如 JFrame）而存在，当它所依赖的窗口关闭或最小化的时候，该对话框也随之关闭或最小化；当窗口还原时，对话框窗口也随之还原。对话框分为如下所示的两种。

① 模式对话框：只让程序响应对话框的内部事件，而对于对话框以外的事件则不予响应。

② 非模式对话框：可以让程序响应对话框以外的事件。

JDialog 类常用的构造方法如下：

- JDialog( )：构造一个非模式对话框。
- JDialog(JFrame f,String s)：构造一个非模式对话框，参数 f 设置对话框所依赖的窗口，参数 s 设置标题。
- JDialog(JFrame f,String s,boolean b)：构造一个标题为 s 对话框。参数 f 设置对话框所依赖的窗口，参数 b 决定对话框是否为模式对话框。

JDialog 类的其他常用方法如下：
- getTitle( )：获取对话框的标题。
- setTitle(String s)：设置对话框的标题。
- setModal(boolean b)：设置对话框的模式。
- setSize(width,height)：设置对话框的大小。
- setVisible(boolean b)：显示或隐藏对话框。

【例 8.3】创建一个对话框窗口和 JFrame 窗口。

程序如下：

```
import javax.swing.JDialog;
import javax.swing.JFrame;
public class DialogTest1 {
    public static void main(String[] args) {
        JFrame frm=new JFrame("窗口");
        frm.setSize(200,100);
        frm.setDefaultCloseOperation(JFrame.EXIT_ON_CLOSE);
        frm.setVisible(true);
        //显示对话框
        JDialog dlg=new JDialog(frm,"这是一个对话框",true);
        dlg.setSize(100,50);
        dlg.setVisible(true);
    }
}
```

运行显示出一个对话框和一个窗口，前面的对话框关闭之前，后面的窗口不能使用，如图 8-3 所示。

图 8-3　显示对话框和窗口

8.3 Swing 组件

Swing 组件与 AWT 组件相似，但又为每一个组件增添了新的方法，并提供了更多的高级组件。所以本节，Swing 的基本组件选取几个比较典型的组件进行详细讲解，本节没有讨论到的组件，读者在使用中遇到时，可参阅 API 文档。

8.3.1 按钮（JButton）

Swing 中的按钮是 JButton，它是 javax.swing.AbstracButton 类的子类，Swing 中的按钮可以显示图像，并且可以将按钮设置为窗口的默认图标，还可以将多个图像指定给一个按钮。

JButton 组件比较常用的构造方法如下：

- JButton(Icon icon)：按钮上显示图标。
- JButton(String text)：按钮上显示字符。
- JButton(String text, Icon icon)：按钮上既显示图标又显示字符。

例如，创建按钮并在框架窗口上添加此按钮组件：

```
JButton bt=new JButton("测试按钮");     //按钮上文字是测试按钮
frame.add(bt);                          //添加按钮组件
```

JButton 组件的常用方法如下：

- setText(String text)：设置按钮的标签文本。
- setIcon(Icon defaultIcon)：设置按钮在默认状态下显示的图片。
- setRolloverIcon(Icon rolloverIcon)：设置当光标移动到按钮上方时显示的图片。
- setPressedIcon(Icon pressedIcon)：设置当按钮被按下时显示的图片。
- setContentAreaFilled(boolean b)：设置按钮的背景为透明，如果设为 true 则按钮将绘制内容区域。如果希望有一个透明的按钮，那么应该将此属性设置为 false。默认为绘制。
- setBorderPainted(boolean b)：设置为不绘制按钮的边框，当设为 false 时表示不绘制，默认为绘制。

按钮组件是 GUI 中最常用到的一种组件。按钮组件可以捕捉到用户的单击，同时利用按钮事件处理机制响应用户的请求。JButton 类是 Swing 提供的按钮组件，在单击 JButton 类对象创建的按钮时，会产生一个 ActionEvent 事件。

8.3.2 单选按钮（JRadioButton）

JRadioButton 组件实现一个单选按钮。所谓单选按钮是指在同一个组内虽然有多个选项存在，然而同一时刻只能有一个选项处于选中状态。它就像收音机的按钮，按下一个时此前被按下的会自动弹起。JRadioButton 类可以单独使用，也可以与 ButtonGroup 类联合使用，当单独使用时，该单选按钮可以被选定和取消选定，当与 ButtonGroup 类联合使用时，需要使用到 add( ) 方法将 JRadioButton 添加到 ButtonGroup 中，组成一个单选按钮组。此时用户只能选定按钮组中的一个单选按钮。

注意：使用 ButtonGroup 对象进行分组是逻辑分组而不是物理分组。创建一组按钮通常需要创建一个 JPanel 或者类似容器，并将按钮添加到容器中。

ButtonGroup 组件的常用方法：
- add(AbstractButton b)：添加按钮到按钮组中。
- remove(AbstractButton b)：从按钮组中移除按钮。
- getButtonCount( )：返回按钮组中包含按钮的个数，返回值为 int 型。

在 JButton 中有如下几个比较常用的构造方法：
- JRadioButton( )：创建一个初始化为未选择的单选按钮，其文本未设定。
- JRadioButton(Icon icon)：创建一个初始化为未选择的单选按钮，其有指定的图像但无文本。
- JRadioButton(Icon icon,boolean selected)：创建一个具有指定图像和选择状态的单选按钮，但无文本。
- JRadioButton(String text)：创建一个具有指定文本但未选择的单选按钮。
- JRadioButton(String text,boolean selected)：创建一个具有指定文本和选择状态的单选按钮。

JRadioButton（单选按钮）组件的常用方法：
- public boolean isSelected( )：返回单选按钮状态，true 时为选中。
- public void setSelected(boolean b)：设定单选按钮状态。当设为 true 时表示单选按钮被选中。

【例 8.4】 从四季中选择当前季节。

程序如下：

```
package ch8.example.xmj;
import javax.swing.*;
import java.awt.*;
public class JRadioButtonDemo {
    public static void main(String[] agrs) {
        JFrame frame=new JFrame("Java 单选组件示例");     //创建 Frame 窗口
        JPanel panel=new JPanel();    //创建面板
        JLabel label1=new JLabel("现在是哪个季节: ");
        JRadioButton rb1=new JRadioButton("春天");
                                                //创建 JRadio Button 对象
        JRadioButton rb2=new JRadioButton("夏天");
        JRadioButton rb3=new JRadioButton("秋天",true);
        JRadioButton rb4=new JRadioButton("冬天");
        label1.setFont(new Font("楷体",Font.BOLD,16)); //修改字体样式
        ButtonGroup group=new ButtonGroup();
        //添加 JRadioButton 到 ButtonGroup 中，将确保在四个季节中仅选择一项
        group.add(rb1);
        group.add(rb2);
        group.add(rb3);
        group.add(rb4);
        panel.add(label1);
        panel.add(rb1);
```

```
            panel.add(rb2);
            panel.add(rb3);
            panel.add(rb4);
            frame.add(panel);                          //面板对象panel加到窗口中
            frame.setBounds(300, 200, 400, 100);
            frame.setVisible(true);
            frame.setDefaultCloseOperation(JFrame.EXIT_ON_CLOSE);
        }
    }
```

程序运行结果如图 8-4 所示。程序首先要创建 JFrame 窗口对象 frame，并创建面板容器对象 panel。其后定义四个 JRadioButton 对象，并设置各自的显示文本同时添加到 ButtonGroup 组对象中,将确保在四个季节中仅选择一项。最后这些组件都加入到面板对象 panel 中。

图 8-4　选择季节

8.3.3　复选框（JCheckBox）

使用复选框可以完成多项选择。Swing 中的复选框和 AWT 中复选框相比，优点是 Swing 复选框中可以添加图片。复选框可以为每一次的单击操作添加一个事件。

JCheckBox 组件的构造方法如下：

- JCheckBox(Icon icon)：创建一个有图标，但未被选定的复选框。
- JCheckBox(Icon icon, boolean selected)：创建一个有图标的复选框，并且指定是否被选定。
- JCheckBox(String text)：创建一个有文本，但未被选定的复选框。
- JCheckBox(String text, boolean selected)：创建一个有文本的复选框，并且指定是否被选定。
- JCheckBox(String text, Icon icon)：创建一个指定文本和图标，但未被选定的复选框。
- JCheckBox(String text, Icon icon, boolean selected)：创建一个指定文本和图标，并指定否被选定的复选框。

JCheckBox 组件的常用方法如下：

- public boolean isSelected( )：返回复选框状态，true 时为选中。
- public void setSelected(boolean b)：设定复选框状态。

【例 8.5】设计一个继承 JPanel 面板的 Favorite 类，类别有运动、电脑、音乐、读书。界面如图 8-5 所示。

图 8-5　选择爱好

程序如下：

```
import javax.swing.*;
public class Favorite extends JPanel{
    JCheckBox sport,computer,music,read;
    public Favorite(){
        sport=new JCheckBox("运动");
```

```
        computer=new JCheckBox("电脑");
        music=new JCheckBox("音乐");
        read=new JCheckBox("读书");
        add(new JLabel("爱好"));
        add(sport);add(computer);add(music);add(read);
        sport.setSelected(false);
        computer.setSelected(false);
        music.setSelected(false);
        read.setSelected(false);
    } }
```

下面写显示 Favorite 面板对象的窗口。

```
import java.awt.*;
import javax.swing.*;
public class JCheckBoxExample extends JFrame{
    public JCheckBoxExample (){
        super("复选框");
        this.setLayout(new FlowLayout());    //设置 JFrame 窗口的布局
        Favorite f=new Favorite();
        this.add(f);                          //添加对象 f 到 JFrame 窗口
        this.pack();
        this.setVisible(true);
    }
    public static void main(String args[]){
        JCheckBoxExample jcbe=new JCheckBoxExample ();
    }
}
```

8.3.4 组合框（JComboBox）

JComboBox 组件用来创建组合框对象。根据组合框是否可编辑的状态，可以将组合框分成两种常见的外观。可编辑状态外观是视为文本框和下拉列表的组合，不可编辑状态的外观可视为按钮和下拉列表的组合。在按钮或文本框的右边有一个带有三角符号的下拉按钮。用户单击该下拉按钮，可以出现一个内容列表。组合框通常用于从列表的"多个项目中选择一个"的操作。

JComboBox 组件的构造方法如下：
- JComboBox( )：创建一个默认模型的组合框。
- JComboBox(ComboBoxModel aModel)：创建一个指定模型的组合框。
- JComboBox(Object[] items)：创建一个具有数组定义列表内容的组合框。

JComboBox 组件的常用方法如下：
- void addItem(Object anObject)：将指定的对象作为选项添加到下拉列表框中。
- void insertItemAt(Object anObject,int index)：在下拉列表框中的指定索引处插入项。
- void removeItem(0bject anObject)：在下拉列表框中删除指定的对象项。
- void removeItemAt(int anIndex)：在下拉列表框中删除指定位置的对象项。
- void removeAllItems( )：从下拉列表框中删除所有项。
- int getItemCount( )：返回下拉列表框中的项数。

- Object getItemAt(int index)：获取指定索引的列表项，索引从 0 开始。
- int getSelectedIndex( )：获取当前选择的索引。
- Object getSelectedItem( )：获取当前选择的项。

【例 8.6】利用 JComboBox 设计一个选择城市的程序。界面如图 8-6 所示。
程序如下：

```
import javax.swing.*;
import java.awt.*;
public class JComboBoxExample extends JFrame {
    JComboBox comboBox1, comboBox2;
    String cityNames[]={ "北京","上海","重庆","南京","武汉","杭州" };
    public JComboBoxExample() {
        super("组合框");
        this.setLayout(new FlowLayout());
        comboBox1=new JComboBox(cityNames);
        comboBox1.setSelectedIndex(2);
        comboBox1.setEditable(false);
        comboBox2=new JComboBox(cityNames);
        comboBox2.setSelectedItem(cityNames[1]);
        comboBox2.addItem(new String("长沙"));
        comboBox2.setEditable(true);
        this.add(comboBox1);
        this.add(comboBox2);
        this.pack();
        this.setVisible(true);
    }
    public static void main(String args[]) {
        JComboBoxExample jcbe=new JComboBoxExample();
        jcbe.setDefaultCloseOperation(JFrame.EXIT_ON_CLOSE);
    }
}
```

图 8-6　选择城市

8.3.5　列表框（JList）

JList 组件用于定义列表框，允许用户选择一个或多个项目。与 JTextArea 类似，JList 本身不支持滚动功能，如果要显示超出显示范围的项目，可以将 JList 对象放置到滚动窗格 JScrollPane 对象中，便可以为列表对象实现滚动操作。

JList 组件的构造方法如下：

- JList( )：创建一个空模型的列表框。
- JList(ListModel dataModel)：创建一个指定模型的列表框。
- JList(Object[] listdatas)：创建一个具有数组指定项目内容的列表框。

JList 组件的常用方法如下：
- int getFirstVisibleIndex( )：获取第一个可见单元的索引。
- void setFirstVisibleIndex(int)：设置第一个可见单元的索引。
- int getLastVisibleIndex( )：获取最后一个可见单元的索引。
- void setLastVisibleIndex(int)：设置最后一个可见单元的索引。
- int getSelectedIndex( )：获取第一个已选的索引。
- void setSelectedIndex(int)：设置第一个已选的索引。
- Object getSelectedValue( )：获取第一个已选的对象。
- void setSelectedValue(Object)：设置第一个已选的对象。
- Object[] getSelectedValues( )：获取已选的所有对象。
- Color getSelectionBackground( )：获取选中项目的背景色。
- void setSelectionBackground( )：设置选中项目的背景色。
- Color getSelectionForeground( )：获取选中项目的前景色。
- void setSelectionForeground( )：设置选中项目的前景色。

【例 8.7】利用 JList 设计一个程序，其中放置两个列表框，界面如图 8-7 所示。

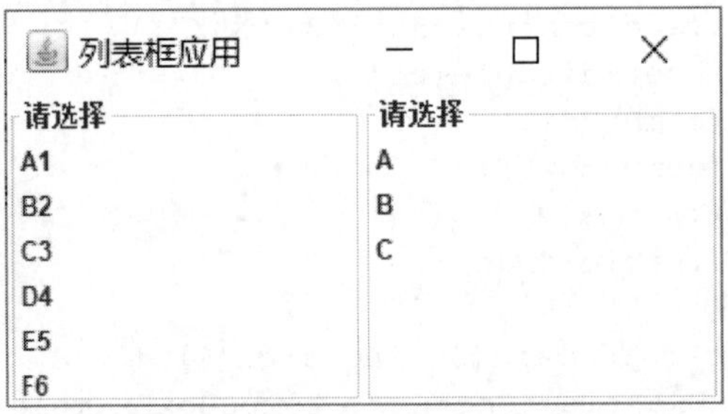

图 8-7 列表框示例运行结果

程序如下：

```
class MyList{
    private JFrame frame=new JFrame("列表应用");
    private JList list1=null;
    private JList list2=null;
    public MyList(){
        this.frame.setLayout(new GridLayout(1,2));
        String n[]={"A1","B2","C3","D4","E5","F6"};
        String v[]={"A","B","C"};
        this.list1=new JList(n);
        this.list2=new JList(v);
        list1.setBorder(BorderFactory.createTitledBorder("请选择"));
        list2.setBorder(BorderFactory.createTitledBorder("请选择"));
        list1.setSelectionMode(ListSelectionModel.MULTIPLE_INTERVAL_
                        SELECTION);
        list2.setSelectionMode(ListSelectionModel.SINGLE_SELECTION);
        this.frame.add(this.list1);
        this.frame.add(this.list2);
        this.frame.setSize(300,200);
```

```
            this.frame.setVisible(true);
        }
    }
    public class HelloList {
        public static void main(String[] args) {
            new MyList();
        }
    }
```

8.3.6 文本框(JTextField 和 JPasswordField)和标签(JLabel)

1．JTextField 和 JPasswordField

JTextField 组件用于创建文本框。文本框是用来接收单行文本信息输入的区域。通常文本框用于接收用户信息或其他文本信息的输入。当用户输入文本信息后，如果为 JTextField 对象添加事件处理，按【Enter】键会激发一定的动作。

JPasswordField 是 JTextField 的子类，是一种特殊的文本框，也是用来接收单行文本信息的输入的区域，但会用回显字符串代替输入的文本信息。因此，JPasswordField 组件也称密码文本框。JPasswordField 的默认的回显字符是"*"，用户可以自行设置回显字符。

JTextField 组件的常用构造方法如下：
- JTextField( )：创建一个空文本框。
- JTextField(String text)：创建一个具有初始文本信息 text 的文本框。
- JTextField(String text,int columns)：创建一个具有初始文本信息 text 以及指定列数的文本框。

JTextField 的常用方法如下：
- void setText(String)：设置显示内容。
- String getText( )：获取显示内容。

JPasswordField 的构造方法如下：
- JPasswordField( )：创建一个空的密码文本框。
- JPasswordField(String text)：创建一个指定初始文本信息的密码文本框。
- JPasswordField(String text,int columns)：创建一个指定文本和列数的密码文本框。
- JPasswordField(int columns)：创建一个指定列数的密码文本框。

JPasswordField 是 JTextField 的子类，所以 JPasswordField 也具有和 JTextField 类似名称和功能的方法。此外，它还具有自己的独特方法：
- boolean echoCharIsSet( )：获取设置回显字符的状态。
- void setEchoChar(char)：设置回显字符。
- char getEchoChar( )：获取回显字符。
- char[] getPassword( )：获取组件的文本。

2．JLabel 标签组件

标签由 JLabel 类定义，它的父类为 JComponent 类。标签可以显示一行只读文本、一个图像或带图像的文本，它并不能产生任何类型的事件，只是简单地显示文本和图片，但是可以使用标签的特性指定标签上文本的对齐方式。

JLabel 类提供了多种构造方法，可以创建多种标签，如显示只有文本的标签、只有图标的标签或包含文本与图标的标签。JLabel 类常用的构造方法如下：

- public JLabel( )：创建一个不带图标和文本的 JLabel 对象。
- public JLabel(Icon icon)：创建一个带图标的 JLabel 对象。
- public JLabel(Icon icon, int aligment)：创建一个带图标的 JLabel 对象，并设置图标水平对齐方式。
- public JLabel(String text, int aligment)：创建一个带文本的 JLabel 对象，并设置文本水平对齐方式。

视频 面板、提示对话框和菜单

8.3.7 面板（JPanel）

JPanel 组件定义的面板实际上是一种容器组件（中间层容器），用来容纳各种其他轻量级的组件。为了更好地组织组件，通常先将组件添加到面板（JPanel）中，再添加到窗口中。此外，用户还可以用这种面板容器绘制图形。

JPanel 组件的构造方法如下：

- JPanel( )：创建具有双缓冲和流布局（FlowLayout）的面板。
- JPanel(LayoutManager layout)：创建具有指定布局管理器的面板。

JPanel 组件的常用方法如下：

- void add(Component)：添加组件。
- void add(Component,int)：添加组件至索引指定位置。
- void add(Component,Object)：按照指定布局限制添加组件。
- void add(Component,Object,int)：按照指定布局管理限制添加组件至指定位置。
- void remove(Component)：移除组件。
- void remove(int)：移除指定位置的组件。
- void removeAll( )：移除所有组件。
- void paintComponent(Graphics)：绘制组件。
- void repaint( )：重新绘制。
- void setPreferredSize(Dimension)：设置最佳尺寸。
- Dimension getPreferredSize( )：获取最佳尺寸。

【例 8.8】利用 JPanel 设计一个程序。一个 JPanel 放置四个按钮，另外一个 JPanel 内部绘制圆形和矩形，界面如图 8-8 所示。

程序如下：

```
import javax.swing.*;
import java.awt.*;
public class JPanelExample extends JFrame{
    JButton[] buttons;
    JPanel panel1;
    CustomPanel panel2;
    public JPanelExample(){
```

```java
        super("面板示例");
        this.setLayout(new BorderLayout());
        panel1=new JPanel(new FlowLayout());     //创建一个流布局管理的面板
        buttons=new JButton[4];
        for(int i=0;i<buttons.length;i++){
            buttons[i]=new JButton("按钮 "+(i+1));
            panel1.add(buttons[i]);              //添加按钮到面板 panel1 中
        }
        panel2=new CustomPanel();
        panel2.setPreferredSize(new Dimension(300,200));//设置面板大小
        this.add(panel1,BorderLayout.NORTH);
        this.add(panel2,BorderLayout.CENTER);
        this.pack();
        this.setVisible(true);
    }
    public static void main(String args[]){
        JPanelExample jpe=new JPanelExample();
        jpe.setDefaultCloseOperation(JFrame.EXIT_ON_CLOSE);
    }
    class CustomPanel extends JPanel{            //定义内部类 CustomPanel
        public void paintComponent(Graphics g){
            super.paintComponent(g);
            g.drawString("Welcome to Java Shape World",20,20);
            g.drawRect(20,40,130,130);
            g.setColor(Color.green);             //设置颜色为绿色
            g.fillRect(20,40,130,130);           //绘制矩形
            g.drawOval(160,40,100,100);          //绘制椭圆
            g.setColor(Color.orange);            //设置颜色为橙色
            g.fillOval(160,40,100,100);          //绘制椭圆
        }
    }                                            //结束内部类的定义
}
```

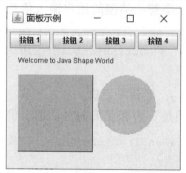

图 8-8　面板示例运行结果

8.3.8　消息提示框（JOptionPane）

消息提示框是 GUI 程序中常见的界面，通常用来反馈提示信息、告警或获取用户输入。JOptionPane 是 Swing 中的一个消息提示框类，它能够提供常见的绝大多数对话框效果，主要提供四种消息对话框方法：

（1）showMessageDialog( )：消息对话框

```
JOptionPane.showMessageDialog(Component parentComponent,
                  Object message,String title,int messageType)
```

parentComponent 参数确定在显示对话框的 Frame，如果为 null 则使用默认的 Frame；message 参数是要显示的信息；title 参数是对话框的标题字符串；messageType 参数是要显示的消息类型，如 ERROR_MESSAGE、INFORMATION_MESSAGE、WARNING_MESSAGE、QUESTION_MESSAGE 或 PLAIN_MESSAGE。例如：

```
JOptionPane.showMessageDialog(null, "提示信息", "标题",
                  JOptionPane. ERROR_MESSAGE);
```

效果如图 8-9 所示。

（2）showOptionDialog( )：选择对话框

showOptionDialog( )返回一个 int 类型数据，该 int 表示用户选择的内容。例如：

```
Object[] sports={"跑步","游泳","羽毛球","篮球","足球"};
int m=JOptionPane.showOptionDialog(null,"你喜欢什么运动","标题"
        ,JOptionPane.YES_NO_CANCEL_OPTION
        ,JOptionPane.QUESTION_MESSAGE,null, sports, sports[0]);
```

效果如图 8-10 所示。用户选择跑步则返回 0，选择足球则返回 4。

图 8-9　消息对话框

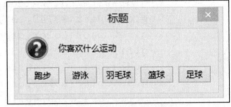

图 8-10　选择对话框

（3）showInputDialog( )：输入对话框

这个方法返回一个 String 字符串类型的用户输入信息。例如：

```
String age=JOptionPane.showInputDialog(null,"请输入你的年龄","标题",
                  JOptionPane.INFORMATION_MESSAGE);
```

效果如图 8-11 所示。

（4）showConfirmDialog( )：确认对话框

这个方法是显示带有选项是、否和取消的对话框。例如：

```
int n=JOptionPane.showConfirmDialog(null, "提示消息","标题",
    JOptionPane.YES_NO_OPTION);
if(n==JOptionPane.YES_OPTION) {          //选择是
    setLabel("选项是!");
} else if(n==JOptionPane.NO_OPTION) {    //选择否
    setLabel("Me neither!");
} else {                                 //未选择
    setLabel("未选择");
}
```

效果如图 8-12 所示。

图 8-11 输入对话框

图 8-12 确认对话框

Swing 另外提供了 JFileChooser 类（文件选择器）和 JColorChooser（颜色选择器），这些对话框比较特殊，限于篇幅这里不再介绍。

8.3.9 菜单

大多数图形界面程序都提供菜单的功能。Java 语言支持两种类型的菜单：下拉式菜单和弹出式菜单。可在 Swing 的所有顶层容器（JFrame、JDialog）中添加菜单。

Java 提供了六个实现菜单的类：JMenuBar、JMenu、JMenuItem、JCheckBox MenuItem、RadioButtonMenuItem、JPopupMenu。

JMenuBar 是最上层的菜单栏，用来存放菜单。JMenu 是菜单，它由用户可以选择的菜单项 JMenuItem 组成。JCheckBoxMenuItem 和 JRadioButtonMenuItem 分别是检查框菜单项和单选按钮菜单项，JPopupMenu 是弹出菜单。

1. 下拉式菜单

要在 Java 程序中实现下拉式菜单，首先创建一个顶级容器，然后创建一个菜单栏 JMenuBar 并把它与顶层容器关联。

```
JMenuBar menuBar=new JMenuBar();            //创建菜单栏
frame.setJMenuBar(menuBar);                 //添加创建菜单栏到 Frame 框架中
```

创建菜单，然后把菜单添加到菜单栏上。可以使用下列构造方法创建菜单：

```
JMenu fileMenu=new JMenu("文件");           //创建菜单
JMenu helpMenu=new JMenu("帮助");           //创建菜单
menuBar.add(fileMenu);                      //添加到菜单栏中
menuBar.add(helpMenu);                      //添加到菜单栏中
```

创建菜单项并把它们添加到菜单上：

```
JMenuItem item1=new JMenuItem ("新建");     //创建菜单项
JMenuItem item2=new JMenuItem ("打开");     //创建菜单项
fileMenu.add(item1);                        //添加到 fileMenu 菜单中
fileMenu.add(item2);
fileMenu.addSeparator();                    //向菜单中添加一条分隔线
fileMenu.add(new JMenuItem("打印"));
```

2. 弹出式菜单

弹出式菜单是当用户在界面中单击鼠标右键时弹出的菜单，也称上下文菜单。在 Java 中用 JPopupMenu 实现弹出式菜单。弹出式菜单与下拉式菜单一样，通过 add( )

方法添加 JMenuItem 菜单项。

```
JPopupMenu popupMenu=new JPopupMenu();    //创建一个JPopupMenu菜单
//创建三个 JMenuItem 菜单项
JMenuItem refreshItem=new JMenuItem("刷新");
JMenuItem createItem=new JMenuItem("新建");
JMenuItem exitItem=new JMenuItem("退出");
//向 JPopupMenu 菜单添加菜单项
popupMenu.add(refreshItem);
popupMenu.add(createItem);
popupMenu.addSeparator();
popupMenu.add(exitItem);
```

弹出菜单默认是不可见的,要显示出来,必须调用它的 show( )方法。

```
this.addMouseListener(new MouseAdapter() {
                           //向JFrame窗口添加clicked鼠标事件监听器
    public void mouseClicked(MouseEvent e) {
        //判断单击鼠标右键的时候,显示JPopupMenu菜单
        if(e.getButton()==e.BUTTON3){
            popupMenu.show(e.getComponent(),e.getX(),e.getY());}
    }
}
```

3. 菜单事件处理

当菜单项被选中时,将引发 ActionEvent 事件,要处理该事件,必须实现 ActionListener 接口,下面是一个简单的示例:

```
item2.addActionListener(new ActionListener() {
    @Override
    public void actionPerformed(ActionEvent e) {
        //具体菜单项的功能代码
        JOptionPane.showOptionDialog(null,"菜单案例");
    }
});
```

关于事件处理详见 8.5 节。

视 频
布局管理器

8.4 布局管理器

Java 语言中,把创建的组件放置到窗口中,需要设置窗口界面的格式,这时候就必须使用布局管理器的类,来排列界面上的组件。

8.4.1 布局管理器概述

当组件被加入到容器中时,由布局管理器排列组件。同时在整个程序编写的过程中,容器内的所有组件都由布局管理器来进行管理。Java 中的布局管理器包括 FlowLayout、BorderLayout、GridLayout、CardLayout 和 GridBagLayout 等。当创建好需要的布局管理器后,就可以调用容器的 setLayout( )方法,来设定该容器的布局方

式。在组件加入到容器中之前，若不设定布局管理器方式，则会采用默认的布局管理器：面板的默认布局管理器是 FlowLayout；窗口及框架的默认布局管理器是 BorderLayout。下面具体介绍几种主要的布局管理器。

8.4.2 流布局管理器 FlowLayout

FlowLayout 类是流布局管理器,这种布局称为流式布局,是最简单的布局管理器。容器设置为这种布局，那么添加到容器中的组件将从左到右、从上到下，一个一个地放置到容器中，若一行放不下，则放到下一行。当调整窗口大小后，布局管理器会重新调整组件的摆放位置，组件的大小和相对位置不变，组件的大小采用最佳尺寸。许多的容器采用流布局管理器作为默认布局管理方式，如 JPanel。

下面是 FlowLayout 类常用的构造方法：

```
public FlowLayout(int align,int hgap,int vgap)
```

创建一个流式布局管理器对象，并指定添加到容器中组件的对齐方式（align）、水平间距（hgap）和垂直间距（vgap）。align 的取值必须为下列三者之一：FlowLayout.LEFT、FlowLayout.RIGHT、FlowLayout.CENTER，它们是 FlowLayout 定义的整型常量，分别表示左对齐、右对齐和居中对齐。水平间距是指水平方向上两个组件之间的距离，垂直间距是指行之间的距离，单位都是像素（px）。

【例 8.9】使用 FlowLayout 布局管理器，并在内容窗格中添加多个按钮，这些按钮的大小不同。

程序如下：

```java
import java.awt.*;
import javax.swing.*;
public class FlowlayoutDemo{
  public static void main(String[] args) {
    JFrame frame=new JFrame("FlowLayoutDemo");
    frame.setDefaultCloseOperation(JFrame.EXIT_ON_CLOSE);
    //创建一个 FlowLayout 对象
    FlowLayout layout=new FlowLayout(FlowLayout.CENTER,10,20);
    frame.setLayout(layout);         //设置容器的布局管理器
    frame.add(new JButton("Button 1"));
    frame.add(new JButton("2"));
    frame.add(new JButton("Button 3"));
    frame.add(new JButton("Long-Named Button 4"));
    frame.add(new JButton("Button 5"));
    frame.setSize(300,150);
    frame.setLocationRelativeTo(null);
    frame.setVisible(true);
  }
}
```

程序运行结果如图 8-13 所示。

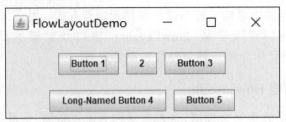

图 8-13 流布局管理器效果

8.4.3 边界布局 BorderLayout

边界布局是使用 BorderLayout 类来创建的。该布局方式会将容器分为五部分，分别是东、西、南、北和中央。中央是一个大组件，四周是四个小的组件。

一个面板被设置成边界布局后，所有填入某一区域的组件都会按照该区域的空间进行调整，直到完全充满该区域。如果此时将面板的大小进行调整，则四周区域的大小不会发生改变，只有中间区域被放大或缩小。

【例 8.10】边界布局管理器示例。

程序如下：

```java
import java.awt.*;
import java.awt.event.*;
import javax.swing.*;
public class BorderLayoutTest {
    public BorderLayoutTest() {
        JFrame jf=new JFrame();
        //设置容器的布局方式为BorderLayout
        jf.setLayout(new BorderLayout());
        jf.add(new JButton("东"),BorderLayout.EAST);   //按钮放到东侧
        jf.add(new JButton("西"),BorderLayout.WEST);   //按钮放到西侧
        jf.add(new JButton("南"),BorderLayout.SOUTH);  //按钮放到南侧
        jf.add(new JButton("北"),BorderLayout.NORTH);  //按钮放到北侧
        //将标签放到中间
        jf.add(new JLabel("中",JLabel.CENTER),BorderLayout.CENTER);
        jf.setTitle("BorderLayout布局管理器示例");      //设置标题
        jf.pack();
        jf.setVisible(true);
    }
    public static void main(String[] args) {
        new BorderLayoutTest();
    }
}
```

以上程序中，首先创建容器并设置布局格式为边界布局。在容器中添加五个按钮，分别设置为东、西、南、北、中。最后对窗口属性进行设置。程序运行效果对比如图 8-14 和图 8-15 所示。

图 8-14　边界布局管理器效果　　　　图 8-15　边界布局管理器效果对比

8.4.4　网格布局管理器 GridLayout

网格布局是一种常用的布局方式，将容器分成大小相等的单元格，每个单元格放置一个组件，每个组件占据单元格的整个空间，调整容器的大小，单元格大小随之改变。Java 语言中通过 java.awt.GridLayout 类创建网格布局管理器对象。

下面是 GridLayout 类的常用构造方法：

```
public GridLayout(int rows, int cols, int hgap, int vgap)
```

参数 rows 和 cols 分别指定网格布局的行数和列数；参数 hgap 和 vgap 分别指定组件的水平间隔和垂直间隔，单位为 px。行和列参数至少有一个为非 0 值。

向网格布局的容器中添加组件，只需调用容器的 add( )方法即可，不用指定位置，系统按照先行后列的次序依次将组件添加到容器中。

视　频
卡片布局管理器
CardLayout 示例

【例 8.11】网格布局管理器 GridLayout 的示例。

程序如下：

```java
import javax.swing.*;
import java.awt.*;
public class GridLayoutExample extends JFrame{
    JButton buttons[];
    GridLayout layout;
    public void init(){
        this.setTitle("网格布局管理器示例");
        layout=new GridLayout(4,3,20,10);
        this.setLayout(layout);                    //设置4行3列的网格布局
        buttons=new JButton[10];
        for(int i=0;i<buttons.length;i++){
            buttons[i]=new JButton("按钮"+(i+1));
            this.add(buttons[i]);  }
    }
    public static void main(String args[]){
        GridLayoutExample gle=new GridLayoutExample();
        gle.init();
        gle.pack();
        gle.setVisible(true);
        gle.setDefaultCloseOperation(JFrame.EXIT_ON_CLOSE);
    }
}
```

程序运行结果如图 8-16 所示。

图 8-16　网格布局效果

8.4.5　卡片布局管理器 CardLayout

卡片布局管理器能将容器中的组件看成不同的卡片层叠排列，每次只能显示一张卡片。每张卡片只能容纳一个组件。初次显示时，显示的是第一张卡片。卡片布局管理器是通过 AWT 包的类 CardLayout 来创建的。用一个形象的比喻，卡片布局 CardLayout 就像是一副扑克牌，而每一次只能看到最上面的一张。

选项卡窗格（JTabbedPane）的默认布局是 CardLayout。通过调用 CardLayout 的 next( )方法翻转到指定容器的下一张卡片，如果当前的可见卡片是最后一个，则翻转到布局的第一张卡片。同样，也可以使用 previous( )方法翻转到指定容器的前一张卡片。此外，可以使用 last( )、first( )方法翻转到最后一张、第一张卡片，也可以直接使用 show( )方法翻转到指定名称的卡片。

8.4.6　空布局管理器（绝对布局）

使用布局管理器时，控件的位置与尺寸是由布局管理器来分配的。空布局管理器是空的管理器，在实际使用时需将容器的 layout 设置为 null。这意味着，用户可以利用 GUI 组件对象的方法 setBounds( )自行设定各个组件的位置和大小。GUI 组件的方法 setBounds( )通常有两种形式：

```
void setBounds(int x,int y,int width,int height)
void setBounds(Rectangle rect)
```

public void setBounds(int x,int y,int width,int height)移动组件并调整其大小。参数 x 和 y 指定组件的左上角的位置；参数 width 和 height 指定组件的宽度和高度。

public void setBounds(Rectangle rect)移动组件并调整其大小，使其符合新的矩形 rect。由 rect.x 和 rect.y 指定组件的新位置，由 rect.width 和 rect.height 指定组件的宽度和高度。该 setBounds( )方法的作用相当于 setLocation( )与 setSize( )方法的总和。

GUI 组件也可以调用 setLocation( )指定位置，再使用 setSize( )方法指定宽度和高度。

void setLocation(int x,int y)：设置组件显示的 x 坐标和 y 坐标。

void setSize (int width,int height)：设置组件宽度和高度。

空布局管理器多用于组件可以随意指定位置的情况。

【例 8.12】用绝对布局的方式设定组件大小和位置。

程序如下：

```
import javax.swing.*;
public class AbsolutePosition extends JFrame {
    public AbsolutePosition(){
```

```
            setTitle("使用绝对布局");              //设置窗口标题
            setLayout(null);                       //空布局管理器
            //this.setBounds(0,0,300,400);
            this.setSize(300, 300);
            JButton jb1=new JButton("按钮一");    //创建按钮
            JButton jb2=new JButton("按钮二");
            jb1.setBounds(10,30,80,30);            //设置按钮位置
            jb2.setBounds(60,70,100,20);
            this.add(jb1);
            this.add(jb2);
            setVisible(true);                       //使窗体可见
            setDefaultCloseOperation(WindowConstants.EXIT_ON_CLOSE);
        }
        public static void main(String[] args) {
            new AbsolutePosition();
        }
    }
```

程序运行结果如图 8-17 所示。

图 8-17　绝对布局

8.5　常用事件处理

在开发 GUI 应用程序时，对事件的处理是必不可少的，只有这样才能够实现软件与用户的交互。Swing 组件中的事件处理专门用于响应用户的操作，响应用户的鼠标单击、按下键盘按键等操作。

8.5.1　事件处理机制

在 Swing 事件处理的过程中，主要涉及三类对象：

- 事件源（Event Source）：事件发生的场所，通常是产生事件的组件，如窗口、按钮、菜单等。
- 事件对象（Event）：封装了 GUI 组件上发生的特定事件（通常是用户的一次操作）。
- 监听器（Listener）：负责监听事件源上发生的事件，并对各种事件做出相应处理（监听器对象中包含事件处理器）。

事件源、事件对象、监听器在整个事件处理过程中都起着非常重要的作用，它们彼此之间有着非常紧密的联系。事件处理的工作流程如图 8-18 所示。整个事件监听器工作的流程是：将监听器注册到事件源上，当事件源（组件）上发生了事件（如单击）后，就会被事件监听器所发现，同时产生对应的事件对象，然后激活该事件处理器并给予响应。

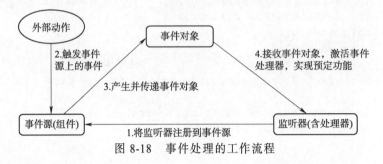

图 8-18　事件处理的工作流程

Java 中提供了一组事件监听器接口类，来提供处理各类事件需要的方法。Java 中包含了多种用于事件监听的接口类，大部分接口类都在 java.awt.event 包中，主要包括：

① ActionListener 接口类：用于处理行为事件，也就是用户对组件的操作，如处理用户单击按钮时所触发的事件。

② FocusListener 接口类：用于处理焦点事件，如将当前事件的焦点转移回某个对话框时使用。

③ ItemListener 接口类：用于处理选项事件，如用户单击复选框或单选按钮等组件时，处理相应的事件使用。

④ KeyListener 接口类：用于处理键盘事件，当需要接收用户键盘输入信息时使用，处理用户触击键盘的事件。

⑤ MouseListener 接口类：用于处理鼠标事件，包括鼠标的左右键单击、双击以及鼠标进入组件范围或移出的事件处理。

⑥ MouseMotionListener 接口类：用于处理鼠标移动事件，包括鼠标指针在指定范围内的移动的事件处理。

⑦ AdjustmentListener 接口类：用于处理调整事件，如用户拖动滑块等组件时所触发的事件的处理。

⑧ WindowListener 接口类：用于处理窗口框事件，如单击窗口上的最大化、最小化以及关闭等事件的实现。

Java 常用事件有包括动作事件、鼠标事件、键盘事件和选项事件。

若要使程序能够处理用户界面所触发的事件，就必须在程序中完成以下工作：

① 创建事件源：除了一些常见的按钮、键盘等组件可以作为事件源外，还可以使用 JFrame 窗口在内的顶层容器作为事件源。

② 自定义事件监听器类：根据要监听的事件源创建指定类型的监听器进行事件处理。监听器是一个特殊的 Java 类，必须实现上面的 XxxListener 接口。根据组件触发的动作进行区分。例如，WindowListener 用于监听窗口事件，ActionListener 用于监听动作事件。

③ 为需要产生事件的组件添加一个事件监听器。给一个事件源组件注册特定事件监听器，其语法格式如下：

```
eventSourceObject.addXxxListener(eventListenerObject event);
```

其中 eventSourceObject 代表事件源组件对象，add**Xxx**Listener( )是对应事件监听器的添加方法，而 eventListenerObject 型参数 event 是自定义事件监听器对象。当事件源上发生监听事件后，就会触发绑定的事件监听器，由监听器中的方法对事件进行相应处理。

下面通过具体事件过程来学习事件的处理。

8.5.2 鼠标事件处理

鼠标事件是通过 MouseListener 接口类来实现，可以用于监听用户单击鼠标左右键、双击鼠标左右键以及鼠标指针是否进入或离开组件区域的事件。任何组件都可以触发这些事件，并产生一个 MouseEvent 事件对象。

所有的组件都能产生鼠标事件，可以通过实现 MouseListener 接口处理相应的鼠标事件。创建鼠标事件监听器对象的类必须实现 MouseListener 接口中的抽象方法。

MouseListener 接口有五个抽象方法，分别在鼠标光标移入（出）组件时、鼠标按键被按下（释放）时和发生单击事件时被触发。

所谓单击事件，就是按键被按下并释放。需要注意的是，如果按键是在移出组件之后才被释放，则不会触发单击事件。

MouseListener 接口的具体定义如下：

```
public interface MouseListener extends EventListener {
    //创建鼠标事件监听器对象的类
    //鼠标光标移入组件时被触发
    public void mouseEntered(MouseEvent e);
    //鼠标按键被按下时触发
    public void mousePressed(MouseEvent e);
    //鼠标按键被释放时触发
    public void mouseReleased(MouseEvent e);
    //发生单击事件时被触发
    public void mouseClicked(MouseEvent e);
    //光标移出组件时被触发
    public void mouseExited(MouseEvent e);
}
```

鼠标事件信息被封装到 MouseEvent 类中，MouseEvent 类比较常用的方法见表 8-1。

表 8-1　MouseEvent 类中常用方法

方　法	功　能
getSource( )	用来获得触发此次事件的组件对象，返回值为 Object 类型
getButton( )	用来获得代表触发此次按下、释放或单击事件的按键的 int 型值
getClickCount( )	用来获得单击按键的次数
getX( )、getY( )	它们返回了在事件发生时，对应的鼠标所在坐标点的 X 和 Y

可以通过表 8-2 中的静态常量，判断通过 getButton( )方法得到的值代表哪个键。

表 8-2 MouseEvent 类的静态常量

静态常量	常量值	代表的键
BUTTON1	1	代表鼠标左键
BUTTON2	2	代表鼠标滚轮
BUTTON3	3	代表鼠标右键

【例 8.13】鼠标事件示例。输出将鼠标移入标签,单击一次后移出的过程。
程序如下:

```java
import javax.swing.*;
import java.awt.*;
import java.awt.event.*;
class MyMouseListener implements MouseListener{    //鼠标事件监听器
    public void mouseEntered(MouseEvent e){
        System.out.println("鼠标进入标签");
    }
    public void mousePressed(MouseEvent e){
        if(e.getButton()==1)                        //左键
            System.out.println("鼠标左键被按下");
        if(e.getButton()==2)                        //滚轮
            System.out.println("鼠标滚轮");
        if(e.getButton()==3)                        //右键
            System.out.println("鼠标右键被按下");
    }
    public void mouseReleased(MouseEvent e){
        System.out.println("鼠标被释放");
    }
    public void mouseClicked(MouseEvent e){
        System.out.println("鼠标单击了"+e.getClickCount()+"次");
        System.out.println("鼠标单击位置"+e.getX()+", "+e.getX());
    }
    public void mouseExited(MouseEvent e){
        System.out.println("鼠标移出了标签");
    }
}
public class Mouse2 extends JFrame {
    JLabel lb=new JLabel();
    public Mouse2() {
        super("鼠标事件");
        this.setBounds(10,10,400,300);
        this.setLayout(null);
        lb.setOpaque(true);
        lb.setBackground(Color.ORANGE);
        lb.setBounds(30,30,200,150);
        MyMouseListener  myMouseListener=new MyMouseListener();
        lb.addMouseListener(myMouseListener);       //对标签添加鼠标事件监听器
        this.add(lb);
```

```
            this.setVisible(true);
        }
        public static void main(String args[]){
            Mouse2 f=new Mouse2();
        }
}
```

程序运行结果如下：

```
鼠标进入标签
鼠标左键被按下
鼠标被释放
鼠标单击了 1 次
鼠标单击位置 82，82
鼠标移出了标签
```

这里将 MouseListener 的多个事件方法都实现了，这是因为实现接口的类，都必须重写接口的所有抽象方法，因此，造成大量的空方法，不写又不行。实际处理中，根据需要选用其中一个或一组，不需要事件方法都去实现，这时可以使用 Java 中提供了相应的适配器 Adapter 类来简化这个操作。

常见的 Adapter 类有：

① KeyAdapter：内部函数和 KeyListener 基本相同。
② MouseAdapter：内部函数和 MouseListener、MouseMotionListener 基本相同。
③ WindowAdapter：内部函数和 WindowListener 基本相同。

可以通过继承适配器 Adapter 类定义事件监听器类，而这些适配器 Adapter 类已经实现相应的 XxxListener 接口。

```
class MyMouseListener extends MouseAdapter {
    //继承适配器 Adapter 类定义事件监听器
    public void mouseClicked(MouseEvent e){
        System.out.println("鼠标单击了"+e.getClickCount()+"次");
        System.out.println("鼠标单击位置"+e.getX()+", "+e.gety());
    }
}
```

这里通过适配器，仅仅编写鼠标单击的事件代码，其余的鼠标事件代码（如鼠标光标移入出、鼠标按键被按下）不需要编写，可以简化代码编写。

8.5.3　键盘事件处理

当用户按下或松开键盘上的按键时，会产生键盘事件。键盘事件最常用的是当向文本框输入内容时将发生键盘事件，可以通过实现 KeyListener 接口处理相应的键盘事件。创建键盘事件监听器对象的类必须实现 KeyListener 接口中的抽象方法。

KeyListener 接口有三个抽象方法，分别在发生击键事件、键被按下和释放时被触发，KeyListener 接口的具体定义如下：

```
public interface KeyListener extends EventListener {
    public void keyTyped(KeyEvent e);
    public void keyPressed(KeyEvent e);
```

```
    public void keyReleased(KeyEvent e);
}
```

在键盘事件触发时，会产生一个 KeyEvent 类的事件对象，同时该事件对象中的 getKeyCode( )方法，可以用来判断按下的是键盘上的哪个按键。键盘事件信息被封装到 KeyEvent 类中，KeyEvent 类中比较常用的方法见表 8-3。

表 8-3 KeyEvent 类中常用方法

方　法	功　能
getSource( )	用来获得触发此次事件的组件对象，返回值为 Object 类型
getKeyChar( )	用来获得与此事件中的键相关联的字符
getKeyCode( )	用来获得与此事件中的键相关联的整数 keyCode
getKeyText(int keyCode)	用来获得描述 keyCode 的标签，例如"F1"、"HOME"等
isActionKey( )	用来查看此事件中的键是否为"动作"键
isControlDown( )	用来查看【Ctrl】键在此次事件中是否被按下
isAltDown( )	用来查看【Alt】键在此次事件中是否被按下
isShiftDown( )	用来查看【Shift】键在此次事件中是否被按下

【例 8.14】键盘事件示例。

程序如下：

```java
import javax.swing.*;
import java.awt.event.*;
public class Key1 extends JFrame implements KeyListener {
    //键盘事件监听器
    JTextArea t=new JTextArea();
    public Key1(){
        super("键盘事件");
        setBounds(0,0,400,300);
        this.add(t);
        t.addKeyListener(this);   //对文本框添加键盘事件监听器
        setVisible(true);
    }
    public void keyPressed(KeyEvent e) {
        String keyText=KeyEvent.getKeyText(e.getKeyCode());
        if (e.isActionKey())
            System.out.println("您按下的是动作键“"+keyText+"”");
        else {
            System.out.println("您按下的是非动作键“"+keyText+"”");
        }
    }
    public void keyTyped(KeyEvent e) {
    }
    public void keyReleased(KeyEvent e) {
    }
    public static void main(String args[]) {
        Key1 f=new Key1();
    }
}
```

程序运行结果如下：

> 您按下的是非动作键 "Ctrl"
> 您按下的是非动作键 "A"
> 您按下的是非动作键 "B"
> 您按下的是非动作键 "C"
> 您按下的是动作键 "向上箭头"

程序中窗口本身实现键盘监听器 KeyListener 接口，所以添加监听器时是 this 窗口本身。

8.5.4 动作事件处理

动作事件与前面几种事件有所不同，它不代表某类事件，只是表示一个动作发生了。例如，在关闭一个文件时，可以通过键盘关闭，也可以通过鼠标关闭。在这里不需要关心使用哪种方式关闭文件，只要是对关闭按钮进行操作，就会触发动作事件。在 Java 中最常用的是当单击按钮后将产生动作事件。动作事件用 ActionEvent 类表示，处理可以通过实现 ActionListener 接口的类处理相应的动作事件。

ActionListener 接口只有一个抽象方法，将在动作发生后被触发。例如，单击按钮之后。ActionListener 接口的具体定义如下：

```
public interface ActionListener extends EventListener {
    public void actionPerformed(ActionEvent e);
}
```

实现接口 ActionListener 的监听器类必须给出抽象方法 actionPerformed( )的方法体，即对动作事件处理的代码。如果要处理事件源（按钮、文本框等）产生的动作事件，按钮和文本框等对象必须调用 addActionListener( )方法注册监听器对象，创建监听器对象的类必须实现 ActionListener 接口中的抽象方法。

【例 8.15】按钮动作事件示例。程序运行界面如图 8-19 所示。

图 8-19　按钮动作事件

程序如下：

```
import java.awt.Color;
import javax.swing.*;
import java.awt.event.*;
public class Action2 extends JFrame{
    static JButton b1=new JButton("红色");
    static JButton b2=new JButton("蓝色");
    static JButton b3=new JButton("黄色");
    static JPanel p=new JPanel();
    static JLabel lb=new JLabel("请单击下面按钮");
    public Action2() {
        super("动作事件");
        setBounds(10,20,220,200);
        lb.setOpaque(true);
```

```
            lb.setBounds(0,0,220,150);
            lb.setHorizontalAlignment(JLabel.CENTER);
            add(lb, "Center");
            p.add(b1);p.add(b2);p.add(b3);
            add(p, "South");
            b1.addActionListener(new B());        //注册动作事件的监听器对象
            b2.addActionListener(new B());
            b3.addActionListener(new B());
            setVisible(true);
     }
     public static void main(String args[]){
        Action2 f=new Action2();
     }
}
class B implements ActionListener{              //创建监听器对象的类
     public void actionPerformed( ActionEvent e){
         if(e.getSource()==Action2.b1){          //事件源是b1按钮
            Action2.lb.setText("按下的是红色按钮");
            Action2.lb.setBackground(Color.red);
         }
         if(e.getSource()==Action2.b2){          //事件源是b2按钮
            Action2.lb.setText("按下的是蓝色按钮");
            Action2.lb.setBackground(Color.blue);
         }
         if(e.getSource()==Action2.b3){          //事件源是b3按钮
            Action2.lb.setText("按下的是黄色按钮");
            Action2.lb.setBackground(Color.yellow);
         }
     }
}
```

当用户单击不同按钮，标签的背景色会发生改变，显示对应的颜色。

8.5.5 选项事件处理

选项事件是通过在 JCheckBox、JComboBox 或 JRadioButton 等组件上，执行选择或取消操作时，所触发的事件。选项事件通过 ItemListener 接口类来实现。

ItemListener 接口的具体定义如下：

```
public interface ItemListener extends EventListener {
    //在用户选择或取消选择项目时调用
    public void itemStateChanged(ItemEvent e);
}
```

当选项组件一旦被用户改变了状态，事件监听器就会产生一个 ItemEvent 事件对象，ItemEvent 事件对象可以使用 getItem( )方法确定事件发生在哪个选项上。

【例 8.16】组合框选项事件示例。

程序如下：

```
import java.awt.*;
```

```java
import java.awt.event.ItemEvent;
import java.awt.event.ItemListener;
import javax.swing.*;
public class ComboBox2 {
    public static void main(String[] args) {
        //1.创建一个JFrame容器窗口
        JFrame f=new JFrame("JFrame窗口");
        f.setLayout(new BorderLayout());
        f.setSize(550, 400);
        f.setLocation(300, 200);
        //2.创建一个JPanel面板,用来封装JComboBox组合框组件和文本框
        JPanel panel=new JPanel();
        //2.1 创建JComboBox下拉框组件
        JComboBox<String> comboBox=new JComboBox<>();
        //2.2 为组合框添加选项
        comboBox.addItem("请选择城市");
        comboBox.addItem("北京");          comboBox.addItem("天津");
        comboBox.addItem("南京");          comboBox.addItem("上海");
        //2.3 创建JTextField单行文本框组件,用来展示用户选择项
        JTextField textField=new JTextField(20);
        //2.4 采用内部匿名类为JComboBox组合框组件注册选项监听器
        comboBox.addItemListener(new ItemListener() {
            @Override
            public void itemStateChanged(ItemEvent e) {
                String item=(String) e.getItem();
                if("请选择城市".equals(item))
                    textField.setText("");
                else
                    textField.setText("您选择的城市是: "+item);
            }
        });
        //2.5 将JComboBox组件和JTextField组件加入JPanel面板组件中
        panel.add(comboBox);
        panel.add(textField);
        //3.向JFrame窗口容器中加入JPanel面板组件
        f.add(panel);
        f.setVisible(true);
        f.setDefaultCloseOperation(JFrame.EXIT_ON_CLOSE);//退出程序
    }
}
```

程序运行界面如图8-20所示。

图8-20 选项事件监听器示例

本程序使用 JFrame 顶层容器创建并设置了一个容器窗口，在容器窗口加入了一个 JPanel 面板组件（内含 JComboBox 组合框组件和文本框）。本例中采用内部匿名类为 JComboBox 组合框组件注册选项事件监听器。当用户选择组合不同选项会触发此事件。

Java 图形处理

视 频

应用案例——用户管理系统的登录和用户注册

8.6 应用案例——用户管理系统的登录和用户注册

本节开发一个用户管理系统的登录和用户注册功能。用户能够注册自己的账号、密码、姓名、性别和部门信息。由于还没学习数据库操作，因此先将信息存入类的静态变量中。运行界面如图 8-21 和图 8-22 所示。

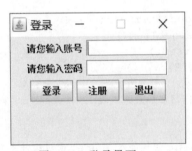

图 8-21 登录界面

图 8-22 用户注册

1. 保存注册信息

各个窗体之间需要共享的数据保存在类的静态变量中。本例中用户注册过后的信息通过 Conf 类的静态变量保存，这样其他窗体如登录界面就可以访问这些数据。静态变量一旦被赋值，另一时刻访问仍然是这个值，因此用户可以使用静态变量来传递数据。

```
public class Conf {
    public static String account;      //账号
    public static String password;     //密码
    public static String name;         //姓名
    public static String dept;         //部门
}
```

2. 登录界面

登录界面使用 JFrame 创建窗口，内部采用流式布局组织账号、密码框、按钮以及标签的显示。在动作事件处理 actionPerformed(ActionEvent e)中根据事件源是哪个按钮进行不同处理。本程序需要先进行注册保存注册信息到静态变量中以后，才能进行登录验证。

```java
package ch8.example.xmj.login;
import java.awt.*;
import java.awt.event.ActionEvent;
import java.awt.event.ActionListener;
import javax.swing.*;
public class LoginFrame extends JFrame implements ActionListener{
    /*********************定义各控件************************/
    private JLabel lbAccount=new JLabel("请您输入账号");
    private JTextField tfAccount=new JTextField(10);
    private JLabel lbPassword=new JLabel("请您输入密码");
    private JPasswordField pfPassword=new JPasswordField(10);
    private JButton btLogin=new JButton("登录");
    private JButton btRegister=new JButton("注册");
    private JButton btExit=new JButton("退出");
    public LoginFrame(){
        /*********************界面初始化************************/
        super("登录");
        this.setLayout(new FlowLayout());
        this.add(lbAccount);        this.add(tfAccount);
        this.add(lbPassword);       this.add(pfPassword);
        this.add(btLogin);      this.add(btRegister);
        this.add(btExit);
        this.setSize(250, 180);
        toCenter(this);
        this.setDefaultCloseOperation(JFrame.EXIT_ON_CLOSE);
        this.setResizable(false);
        this.setVisible(true);
        /*********************增加监听************************/
        btLogin.addActionListener(this);
        btRegister.addActionListener(this);
        btExit.addActionListener(this);
    }
    public void actionPerformed(ActionEvent e) {
        if(e.getSource()==btLogin){                 //登录按钮
            String account=tfAccount.getText();     //获取账号
            String password=new String(pfPassword.getPassword());
                                                    //获取密码
            if(Conf.account==null||!Conf.password.equals(password)){
                JOptionPane.showMessageDialog(this, "登录失败");
                                                    //显示消息框
                return;
            }
            JOptionPane.showMessageDialog(this, "登录成功");
            this.dispose();                         //让本界面消失
        }else if(e.getSource()==btRegister){        //注册按钮
            this.dispose();                         //让本界面消失
            new RegisterFrame();
```

```
        }else{                                      //退出按钮
            JOptionPane.showMessageDialog(this,"谢谢光临");//显示消息框
            System.exit(0);                          //结束程序运行
        }
    }
    public static void main(String[] args) {
        //TODO Auto-generated method stub
        new LoginFrame();
    }
    public static void toCenter(Component comp){   //设置窗口在屏幕居中效果
        GraphicsEnvironment ge=GraphicsEnvironment.getLocalGraphics
                    Environment();
        Rectangle rec=ge.getDefaultScreenDevice().getDefault
                    Configuration().getBounds();
        comp.setLocation(((int)rec.getWidth()-comp.getWidth())/2,
                    ((int)rec.getHeight()-comp.getHeight())/2);
    }
}
```

上述程序中，this.dispose( );表示让本界面消失，释放内存，但程序并不结束；System.exit(0);表示结束程序运行。

3. 用户注册

用户注册界面使用 JFrame 创建窗口，内部采用流式布局组织账号、密码框、性别、组合框、按钮以及标签的显示。在动作事件处理 actionPerformed(ActionEvent e) 中根据事件源是哪个按钮就进行不同处理。

单击注册按钮将判断两次密码输入是否一致，同时获取用户注册的账号、密码、性别、部门信息，并保存到 Conf 类的静态变量中。单击退出按钮将关闭本窗口同时显示登录界面。

```
package ch8.example.xmj.login;
import java.awt.FlowLayout;
import java.awt.event.ActionEvent;
import java.awt.event.ActionListener;
import javax.swing.*;
public class RegisterFrame extends JFrame implements ActionListener{
    /*********************定义各控件*************************/
    private JLabel lbAccount=new JLabel("请您输入账号");
    private JTextField tfAccount=new JTextField(10);
    private JLabel lbPassword1=new JLabel("请您输入密码");
    private JPasswordField pfPassword1=new JPasswordField(10);
    private JLabel lbPassword2=new JLabel("输入确认密码");
    private JPasswordField pfPassword2=new JPasswordField(10);
    private JLabel lbName=new JLabel("请您输入姓名");
    private JTextField tfName=new JTextField(10);
    private JLabel lbSex=new JLabel("请您选择性别");
    private JRadioButton rbSex1=new JRadioButton("男",true);
    private JRadioButton rbSex2=new JRadioButton("女",false);
    private ButtonGroup bgSex=new ButtonGroup();
    private JLabel lbDept=new JLabel("请您选择部门");
```

```java
private JComboBox cbDept=new JComboBox();
private JButton btRegister=new JButton("注册");
private JButton btExit=new JButton("退出");
public RegisterFrame(){
    /***********************界面初始化***********************/
    super("注册");
    this.setLayout(new FlowLayout());
    this.add(lbAccount);     this.add(tfAccount);
    this.add(lbPassword1);   this.add(pfPassword1);
    this.add(lbPassword2);   this.add(pfPassword2);
    this.add(lbName);        this.add(tfName);
    bgSex.add(rbSex1);       bgSex.add(rbSex2);
    this.add(lbSex);         this.add(rbSex1);    this.add(rbSex2);
    this.add(lbDept);        this.add(cbDept);
    cbDept.addItem("财务部");         cbDept.addItem("行政部");
    cbDept.addItem("客户服务部");     cbDept.addItem("销售部");
    this.add(btRegister);
    this.add(btExit);
    this.setLocation(600, 200);
    this.setSize(250, 300);
    this.setDefaultCloseOperation(JFrame.EXIT_ON_CLOSE);
    this.setResizable(false);
    this.setVisible(true);
    /***********************增加监听***********************/
    btRegister.addActionListener(this);
    btExit.addActionListener(this);
}
public void actionPerformed(ActionEvent e) {
    if(e.getSource()==btRegister){                       //注册按钮
        String password1=new String(pfPassword1.getPassword());
        String password2=new String(pfPassword2.getPassword());
        if(!password1.equals(password2)){
            JOptionPane.showMessageDialog(this, "两个密码不相同");
            return;
        }
        String account=tfAccount.getText();              //获取账号
        String name=tfName.getText();                    //获取姓名
        String dept=(String)cbDept.getSelectedItem();    //获取部门
        String sex;
        if(rbSex1.isSelected())
            sex=(String)rbSex1.getText();                //获取性别
        else
            sex=(String)rbSex2.getText();                //获取性别
        //保存到静态变量窗口间共享
        Conf.account=account;
        Conf.password=password1;
        Conf.name=name;
        Conf.dept=dept;
        //显示消息框
```

```
                    JOptionPane.showMessageDialog(this,account+ "注册成功"+ ",
                                                "+sex+ ","+dept);
            }else if(e.getSource()==btExit){           //退出按钮
                this.dispose();                         //让注册界面消失
                new LoginFrame();                       //显示登录界面
            }
        }
    }
```

本程序注册信息保存的静态变量中，实际项目开发中注册信息会保存到文件或数据库中。

习 题

1. 设计一个程序，用两个文本框输入数值数据，用组合框存放"＋、－、×、÷、幂次方、余数"。用户先输入两个操作数，再从组合框中选择一种运算，即可在标签中显示出计算结果。

2. 编写选课程序。左侧列表框显示学生可以选择的课程名，右侧列表框显示学生已经选择的课程名，通过四个按钮在两个列表框中移动数据项。通过 ＞ 、 ＜ 按钮移动一门课程，通过 ≫ 、 ≪ 按钮移动全部课程。程序运行界面如图 8-23 所示。

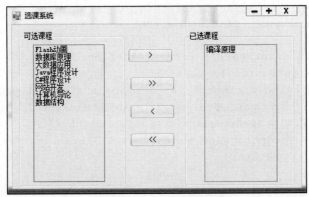

图 8-23 选课程序界面

3. 设计一个单选题考试程序界面。
4. 设计一个用户兴趣爱好调查的程序界面。
5. 设计一个井字棋游戏。

第 9 章 多线程

前面章节写的程序都是单线程的程序，只有一个顺序执行流；多线程的程序则包含多个顺序执行流，多个执行之间互不干扰。Java 语言提供了优秀的多线程支持，可以方便地编写多线程程序。本章介绍多线程程序创建、线程调度和线程同步技术。

9.1 多线程的概念

在日常生活中，很多事情都是可以同时进行的。例如，一个人可以一边听音乐，一边打扫房间；可以一边吃饭，一边看电视。在使用计算机时，很多任务也是可以同时进行的。例如，可以一边浏览网页，一边打印文档；还可以一边聊天，一边复制文件等。

计算机能够同时完成多项任务。例如，让 Word 执行 0.001 s，再让 QQ 执行 0.001 s，轮流交替执行，这就是多线程技术。计算机中的 CPU 即使是单核也可以同时运行多个任务，因为操作系统执行多个任务时就是让 CPU 对多个任务轮流交替执行。Java 是支持多线程的语言之一，它内置了对多线程技术的支持，可以使程序同时执行多个执行片段。

9.1.1 进程

在一个操作系统中，每个独立执行的程序都可称为一个进程，也就是"正在运行的程序"。目前大部分计算机上安装的都是多任务操作系统，即能够同时执行多个应用程序，最常见的有 Windows、Linux、UNIX 等。在 Windows 操作系统下，右击任务栏，选择"任务管理器"选项可以启动任务管理器窗口，如图 9-1 所示，"进程"选项卡中可以看到当前正在运行的程序，也就是系统所有的进程，如 Word、腾讯 QQ 等。

在计算机中，所有的应用程序（如 Word、腾讯 QQ）都是由 CPU 执行的，对于一个 CPU 而言，在某个时间点只能运行一个程序，也就是说只能执行一个进程。操作系统会为每一个进程分配一段有限的 CPU 使用时间，CPU 在这段时间中执行某个进程，然后会在下一段时间切换到另一个进程中去执行。由于 CPU 运行速度很快，能在极短的时间内在不同的进程之间进行切换，所以给人以同时执行多个程序的感觉。

图 9-1 任务管理器

每个运行的程序都是一个进程，在一个进程中还可以有多个执行单元同时运行，这些执行单元可以看作程序执行的一条条线索，被称为线程。操作系统中的每一个进程中都至少存在一个线程。例如，当一个 Java 程序启动时，就会产生一个进程，该进程中会默认创建一个主线程，在这个主线程上会运行 main( )方法中的代码。

9.1.2 多线程概述

多线程编程可以使程序具有两条或两条以上的并发执行任务，就像日常工作中由多人同时合作完成一个任务。这在很多情况下可以改善程序的响应性能，提高资源的利用效率，在多核 CPU 年代，这显得尤为重要。

在前面章节所接触过的程序中，代码都是按照调用顺序依次往下执行，没有出现两段程序代码交替运行的效果，这样的程序称为单线程程序。如果希望程序中实现多段程序代码交替运行的效果，则需要创建多个线程，即多线程程序。多线程是指一个进程在执行过程中可以产生多个单线程，这些单线程程序在运行时是相互独立的，它们可以并发执行。多线程程序执行过程如图 9-2 所示。

Java 提供的多线程功能使得在一个程序里可同时执行多个小任务，CPU 在线程间的切换非常迅速，使人们感觉到所有线程好像是同时进行。通过多线程可以实现更好的交互性能和实时控制性能，当然，实时控制性能还取决于操作系统本身。

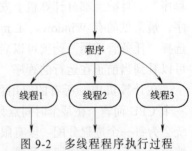

图 9-2 多线程程序执行过程

每个 Java 程序都有一个默认的主线程，对于 Application，主线程是 main( )方法执行的代码。要想实现多线程，必须在主线程中创建新的线程对象。Java 语言使用 Thread 类及其子类对象来表示线程，新建的线程在它的一个完整的生命周期中通常要经历如下五种状态：

1．新建

当一个 Thread 类或其子类的对象被声明并创建时，新生的线程对象处于新建状态。此时它已经有了相应的内存空间和其他资源，并已被初始化。

2．就绪

处于新建状态的线程被启动后，将进入线程队列排队等待 CPU 时间片，此时它已经具备了运行条件，一旦轮到它来享用 CPU 资源时，就可以脱离创建它的主线程独立开始自己的生命周期了。另外，原来处于阻塞状态的线程被解除阻塞后也将进入就绪状态。

3．运行

当就绪状态的线程被调度并获得处理器资源时，便进入运行状态。每一个 Thread 类及其子类的对象都有一个重要的 run( )方法，当线程对象被调度执行时，它将自动调用本对象的 run( )方法，从第一句开始顺序执行。run( )方法定义了这一类线程的操作和功能。

4．阻塞

一个正在执行的线程如果在某些特殊情况下，如被人为挂起或需要执行费时的输入输出操作时，将让出 CPU 并暂时中止自己的执行，进入阻塞状态。阻塞时它不能进入排队队列，只有当引起阻塞的原因被消除时，线程才可以转入就绪状态，重新进到线程队列中排队等待 CPU 资源，以便从原来终止处开始继续执行。

5．死亡

处于死亡状态的线程不具有继续运行的能力。线程死亡的原因有两个：一个是正常运行的线程完成了它的全部工作，即执行完了 run( )方法的最后一个语句并退出；另一个是线程被提前强制性的终止，如通过执行 stop( )方法或 destroy( )终止线程。

由于线程与进程一样是一个动态的概念，所以它也像进程一样有一个从产生到消亡的生命周期，如图 9-3 所示。

图 9-3　线程状态的改变

线程在各个状态之间的转化及线程生命周期的演进是由系统运行的状况、同时存在的其他线程和线程本身的算法所共同决定的。在创建和使用线程时应注意利用线程的方法宏观地控制这个过程。

9.2　线程的创建

Java 中编程实现多线程应用有两种途径：一种是创建用户自己的继承 Thread 的线程子类；一种是在用户自己的类中实现 Runnable 接口。

9.2.1 继承 Thread 类创建线程

1. 单线程程序

在学习多线程之前,先看熟悉的单线程程序。

【例 9.1】单线程程序。

程序如下:

```java
package ch9.example.xmj;
public class Example9_1 {
    public static void main(String[] args) {
        MyThread myThread=new MyThread();    //创建 MyThread 实例对象
        myThread.run();                      //调用 MyThread 类的 run()方法
        while(true) {                        //该循环是一个死循环,打印输出语句
            System.out.println("Main 方法在运行");
        }
    }
}
class MyThread {
    public void run() {
        while(true) {                        //该循环是一个死循环,打印输出语句
            System.out.println("MyThread 类的 run()方法在运行");
        }
    }
}
```

程序运行结果如下:

```
MyThread 类的 run()方法在运行
MyThread 类的 run()方法在运行
MyThread 类的 run()方法在运行
MyThread 类的 run()方法在运行
…
```

从运行结果可以看出,程序一直打印"MyThread 类的 run()方法在运行",这是因为该程序是一个单线程程序,第 5 行代码调用 MyThread 类的 run()方法时,遇到代码定义的死循环中,循环会一直进行。因此,MyThread 类的打印语句将被无限执行,而 main()方法中的打印语句无法得到执行。

如果希望程序中两个 while 循环中的打印语句能够并发执行,就需要实现多线程。为此,Java 提供了一个线程类 Thread,通过继承 Thread 类,并重写 Thread 类中的 run()方法便可实现多线程。

2. Thread

Thread 类是一个具体的类,该类封装了线程的属性和行为。

Thread 类的构造方法中比较常用的有如下几个:

(1) public Thread()

这个方法创建了一个默认的线程类的对象。

(2) public Thread(Runnable target)

这个方法在上一个构造方法的基础上,利用一个实现了 Runnable 接口参数对象

Target 中所定义的 run( )方法，以便初始化或覆盖新创建的线程对象的 run( )方法。

（3）public Thread(String name)

这个方法在第一个构造方法创建一个线程的基础上，利用一个 String 类的对象 name 为所创建的线程对象指定了一个字符串名称供以后使用。

Thread 类的主要方法：

（1）启动线程的 start( )方法

```
public void start()
```

start( )方法将启动线程对象，使之从新建状态转入到就绪状态并进入就绪队列排队。

（2）定义线程操作的 run( )方法

```
public void run()
```

Thread 类的 run( )方法是用来定义线程对象被调用之后所执行的操作，都是系统自动调用而用户程序不得引用的方法。系统的 Thread 类中，run( )方法没有具体内容，所以用户程序需要创建自己的 Thread 类的子类，并定义新的 run( )方法来覆盖原来的 run( )方法。

run( )方法将运行线程，使之从就绪队列状态转入到运行状态。

（3）使线程暂时休眠的 sleep( )方法

```
public static void sleep(long millis) throws InterruptedException
```

millis 是毫秒为单位的休眠时间。线程的调度执行是按照其优先级的高低顺序进行的，当高级线程未完成，即未死亡时，低级线程没有机会获得处理器。优先级高的线程可以在它的 run( )方法中调用 sleep( )方法来使自己放弃处理器资源，休眠一段时间。休眠时间的长短由 sleep( )方法的参数决定。进入休眠的线程仍处于活动状态，但不被调度运行，直到休眠期满。它可以被另一个线程用中断唤醒。如果被另一个线程唤醒，则会抛出 InterruptedException 异常。

（4）中止线程的 stop( )方法

```
public final void stop()
public final void stop(Throwable obj)
```

程序中需要强制终止某线程的生命周期时可以使用 stop( )方法。stop( )方法可以由线程在自己的 run( )方法中调用，也可以由其他线程在其执行过程中调用。

stop( )方法将会使线程由其他状态进入死亡状态。

（5）判断线程是否未消亡的 isAlive( )方法

```
public final native Boolean isAlive()
```

在调用 stop( )方法终止一个线程之前，最好先用 isAlive( )方法检查该线程是否仍然存活，杀死不存在的线程可能会造成系统错误。

若一个类直接或间接继承自 Thread 类，则该类对象便具有了线程的能力。这是最简单的开发自己线程的方式，采用此方式最重要的是重写继承的 run( )方法。其实，run( )方法中的代码就是线程所要执行任务的描述，这种方式的基本语法如下：

```
class〈类名〉extends Thread
```

```
    {
        public void run()
        {
            //线程所要执行任务的代码
        }
    }
```

上述格式中，run( )方法中编写的是线程所要执行任务的代码，一旦线程启动，run( )方法中的代码将成为一条独立的执行任务。

使用 Thread 类的子类创建一个线程，程序员必须创建一个从 Thread 类派生的新类，并且必须覆盖 Thread 类的 run( )方法来完成所需要的工作。用户并不直接调用此run( )方法，而是必须调用 Thread 类的 start( )方法，该方法再调用 run( )。

【例 9.2】继承 Thread 类创建多线程程序，利用两个死循环来模拟多线程环境。

程序如下：

```java
public class Example9_2 {
    public static void main(String[] args) {
        MyThread myThread=new MyThread(); //创建线程 MyThread 的线程对象
        myThread.start();                  //开启线程
        while(true) {                      //通过死循环语句打印输出
            System.out.println("main()方法在运行");
        }
    }
}
class MyThread extends Thread {
    public void run() {                    //重写 run()方法，定义了线程的任务
        while(true) {                      //通过死循环语句打印输出
            System.out.println("MyThread 类的 run()方法在运行");
        }
    }
}
```

程序运行结果如下：

```
MyThread 类的 run()方法在运行
MyThread 类的 run()方法在运行
MyThread 类的 run()方法在运行
MyThread 类的 run()方法在运行
main()方法在运行
main()方法在运行
…
```

从运行结果，可以看到两个循环中的语句都有输出，说明该程序实现了多线程。

【例 9.3】继承 Thread 类创建模拟两个文件传输的多线程程序。

程序如下：

```java
import java.util.*;
class TimePrinter extends Thread{    //定义 Thread 类的子类 TimePrinter 类
    int pauseTime;                   //文件传输剩余量
    String name;
    public TimePrinter(int x,String n) {   //构造方法
```

```
            pauseTime=x;
            name=n;
        }
        public void run() {                    //重写run()方法,定义了线程的任务
            while (true) {
                try {
                    pauseTime--;
                    System.out.println(name+":传输中! "+pauseTime);
                    Thread.sleep(10);          //休眠10 ms
                    if(pauseTime==0)break;
                } catch (Exception e) {        //有可能抛出线程休眠被中断异常
                    System.out.println(e);
                }
            }
        }
}
public class Example9_3 {
    public static void main(String args[]) {
        TimePrinter tp1=new TimePrinter(1000,"文件1");    //线程的创建
        tp1.start();                                     //线程的启动
        TimePrinter tp2=new TimePrinter(3000,"文件2");
        tp2.start();
    }
}
```

程序运行结果如下:

```
文件2:传输中! 2999
文件1:传输中! 999
文件2:传输中! 2998
文件1:传输中! 998
文件2:传输中! 2997
文件1:传输中! 997
文件1:传输中! 996
文件2:传输中! 2996
文件2:传输中! 2995
```

这个程序是 Java Application,其中定义了一个 Thread 类的子类 TimePrinter 类。在 TimePrinter 类中重载了 Thread 类中的 run( )方法,用来显示文件传输剩余量,并休眠一段时间 10 ms;为了防止在休眠的时候被打断,则用了一个 try...catch 块进行了异常处理。在 TimePrinter 类中的 main( )方法根据不同的参数创建了两个新的线程 tp1 和 tp2 并分别启动它们,则这两个线程将轮流运行。

9.2.2 实现 Runnable 接口创建线程

1. Runnable 接口

Runnable 接口只有一个方法 run( ),所有实现 Runnable 接口的用户类都必须具体实现这个 run( )方法,为它书写方法体并定义具体操作。当线程转入运行状态时,它所执行的就是 run( )方法中规定的操作。

下面给出了一个实现了 Runnable 接口的类,代码如下:

```
//实现了 Runnable 接口
class MyRunnable implements Runnable{
    public void run()    //重写 run()方法
    {
        //线程所要执行任务的代码
    }
}
```

可以通过实现 Runnable 接口的方法来定义用户线程的操作。Runnable 接口只有一个 run( )方法，实现这个接口，就必须要定义 run( )方法的具体内容，用户新建线程的操作也由这个方法来决定。

2. 实现 Runnable 接口的类来创建线程

实现 Runnable 接口的类来创建线程过程如下：

```
MyRunnable mr=new MyRunnable();    //创建 Runnable 实现类的对象
Thread t=new Thread(mr);           //创建 Thread 对象
t.run();                           //调用 Thread 对象中 run()方法
```

【例 9.4】采用实现 Runnable 接口的方法，实现模拟两个文件传输的多线程程序。程序如下：

```
import java.util.*;
class TimePrinter implements Runnable{//定义了实现了 Runnable 接口的子类
    int pauseTime;                       //文件传输剩余量
    String name;
    public TimePrinter(int x, String n) {    //构造方法
        pauseTime=x;
        name=n;
    }
    public void run() {                      //用户重写 run()方法,定义了线程的任务
        while(true) {
            try {
                pauseTime--;
                System.out.println(name+":传输中！" +pauseTime);
                Thread.sleep(10);         //休眠 10ms
                if(pauseTime==0)break;
            } catch(Exception e) {        //有可能抛出线程休眠被中断异常
                System.out.println(e);
            }
        }
    }
}
public class Example9_4 {
    public static void main(String args[]) {
        Thread t1=new Thread(new TimePrinter2(1000,"文件 1"));
        t1.start();
        Thread t2=new Thread(new TimePrinter2(3000,"文件 2"));
        t2.start();                       //线程的启动
    }
}
```

这个程序实现了前面程序的相同功能，其他方面都是相同的，唯一不同的地方是前面程序中使用了继承 Thread 类的方法，而这个程序中使用了实现 Runnable 接口的方式，它们最后运行后的效果也是完全一样的。可见用这两种方式实现多线程的程序效果是相同的。

9.2.3 创建线程的两种方法的比较

无论使用哪种方式，都可以通过一定的操作得到一条独立的执行任务，然而二者之间不是完全相同的，下面对二者之间的异同进行比较。

① 继承 Thread 类的方式虽然最简单，但继承了该类就不能继承别的类，这在有些情况下会严重影响开发。其实，很多情况下只是希望自己的类具有线程的能力，能扮演线程的角色，而自己的类还需要继承其他类。

② 实现 Rumable 接口既不影响继承其他类，也不影响实现其他接口，只是实现 Runnable 接口的类多扮演了一种角色，多了一种能力而已，灵活性更好。

实际开发中继承 Thread 类的情况没有实现 Runnable 的多，因为后者具有更大的灵活性，可扩展性强。

9.3 线程的调度与线程控制

9.3.1 线程优先级与线程调度策略

在应用程序中，如果要对线程进行调度，最直接的方式就是设置线程的优先级。优先级越高的线程获得 CPU 执行的机会越大，而优先级越低的线程获得 CPU 执行的机会越小。线程的优先级用 1～10 之间的整数来表示，数字越大优先级越高。

除了可以直接使用数字表示线程的优先级，还可以使用 Thread 类中提供的三个静态常量表示线程的优先级，如下：

MAX_PRIORITY：表示线程的最高优先级，值为 10。

MIN_PRIORITY：表示线程的最低优先级，值为 1。

NORM_PRIORITY：表示线程的普通优先级，值为 5。

程序在运行期间，处于就绪状态的每个线程都有自己的优先级，如 main 线程具有普通优先级。然而线程优先级不是固定不变的，可以通过 Thread 类的 setPriority(int newPriority)方法进行设置，setPriority( )方法中的参数 newPriority 接收的是 1～10 之间的整数或者 Thread 类的三个静态常量。

【例 9.5】采用线程优先级，实现控制线程的调用。其中一个线程输出奇数（优先级为 2），一个线程输出偶数（优先级为 7）。

程序如下：

```
public class myThread extends Thread{
    private int first;
    public myThread(int first){
        this.first=first;
    }
```

```
        @Override
        public void run() {
            for(int i=first;i<=100;i+=2){
                System.out.print(Thread.currentThread().getName() +i+" ");
            }
            System.out.println();
        }
    }
    public class Example9_5 {
        public static void main(String[] args) {
            myThread t1=new myThread(1);     //输出奇数
            myThread t2=new myThread(2);     //输出偶数
            t1.setPriority(2);
            t2.setPriority(7);                   //线程优先级高的会调度占优势
            t1.start();
            t2.start();
        }
    }
```

程序运行结果如下：

```
2 4 6 8 10 12 14 16 18 20 22 24 26 28 30 32 34 36 38 40 42 44 46 48 1
50 3 52 5 54 9 56 11 58 13 60 15 62 17 64 19 66 21 68 23 70 25 72 27 74
29 76 31 78 33 80 35 82 84 86 88 37 90 92 39 94 41 96 43 98 45 100 47 49
51 53 55 57 59 61 63 65 67 69 71 73 75 77 79 81 83 85 87 89 91 93 95 97 99
```

从结果看出输出偶数的线程级别高，先完成输出任务。所以优先级越高的线程获取 CPU 切换时间片的概率越大。

【例 9.6】采用线程优先级，实现控制线程的调用。其中一个线程优先级较低，一个线程优先级较高。

程序如下：

```
//定义类 MaxPriority 实现 Runnable 接口
class MaxPriority implements Runnable {
    public void run() {
        for(int i=0; i<10;i++) {
            System.out.println(Thread.currentThread().getName()+
                    "正在输出： "+i);
        }
    }
}
//定义类 MinPriority 实现 Runnable 接口
class MinPriority implements Runnable {
    public void run() {
        for(int i=0;i<10;i++) {
            System.out.println(Thread.currentThread().getName()+
                    "正在输出： "+i);
        }
    }
}
```

```
public class Example9_6 {
    public static void main(String[] args) {
        //创建两个线程
        Thread minPriority=new Thread(new MinPriority(),
                                  "优先级较低的线程");
        Thread maxPriority=new Thread(new MaxPriority(),
                                  "优先级较高的线程");
        minPriority.setPriority(Thread.MIN_PRIORITY);
                                  //设置线程的优先级为1
        maxPriority.setPriority(Thread.MAX_PRIORITY);
                                  //设置线程的优先级为10

        //开启两个线程
        maxPriority.start();
        minPriority.start();
    }
}
```

虽然 Java 中提供了 10 个线程优先级，但是这些优先级需要操作系统的支持，不同的操作系统对优先级的支持是不一样的，不会和 Java 中线程优先级一一对应，因此，在设计多线程应用程序时，其功能的实现一定不能依赖于线程的优先级，而只能把线程优先级作为一种提高程序效率的手段。

9.3.2 线程的基本控制

1．sleep( )方法

Thread 类的 sleep( )方法对当前线程操作，是静态方法。sleep( )的参数指定以毫秒为单位的线程休眠时间。除非因为中断而提早恢复执行，否则线程不会在这段时间之前恢复执行。

2．interrupt( )方法

一个线程可以调用另外一个线程的 interrupt( )方法，这将向暂停的线程发出一个 InterruptedException，变相起到唤醒暂停线程的功能。Thread 类的方法 interrupt( )，是一种强制唤醒的技术。

3．yield( )方法

实际运行中有时需要使当前运行的线程让出 CPU，使其他线程得以执行，这时就需要使用线程让步的操作。yield( )方法用来使具有相同优先级的其他线程获得执行的机会。如果具有相同优先级的其他线程是可运行的，yield( )将把线程放到可运行池中并使另一个线程运行。如果没有相同优先级的可运行线程，则什么都不做。

注意：执行一次 yield( )方法，该线程只是放弃当前这一次机会，然后又会重新和其他线程一起抢占 CPU，很可能又比其他线程先抢到。

4．join( )方法

join( )方法使当前线程停下来等待，直至另一个调用 join( )方法的线程终止。某线程调用该方法，将当前线程与该线程"合并"，即等待该线程结束，再恢复当前线程的运行。它可以实现线程合并的功能，经常用于线程的绝对调度。

5. wait( )方法

wait( )是线程交互时,如果线程对一个同步对象 x 发出一个 wait( )调用,该线程会暂停执行,进入对象 x 的 wait pool 中并处于等待状态,直到被唤醒或等待时间到。当调用 wait( )后,线程会释放掉它所占有的"锁标志",从而使线程所在对象中的其他 synchronized 数据可被别的线程使用。

6. notify( )/notifyAll( )方法

唤醒对象的 wait pool 中的一个/所有等待线程。

7. 其他过时的方法

suspend( )、resume( )和 stop( )这几个方法现在已经不提倡使用。

9.4 线程同步

9.4.1 多线程并发操作中的问题

多线程的并发执行可以提高程序的效率,但是,当多个线程去访问同一个资源时,也会引发一些安全问题。例如,一个银行账户在同一时刻只能由一个用户操作,如果两个用户同时操作很可能会产生错误。为了解决这样的问题,需要实现多线程的同步,即限制某个资源在同一时刻只能被一个线程访问。

例如,多线程并发售票,极有可能碰到"意外"情况,如一张票被打印多次,或者打印出的票号为 0 甚至负数。

【例 9.7】模拟四个窗口出售 10 张票,并在售票的代码中使用 sleep( )方法模拟售票过程,令每次售票时线程休眠 10 ms。

程序如下:

```
public class Example9_7 {
    public static void main(String[] args) {
        TicketWindow tw=new TicketWindow(); //创建 TicketWindow 实例对象 tw
        new Thread(tw,"窗口 1").start();   //创建线程对象并命名为窗口 1,开启线程
        new Thread(tw,"窗口 2").start();   //创建线程对象并命名为窗口 2,开启线程
        new Thread(tw,"窗口 3").start();   //创建线程对象并命名为窗口 3,开启线程
        new Thread(tw,"窗口 4").start();   //创建线程对象并命名为窗口 4,开启线程
    }
}
class TicketWindow implements Runnable {
    private int tickets=10;
    public void run() {
        while(true) {
            if(tickets>0) {
                Thread th=Thread.currentThread();//获取当前线程
                String th_name=th.getName();    //获取当前线程的名字
                try {
                    Thread.sleep(100); //休眠100 ms,模拟售票过程中线程的延迟
                } catch (InterruptedException e) {
```

```
                    //TODO Auto-generated catch block
                    e.printStackTrace();
                }
                System.out.println(th_name+"正在发售第"+tickets--+"张票");
            }
            else
                break;
        }
    }
}
```

程序运行结果如下：

```
窗口 1 正在发售第 10 张票
窗口 2 正在发售第 10 张票
窗口 3 正在发售第 9 张票
窗口 4 正在发售第 8 张票
窗口 3 正在发售第 7 张票
窗口 4 正在发售第 7 张票
窗口 2 正在发售第 6 张票
窗口 1 正在发售第 5 张票
窗口 2 正在发售第 4 张票
窗口 3 正在发售第 4 张票
窗口 1 正在发售第 4 张票
窗口 4 正在发售第 4 张票
窗口 4 正在发售第 3 张票
窗口 3 正在发售第 1 张票
窗口 1 正在发售第 2 张票
窗口 2 正在发售第 3 张票
窗口 4 正在发售第 0 张票
窗口 1 正在发售第 -1 张票
```

代码的中创建并开启四个线程。用于模拟四个售票窗口。在运行结果中，最后打印售出的票出现了一张票被打印多次（如 4 号票和 10 号票），这种现象是不应该出现的，因为售票程序中一张票应该只能销售一次，而且只有当票号大于 0 时才会进行售票。运行结果中之所以出现了负数的票号是因为多线程在售票时出现了安全问题。

这些"意外"都是由多线程操作共享资源 ticket 所导致的线程安全问题。出现这样的安全问题的原因是在售票程序的 while 循环中添加了 sleep( )方法，由于线程有延迟，当票号减为 1 时，假设线程 3 此时出售 1 号票，对票号进行判断后，进入 while 循环，在售票之前通过 sleep( )方法让线程休眠，这时线程 4，线程 1 会进行售票，由于此时票号仍为 1，因此线程 4，线程 1 也会进入循环，休眠结束后，3 个线程都会进行售票，这样就相当于将票号减了 3 次，结果中出现了 1、0、-1 这样的票号。

9.4.2 对象锁及其操作

线程安全问题其实就是由多个线程同时处理共享资源所导致的，要想解决线程安全问题，必须得保证在任何时刻只能有一个线程访问共享资源。

为了实现这种限制，Java 中提供了同步机制。当多个线程使用同一个共享资源时，可以将处理共享资源的代码放在一个使用 synchronized 关键字修饰的代码块中,这个代码块称为同步代码块。使用 synchronized 关键字创建同步代码块的语法格式如下:

```
synchronized(lock){
    操作共享资源代码块
}
```

上面的格式中,lock 是一个锁对象,它是同步代码块的关键。当某一个线程执行同步代码块时,其他线程将无法执行当前同步代码块,会发生阻塞,等当前线程执行完同步代码块后,所有的线程开始抢夺线程的执行权,抢到执行权的线程将进入同步代码块,执行其中的代码。循环往复,直到共享资源被处理完为止。这个过程就好比一个公用电话亭,只有前一个人打完电话出来后,后面的人才可以打。

【例 9.8】模拟四个窗口出售 10 张票,并使用对象锁同步售票代码块。

程序如下:

```java
//定义Ticket1类继承Runnable接口
class Ticket1 implements Runnable {
    private int tickets=10;         //定义变量tickets,并赋值10
    Object lock=new Object();       //定义任意一个对象,用作同步代码块的锁
    public void run() {
        while(true) {
            synchronized(lock) {    //或者synchronized (this)定义同步代码块
                try {
                    Thread.sleep(100); //经过的线程休眠100 ms
                } catch (InterruptedException e) {
                    e.printStackTrace();
                }
                if(tickets > 0) {
                    System.out.println(Thread.currentThread().getName()
                        +"---卖出的票"+tickets--);
                } else {                //如果tickets小于0,跳出循环
                    break;
                }
            }
        }
    }
}
public class Example9_8 {
    public static void main(String[] args) {
        Ticket1 ticket=new Ticket1();   //创建Ticket1对象
        //创建并开启四个线程
        new Thread(ticket,"线程一").start();
        new Thread(ticket,"线程二").start();
        new Thread(ticket,"线程三").start();
        new Thread(ticket,"线程四").start();
    }
}
```

上述代码中,将有关 tickets 变量的操作全部放到同步代码块中。为了保证线程的

持续执行,将同步代码块放在死循环中,直到 ticket<0 时跳出循环。从运行结果可以看出,售出的票不再出现 0 和负数的情况,这是因为售票的代码实现了同步,之前出现的线程安全问题得以解决。运行结果中并没有出现线程二和线程三售票的语句。出现这样的现象是很正常的,因为线程在获得锁对象时有一定的随机性,在整个程序的运行期间,线程二和线程三始终未获得锁对象,所以未能显示它们的输出结果。

注意:同步代码块中的锁对象可以是任意类型的对象,但多个线程共享的锁对象必须是唯一的。"任意"说的是共享锁对象的类型。锁对象的创建代码不能放到 run( )方法中,否则每个线程运行到 run( )方法都会创建一个新对象,这样每个线程都会有一个不同的锁,每个锁都有自己的标志位,这样线程之间便不能产生同步的效果。

例如,直接使用 this 对象作为锁对象:

```
synchronized (this) {  //定义同步代码块
}
```

9.4.3 同步方法

同步代码块可以有效解决线程的安全问题,当把共享资源的操作放在 synchronized 定义的区域内时,便为这些操作加了同步锁。在方法前面同样可以使用 synchronized 关键字来修饰,被修饰的方法为同步方法,它能实现和同步代码块同样的功能,具体语法格式如下:

```
synchronized 返回值类型 方法名([参数1,...]){
}
```

被 synchronized 修饰的方法在某一时刻只允许一个线程访问,访问该方法的其他线程都会发生阻塞,直到当前线程访问完毕后,其他线程才有机会执行该方法。

【例 9.9】 模拟四个窗口出售 10 张票,并使用同步方法同步售票代码块。

程序如下:

```
//定义 Ticket1 类实现 Runnable 接口
class Ticket1 implements Runnable {
    private int tickets=10;
    public void run() {
        while (true) {
            saleTicket();                    //调用售票方法
            if(tickets<=0) {
                break;
            }
        }
    }
    //定义一个同步方法 saleTicket()
    private synchronized void saleTicket() {
        if(tickets>0) {
            try {
                Thread.sleep(10);            //经过的线程休眠 10 ms
            } catch(InterruptedException e) {
                e.printStackTrace();
```

```
            }
            System.out.println(Thread.currentThread().getName()+
                "---卖出的票"+tickets--);
        }
    }
}
public class Example9_9 {
    public static void main(String[] args) {
        Ticket1 ticket=new Ticket1();         //创建Ticket1对象
        //创建并开启四个线程
        new Thread(ticket,"线程一").start();
        new Thread(ticket,"线程二").start();
        new Thread(ticket,"线程三").start();
        new Thread(ticket,"线程四").start();
    }
}
```

上述代码中，将售票代码抽取为售票方法 saleTicket( )，并用 synchronized 关键字把 saleTicket( )修饰为同步方法，然后在 while (true)中调用 saleTicket( )。从运行结果可以看出，同样没有出现 0 号和负数号的票，说明同步方法实现了和同步代码块一样的效果。

9.5 应用案例——使用多线程模拟龟兔赛跑

本案例使用多线程模拟龟兔赛跑场景，设计过程如下：
① 创建线程类，其中随机控制乌龟和兔子跑动的距离。乌龟是一直在移动，而兔子有可能不移动。在线程中根据 Thread. current Thread( ). getName( )获取的线程名识别是线程模拟对象是乌龟还是兔子。
程序如下：

```
public class RabbitAndTurtle extends Thread {
    public int distance=100;
    static boolean flag=true;
    public int predistance=0;
    @Override
    public void run() {
        double ran=Math.random();
        String name=Thread.currentThread().getName();
        while (flag){
            try {
                Thread.sleep(100);
            } catch (InterruptedException e) {
                //TODO Auto-generated catch block
                e.printStackTrace();
            }
            if (name.equals("乌龟")) {         //线程模拟对象是乌龟
                if (Math.random()<1) {
```

```
                predistance+=1;
                System.out.println(name+"我跑了: "+predistance+"米");
                if(predistance==100) {
                    System.out.println("=====乌龟赢了====");
                    flag=false;
                    break; }
            }
            try {
                sleep(100);
            } catch(InterruptedException e) {
                e.printStackTrace();
            }
        }
        if(name.equals("兔子")) {            //线程模拟对象是兔子
            if(Math.random()<0.3) {
                predistance+=2;
                System.out.println(name+"我跑了: "+predistance+"米");
                if(predistance==100) {
                    System.out.println("=====兔子赢了========");
                    flag=false;
                    break; }
            }
            try {
                sleep(200);
            } catch(InterruptedException e) {
                //TODO Auto-generated catch block
                e.printStackTrace();
            }
        }
    }
}
```

② 测试类中创建两个线程，并设置线程名后启动线程工作。
程序如下：

```
public class Race {
    public static void main(String[] args) {
        Thread rabbit=new RabbitAndTurtle();
        Thread turtle=new RabbitAndTurtle();
        rabbit.setName("兔子");          //设置线程名
        turtle.setName("乌龟");          //设置线程名
        rabbit.start();                  //启动线程工作
        turtle.start();                  //启动线程工作
    }
}
```

习 题

1. 有一个抽奖池，该抽奖池中存放了奖励的金额，该抽奖池用一个数组：

```
int[] arr={10,5,20,50,100,200,500,800,2,80,300};
```

创建两个抽奖箱（线程）设置线程名称分别为"抽奖箱 1""抽奖箱 2"，随机从 arr 数组中获取奖项元素并打印在控制台上，格式如下：

抽奖箱 1 又产生了一个 10 元大奖

抽奖箱 2 又产生了一个 100 元大奖

2. 编写一个有两个线程的程序，第一个线程用来计算 2～100 000 之间素数的个数，第二个线程用来计算 100 000～200 000 之间素数的个数，最后输出结果。

3. 使用多线程实现多个文件同步复制功能，并在控制台显示复制的进度，进度以百分比表示。例如，把文件 A 复制到 E 盘某文件夹下，在控制台上显示"×××文件已复制 10%""×××文件已复制 20%"……"×××文件已复制 100%""×××复制完成！"

第 10 章
Java 网络程序设计

　　Java 提供了用于网络编程和通信的各种包，可以使用 Socket 模块进行基于套接字的底层网络编程。Socket 是计算机之间进行网络通信的一套程序接口，计算机之间通信必须遵守 Socket 接口的相关要求。Socket 对象是网络通信的基础，相当于一个管道连接了发送端和接收端，并在两者之间传递数据。Java 语言对 Socket 进行了二次封装，简化了程序开发步骤，大大提高了程序开发效率。本章主要介绍 Socket 程序的开发，讲述常见的两种通信协议 TCP 和 UDP 的发送和接收的实现，同时介绍多线程并发问题处理。

10.1 网络编程基础

10.1.1 互联网 TCP/IP

　　计算机为了联网，就必须规定通信协议。早期的计算机网络，都是由各厂商自己规定一套协议，IBM、Apple 和 Microsoft 都有各自的网络协议，互不兼容。

　　为了把全世界所有不同类型的计算机都连接起来，就必须规定一套全球通用的协议。为了实现这个目标，国际组织制定了 OSI 七层模型互联网协议标准，如图 10-1 所示。因为互联网协议包含了上百种协议标准，但是最重要的两个协议是 TCP 和 IP 协议，所以，一般把互联网的协议简称 TCP/IP。

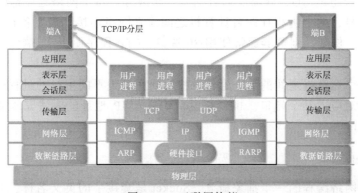

图 10-1　互联网协议

10.1.2 IP

通信的时候,双方必须知道对方的标识,好比发邮件必须知道对方的邮件地址。互联网上每个计算机的唯一标识就是 IP 地址。如果一台计算机同时接入到两个或更多的网络,如路由器,它就会有两个或多个 IP 地址,所以,IP 地址对应的实际上是计算机的网络接口,通常是网卡。

IP 负责把数据从一台计算机通过网络发送到另一台计算机。数据被分割成一小块一小块,然后通过 IP 包发送出去。由于互联网链路复杂,两台计算机之间经常有多条线路,因此,路由器负责决定如何把一个 IP 包转发出去。IP 包的特点是按块发送,途径多个路由,但不保证能到达,也不保证顺序到达。

IP 地址实际上是一个 32 位整数(称为 IPv4),以字符串表示的 IP 地址如 192.168.0.1 实际上是把 32 位整数按 8 位分组后的数字表示,目的是便于阅读。

IPv6 地址实际上是一个 128 位整数,它是目前使用的 IPv4 的升级版,以字符串表示类似于 2001:0db8:85a3:0042:1000:8a2e:0370:7334。

10.1.3 TCP 和 UDP

TCP 则是建立在 IP 之上的。TCP 负责在两台计算机之间建立可靠连接,保证数据包按顺序到达。TCP 会通过握手建立连接,然后,对每个 IP 包编号,确保对方按顺序收到,如果包丢掉了,就自动重发。

许多常用的更高级的协议都是建立在 TCP 基础上的,如用于浏览器的 HTTP 协议、发送邮件的 SMTP 等。

UDP 同样建立在 IP 协议之上,但是 UDP 面向无连接的通信协议,不保证数据包的顺利到达,不可靠传输,所以效率比 TCP 要高。

10.1.4 端口

一个 IP 包除了包含要传输的数据外,还包含源 IP 地址和目标 IP 地址,源端口和目标端口。

端口有什么作用?在两台计算机通信时,只发 IP 地址是不够的,因为同一台计算机上运行着多个网络程序(如浏览器、QQ 等网络程序)。一个 IP 包来了之后,到底是交给浏览器还是 QQ,就需要通过端口号来区分。每个网络程序都向操作系统申请唯一的端口号,两个进程在两台计算机之间建立网络连接就需要各自的 IP 地址和各自的端口号。例如,浏览器通常使用 80 端口,FTP 程序使用 21 端口,邮件收发使用 25 端口。

网络上两个计算机之间的数据通信,归根到底就是不同主机的进程交互,而每个主机的进程都对应着某个端口。也就是说,单独靠 IP 地址的无法完成通信的,必须要有 IP 和端口。

10.1.5 Socket

Socket 是网络编程的一个抽象概念。Socket 是套接字的英文名称,主要是用于网络通信编程。20 世纪 80 年代初，美国高级研究工程机构（ARPA）给加利福尼亚大学 Berkeley 分校提供了资金，让他们在 UNIX 操作系统下实现 TCP/IP 协议。在这个项目中，研究人员为 TCP/IP 网络通信开发了一个 API（应用程序接口）。这个 API 称为 Socket。Socket 是 TCP/IP 网络最为通用的 API。任何网络通信都是通过 Socket 来完成的。

基于 TCP/IP 网络的 Java 程序与其他程序通信中依靠 Socket 进行通信。Socket 可以看成在两个程序进行通信连接中的一个端点，一个程序将一段信息写入 Socket 中，该 Socket 将这段信息发送给另外一个 Socket 中，使这段信息能传送到其他程序中。

通常用一个 Socket 表示"打开了一个网络链接"，而打开一个 Socket 需要知道目标计算机的 IP 地址和端口号，再指定协议类型即可。

Socket 同时支持数据流 Socket 和数据报 Socket。面向连接 TCP 的时序图如图 10-2 所示；无连接 UDP 的时序图如图 10-3 所示。

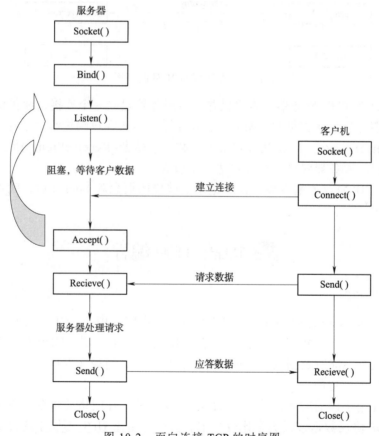

图 10-2 面向连接 TCP 的时序图

由图 10-2 和图 10-3 可以看出，客户机（Client）与服务器（Server）的关系是不对称的。

对于 TCP 客户机/服务器（C/S），服务器首先启动，然后在某一时刻启动客户机与服务器建立连接。服务器与客户机开始都必须调用 Socket( )建立一个套接字 Socket，然后服务器调用 Bind( )将套接字与一个本机指定端口绑定在一起，再调用

Listen( )使套接字处于一种被动的准备接收状态,这时客户机建立套接字便可通过调用 Connect( )和服务器建立连接。服务器就可以调用 Accept( )来接收客户机连接。然后继续侦听指定端口,并发出阻塞,直到下一个请求出现,从而实现多个客户机连接。连接建立之后,客户机和服务器之间就可以通过连接发送和接收数据。最后,待数据传送结束,双方调用 Close( )关闭套接字。

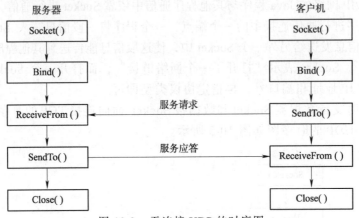

图 10-3　无连接 UDP 的时序图

对于 UDP 客户机/服务器,客户机并不与服务器建立一个连接,而仅仅调用函数 SendTo( )给服务器发送数据报。相似地,服务器也不从客户端接收一个连接,只是调用函数 ReceiveFrom( ),等待从客户端来的数据。依照 ReceiveFrom( )得到的协议地址以及数据报,服务器就可以给客户送一个应答。

了解 TCP/IP 协议的基本概念,IP 地址、端口的概念和 Socket 后,就可以开始进行网络编程了。

10.2　UDP 编程

10.2.1　UDP 简介

UDP(User Datagram Protocal,用户数据报)在网络中与 TCP 一样用于处理数据报。在 OSI 模型中,UDP 位于传输层,处于 IP 协议的上一层。UDP 有不提供数据报分组、组装以及不能对数据报排序的缺点。也就是说,当报文发送之后,是无法得知其是否安全完整到达的。

在选择使用协议的时候,选择 UDP 必须要谨慎。在网络质量令人不十分满意的环境下,UDP 协议数据包丢失会比较严重。但是,由于 UDP 不属于连接型协议的特性,因而具有资源消耗小、处理速度快的优点,所以通常音频、视频和普通数据在传送时使用 UDP 较多,因为它们即使偶尔丢失一两个数据包,也不会对接收结果产生太大影响。

使用 java.net 包下的 DatagramSocket 和 DatagramPacket 类,可以非常方便地控制用户数据报文。

10.2.2 DatagramPacket 类

DatagramPacket 类用于处理报文,它将 Byte 数组、目标地址和目标端口等数据包装成报文或者将报文拆卸成 Byte 数组。应用程序在产生数据报时应该注意,TCP/IP 规定数据报文大小最多包含 65 507 个,通常主机接收 548 字节,但大多数平台能够支持 8 192 字节大小的报文。

DatagramPacket 有数个构造方法,尽管这些构造方法的形式不同,但通常情况下它们都有两个共同的参数:byte [ ] buf 和 int length。其中 buf 参数包含了一个对保存自寻址数据报信息的字节数组;length 表示字节数组的长度。

最简单的构造方法如下:

```
DatagramPacket(byte [ ] buf, int length);
```

这个构造方法确定了数据报数组和数组的长度,但没有任何数据报的地址和端口信息,这些信息可以通过调用方法 setAddress(InetAddress addr)和 setPort(int port)添加上。下面的代码示范了这些函数和方法。

```
byte[]buffer=new byte[100];
DatagramPacket dgp=new DatagramPacket(buffer, buffer.length);
InetAddress ia=InetAddress.getByName("www.disney.com");
dgp.setAddress(ia);
dgp.setPort(6000);          //送数据报到端口 6000
```

如果用户更喜欢在调用构造方法的同时包括地址和端口号,则可以使用

```
DatagramPacket(byte[]buf,int length,InetAddress addr,int port);
```

下面的代码示范了另外一种选择:

```
byte[]buffer=new byte[100];
InetAddress ia=InetAddress.getByName("www.disney.com");
DatagramPacket dgp=new DatagramPacket(buffer, buffer.length,ia,6000);
```

如果创建 DatagramPacket 对象之后想改变字节数组和它的长度,可以通过调用

```
setData(byte[]buf);
setLength(int length);
```

方法来实现。在任何时候都可以通过调用 getData( )方法来得到字节数组内容;通过调用 getLength( )方法来获得字节数组的长度。下面的代码示范了这些方法:

```
byte[]buffer2=new byte[256];
dgp.setData(buffer2);
dgp.setLength(buffer2.length);
```

DatagramPacket 的常用方法有:

getAddress( )、setAddress(InetAddress):得到、设置数据报地址。
getData( )、setData(byte [ ] buf):得到、设置数据报内容。
getLength( )、setLength( )ing length):得到、设置数据报长度。
getPort( )、setPort(int port):得到、设置端口号。

10.2.3 DatagramSocket 类

DatagramSocket 类在客户端创建数据报套接字与服务器端进行通信连接,并发送和接收数据报。虽然有多个构造方法可供选择,但创建客户端套接字最便利的选择是 DatagramSocket( )函数,而服务器端则是 DatagramSocket(int port)函数。如果未能创建套接字或绑定套接字到本地端口,那么这两个函数都将抛出一个 SocketException 对象。一旦程序创建了 DatagramSocket 对象,那么程序分别调用 send(DatagramPacket p)和 receive(DatagramPacket p)来发送和接收数据报。

Datagram 构造方法:
- DatagramSocket( ):创建数据报套接字,绑定到本地主机任意存在的端口。
- DatagramSocket(int port):创建数据报套接字,绑定到本地主机指定端口。
- DatagramSocket(int port, InetAddress laddr):创建数据报套接字,绑定到指定本地地址。

常用方法:
- connect(InetAddress address, int port):连接指定地址。
- disconnect( ):断开套接字连接。
- close( ):关闭数据报套接字。
- getInetAddress( ):得到套接字所连接的地址。
- getLocalAddress( ):得到套接字绑定的主机地址。
- getLocalPort( ):得到套接字绑定的主机端口号。
- getPort( ):得到套接字的端口号。
- reseive(DatagramPacket p):接收数据报。
- send(DatagramPacket p):发送数据报。

【例 10.1】创建数据报套接字以及通过套接字处理发送和接收信息。

① 数据报套接字客户机示例的程序 DatagramDemo.java:

```java
import java.io.*;
import java.net.*;
public class DatagramDemo{//发送数据端
    public static void main (String [] args){
        String host="localhost";
        DatagramSocket s=null;
        try{
            s=new DatagramSocket ();
            byte[]buffer;
            buffer=new String("Send me a datagram").getBytes ();
            InetAddress ia=InetAddress.getByName(host);
            DatagramPacket dgp=new DatagramPacket(buffer,buffer.length,
                     ia,10000);
            s.send(dgp);
            byte[]buffer2=new byte [100];
            dgp=new DatagramPacket (buffer2, buffer.length, ia, 10000);
            s.receive(dgp);
            System.out.println(new String(dgp.getData()));
```

第 10 章　Java 网络程序设计

```
            }
            catch(IOException e){
                System.out.println(e.toString ());
            }
            finally{
                if(s!=null) s.close();
            }
        }
    }
```

DatagramDemo 由创建一个绑定任意本地（客户端）端口号的 DatagramSocket 对象开始，然后创建带有"Send me a datagram"文本信息的字节数组 buffer 和描述服务器主机 IP 地址的 InetAddress 类对象 ia，接下来，程序创建了一个 DatagramPacket 对象，该对象加入了带文本信息的缓冲器数组、InetAddress 类对象，以及服务端口号 10000。DatagramPacket 的数据报通过方法 send( )发送给服务器程序，于是一个包含服务程序响应的新的 DatagramPacket 对象被创建，receive( )得到相应的数据包，然后由 getData( )方法返回该数据报的内容，最后关闭 DatagramSocket。

② 相应的服务程序。数据报套接字服务器程序示例 DatagramServerDemo.java：

```
import java.io.*;
import java.net.*;
public class DatagramServerDemo{//接收数据端
    public static void main(String[]args) throws IOException{
        System.out.println("Server starting ...\n");
        DatagramSocket s=new DatagramSocket(10000);
        byte[] data=new byte [100];
        DatagramPacket dgp=new DatagramPacket(data, data.length);
        //进入一个无限循环中来接收数据报
        while(true){
            s.receive(dgp);   //接收数据报
            System.out.println(new String(data));
            s.send(dgp);
        }
    }
}
```

该程序创建了一个绑定端口 10000 的数据报套接字，然后创建一个字节数组容纳数据报信息，并创建数据报包。接着，程序进入一个无限循环中以接收自寻址数据包、显示内容并将响应返回客户端，套接字不会关闭，因为循环是无限的。

在 Eclipse 中运行 DatagramServerDemo 和 DatagramDemo 后，此时有两个程序同时在运行。可以在控制台上的 （Display selected Console）中选择查看那个程序的控制台。可以在 DatagramServerDemo 程序的控制台看到 DatagramDemo 传过来的"Send me a datagram"字符串信息。

如果 DatagramServerDemo 与 DatagramDemo 运行于不同主机，注意在客户机示例程序的 String host="localhost"中"localhost"改成服务程序的主机名或 IP 地址，如 IP 地址 202.196.32.97 或主机名 www.yesky.com。

235

10.3 TCP 编程

日常生活中大多数连接都是可靠的 TCP 连接。创建 TCP 连接时，主动发起连接的称为客户机，被动响应连接的称为服务器。

10.3.1 流套接字

无论何时，在两个网络应用程序之间发送和接收信息时都需要建立一个可靠的连接，流套接字依靠 TCP 协议来保证信息正确到达目的地。实际上，IP 包有可能在网络中丢失或者在传送过程中发生错误，任何一种情况发生，作为接收方的 TCP 将联系发送方 TCP 重新发送这个 IP 包。这就是在两个流套接字之间建立可靠的连接。

流套接字在客户机/服务器程序中包含一个必需的角色，客户机程序（需要访问某些服务的网络应用程序）创建一个扮演服务器程序的主机的 IP 地址和服务器程序（为客户端应用程序提供服务的网络应用程序）的端口号的流套接字对象。

客户端流套接字的初始化代码将 IP 地址和端口号通过网卡 NIC 传递给服务器端主机；服务器端主机读到经过 NIC 传递来的数据，然后查看服务器程序是否处于监听状态，这种监听依然是通过套接字和端口来进行的；如果服务器程序处于监听状态，那么服务器端就向客户机发出一个积极的响应信号，接收到响应信号后，客户端流套接字初始化代码就给客户程序建立一个端口号，并将这个端口号传递给服务器程序的套接字（服务器程序将使用这个端口号识别传来的信息是否是属于客户程序），同时完成流套接字的初始化。

如果服务器程序没有处于监听状态，那么服务器端将给客户端传递一个消极信号，收到这个消极信号后，客户程序的流套接字初始化代码将抛出一个异常对象，并且不建立通信连接，也不创建流套接字对象。这种情形就像打电话一样，当有人接听的时候通信建立，否则电话将被挂断。

这部分的工作包括了相关联的三个类：InetAddress、Socket 和 ServerSocket。InetAddress 对象描绘了 32 位或 128 位 IP 地址，Socket 对象代表了客户程序流套接字，ServerSocket 代表了服务程序流套接字，这三个类均位于 java.net 包中。

10.3.2 InetAddress 类简介

InetAddress 类在网络 API 套接字编程中扮演了重要角色。InetAddress 描述了 32 位或 128 位 IP 地址，要完成这个功能，InetAddress 类主要依靠 Inet4Address 以及 Inet6Address 两个支持类。这两个类是继承关系，InetAddrress 是父类，Inet4Address 和 Inet6Address 是子类。

由于 InetAddress 类没有构造方法，所以不能直接创建 InetAddress 对象，比如下面的语句就是错误的：

```
InetAddress ia=new InetAddress();
```

但可以通过下面的五个静态方法来创建一个 InetAddress 对象或 InetAddress 数组：

（1）getAllByName(String host)方法

返回一个 InetAddress 对象数组的引用，每个对象包含一个表示相应主机名的单独的 IP 地址，这个 IP 地址是通过 host 参数传递的，对于指定的主机，如果没有 IP 地址存在，那么该方法将抛出一个 UnknownHostException 异常对象。

（2）getByAddress(byte [ ] addr)方法

返回一个 InetAddress 对象的引用，这个对象包含了一个 IPv4 地址或 IPv6 地址，IPv4 地址是一个 4 字节地址数组，IPv6 地址是一个 16 字节地址数组，如果返回的数组既不是 4 字节的也不是 16 字节的，那么该方法将抛出一个 UnknownHostException 异常对象。

（3）getByAddress(String host, byte [ ] addr)方法

返回一个 InetAddress 对象的引用，这个 InetAddress 对象包含了一个由 host 和 4 字节的 addr 数组指定的 IP 地址，或者是 host 和 16 字节的 addr 数组指定的 IP 地址，如果这个数组既不是 4 字节的也不是 16 字节的，那么该方法将抛出一个 UnknownHost Exception 异常对象。

（4）getByName(String host)方法

返回一个 InetAddress 对象，该对象包含了一个与 host 参数指定的主机相对应的 IP 地址，对于指定的主机，如果没有 IP 地址存在，那么该方法将抛出一个 UnknownHostException 异常对象。

（5）getLocalHost( )方法

返回一个 InetAddress 对象，这个对象包含了本地主机的 IP 地址，考虑到本地主机既是客户程序主机又是服务器程序主机，为避免混乱，将客户程序主机称为客户主机，将服务器程序主机称为服务器主机。

InetAddress 和它的子类型对象处理主机名到主机 IPv4 或 IPv6 地址的转换，要完成这个转换需要使用域名系统。下面的代码示范了如何通过调用 getByName(String host)方法获得 InetAddress 类对象的方法，这个对象包含了与 host 参数相对应的 IP 地址：

```
InetAddress ia=InetAddress.getByName("www.sun.com");
```

一旦获得了 InetAddress 类对象，就可以调用 InetAddress 的各种方法来获得 InetAddress 类对象中的 IP 地址信息。例如，可以通过调用 getCanonicalHostName( )方法从域名服务中获得标准的主机名；调用 getHostAddress( )方法获得 IP 地址；调用 getHostName( )方法获得主机名；调用 isLoopbackAddress( )方法判断 IP 地址是否是一个 loopback 地址。

下面程序使用 InetAddress 获取本机 IP 及主机名等信息。

```
import java.net.*;
public class InetAddressDemo{
    public static void main (String [] args) throws UnknownHostException{
        String host="localhost";
        InetAddress ia=InetAddress.getByName (host);
        System.out.println ("Canonical Host Name="+
```

```
            ia.getCanonicalHostName ());
        System.out.println("Host Address="+ia.getHostAddress ());
        System.out.println("Host Name="+ia.getHostName ());
        System.out.println("Is Loopback Address="+ia.isLoopbackAddress());
    }
}
```

在 Eclipse 中进行调试时,控制台窗口输出的结果如下:

```
Canonical Host Name=localhost
Host Address=127.0.0.1
Host Name=localhost
Is Loopback Address=true
```

InetAddressDemo 通过调用 getByName(String host)方法获得一个 InetAddress 类对象,通过这个引用获得了标准主机名、主机地址、主机名以及 IP 地址是否是 loopback 地址的输出。

10.3.3 ServerSocket 类

由于客户端程序 SocketDemo 使用了流套接字,所以服务程序也要使用流套接字,这就要创建一个 ServerSocket 对象。ServerSocket 有几个构造方法,最简单的是:

```
ServerSocket(int port);
```

当使用 ServerSocket(int port)创建一个 ServerSocket 对象时,port 参数传递端口号,这个端口就是服务器监听连接请求的端口。如果在这时出现错误将抛出 IOException 异常对象,否则将创建 ServerSocket 对象并开始准备接收连接请求。

接下来服务程序进入无限循环之中。无限循环从调用 ServerSocket 的 accept( )方法开始,在调用开始后 accept( )方法将导致调用线程阻塞直到连接建立。在建立连接后 accept( )方法返回一个最近创建的 Socket 对象,该 Socket 对象绑定了客户程序的 IP 地址或端口号。

由于存在单个服务程序与多个客户程序通信的可能,所以服务程序响应客户程序不应该花很多时间,否则客户程序在得到服务前有可能长时间等待通信的建立,然而服务程序和客户程序的会话有可能是很长的(这与电话类似)。要加快对客户程序连接请求的响应,典型的方法是服务器主机运行一个后台线程,这个后台线程处理服务程序和客户程序的通信。

【例 10.2】流套接字服务程序将创建一个 ServerSocket 对象来监听端口 10000 的连接请求,如果成功,服务程序将等待连接输入,开始一个线程处理连接,并响应来自客户程序的命令。

流套接字服务程序 ServerDemo.java:

```
import java.io.*;
import java.net.*;
import java.util.*;
public class ServerDemo{
    public static void main(String[] args) throws IOException{
        System.out.println("Server starting...\n");
```

第10章 Java 网络程序设计

```java
            ServerSocket server=new ServerSocket (10000);
            while(true)    {
                Socket s=server.accept ();
                System.out.println("Accepting Connection...\n");
                new ServerThread(s).start();
            }
        }
}
class ServerThread extends Thread{
    private Socket s;
    ServerThread (Socket s){
        this.s=s;
    }
    public void run (){
        BufferedReader br=null;
        PrintWriter pw=null;
        try{
            InputStreamReader isr;
            isr=new InputStreamReader(s.getInputStream());
            br=new BufferedReader(isr);
            pw=new PrintWriter(s.getOutputStream(),true);
            Calendar c=Calendar.getInstance();
            do{
                String cmd=br.readLine();
                if(cmd==null)
                    break;
                cmd=cmd.toUpperCase();
                if(cmd.startsWith("BYE"))
                    break;
                if(cmd.startsWith ("DATE")||cmd.startsWith("TIME"))
                    pw.println(c.getTime().toString());
                if(cmd.startsWith("DOM"))
                    pw.println(""+c.get(Calendar.DAY_OF_MONTH));
                if(cmd.startsWith("DOW"))
                    switch(c.get(Calendar.DAY_OF_WEEK))    {
                        case Calendar.SUNDAY:pw.println("SUNDAY");
                        break;
                        case Calendar.MONDAY:pw.println("MONDAY");
                        break;
                        case Calendar.TUESDAY:pw.println("TUESDAY");
                        break;
                    case Calendar.WEDNESDAY:pw.println("WEDNESDAY");
                        break;
                        case Calendar.THURSDAY:pw.println("THURSDAY");
                        break;
                        case Calendar.FRIDAY:pw.println("FRIDAY");
                        break;
                        case Calendar.SATURDAY:pw.println("SATURDAY");
                    }
                if(cmd.startsWith("DOY"))
```

```
                    pw.println(""+c.get(Calendar.DAY_OF_YEAR));
                if(cmd.startsWith("PAUSE"))
                    try{
                        Thread.sleep(3000);
                    }
                    catch(InterruptedException e){}
            } while(true);
        }
        catch(IOException e){
            System.out.println(e.toString());
        }
        finally{
            System.out.println("Closing Connection...\n");
            try{
                if(br!=null)
                    br.close();
                if(pw!=null)
                    pw.close();
                if(s!=null)
                    s.close();
            }
            catch(IOException e){}
        }
    }
}
```

10.3.4 Socket 类

当客户程序需要与服务器程序通信时，客户程序在客户机创建一个 socket 对象。Socket 类有几个构造方法，常用的两个构造方法如下：

```
Socket(InetAddress addr,int port);
Socket(String host,int port);
```

两个构造方法都创建了一个基于 Socket 的连接服务器端流套接字的流套接字。对于第一个通过 InetAddress 类对象 addr 参数获得服务器主机的 IP 地址；对于第二个构造方法 host 参数被分配到 InetAddress 对象中，如果没有 IP 地址与 host 参数相一致，那么将抛出 UnknownHostException 异常对象。两个构造方法都通过参数 port 获得服务器的端口号。假设已经建立连接了，网络 API 将在客户端基于 Socket 的流套接字中捆绑客户程序的 IP 地址和任意一个端口号，否则两个构造方法都会抛出一个 IOException 对象。

如果创建了一个 Socket 对象，那么它可能通过调用 Socket 的 getInputStream( ) 方法从服务程序获得输入流读传送来的信息，也可能通过调用 Socket 的 getOutput Stream( )方法获得输出流来发送消息。在读写活动完成之后，客户程序调用 close( )方法关闭流和流套接字。

下面的代码创建了一个服务程序主机地址为 198.163.227.6，端口号为 13 的 Socket 对象，然后从这个新创建的 Socket 对象中读取输入流，然后再关闭流和 Socket 对象。

```
Socket s=new Socket("198.163.227.6", 13);
InputStream is=s.getInputStream();          //从socket流中读入.
is.close();
s.close();
```

【例 10.3】示范流套接字的客户程序。这个程序将创建一个 Socket 对象，Socket 将访问运行在指定主机端口 10000 上的服务程序，如果访问成功，客户程序将给服务程序发送一系列命令并打印服务程序的响应。

流套接字的客户程序 SocketDemo.Java：

```java
import java.io.*;
import java.net.*;
class SocketDemo{
    public static void main (String [] args){
        String host="localhost";
        if (args.length==1)
            host=args[0];
        BufferedReader br=null;
        PrintWriter pw=null;
        Socket s=null;
        try{
            s=new Socket(host,10000);
            InputStreamReader isr;
            isr=new InputStreamReader(s.getInputStream());
            br=new BufferedReader(isr);
            pw=new PrintWriter(s.getOutputStream(),true);
            pw.println("DATE");
            System.out.println(br.readLine());
            pw.println("PAUSE");
            pw.println("DOW");
            System.out.println(br.readLine());
            pw.println("DOM");
            System.out.println(br.readLine());
            pw.println("DOY");
            System.out.println(br.readLine());
        }
        catch (IOException e){
            System.out.println(e.toString());
        }
        finally{
            try{
                if(br!=null)
                    br.close();
                if(pw!=null)
                    pw.close();
                if(s!=null)
                    s.close();
            }
            catch(IOException e){}
```

```
            }
        }
    }
```

运行程序将会得到图 10-4 所示的结果,图 10-5 是运行 ServerDemo.java 后服务器端发生的变化。这里必须保证服务器端的程序已经运行了,否则会显示服务器不能连接的错误。

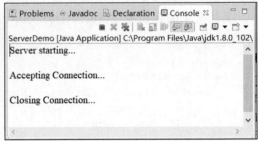

图 10-4　ServerDemo.java 程序的运行结果　　图 10-5　ServerDemo.java 运行界面的变化

SocketDemo.Java 创建了一个 Socket 对象与运行在主机端口 10000 的服务程序联系,主机的 IP 地址由 host 变量确定。程序将获得 Socket 的输入输出流,围绕 BufferedReader 的输入流和 PrintWriter 的输出流对字符串进行读写操作就变得非常容易。程序向服务程序发出各种 date/time 命令并得到响应,每个响应均被打印,一旦最后一个响应被打印,将执行 try/catch/finally 结构的 finally 子串,finally 子串将在关闭 Socket 之前关闭 BufferedReader 和 PrintWriter。

说明:上述程序用到的简单 date/time 命令中,DATE 命令指示传送服务器时间; PAUSE 命令指示服务器线程暂停 3 s;DOW 命令指示传送服务器当前日期是一周的第几天;DOM 命令指示传送服务器当前日期是当月的第几天;DOY 命令指示传送服务器当前日期是当年的第几天。

另外,Socket 类包含了许多有用的方法,如 getLocalAddress( )方法将返回一个包含客户程序 IP 地址的 InetAddress 类对象;getLocalPort( )方法将返回客户程序的端口号;getInetAddress( )方法将返回一个包含服务器 IP 地址的 InetAddress 类对象;getPort( )方法将返回服务程序的端口号。

拓展阅读
应用案例——
网络五子棋游戏

习　　题

1. TCP 协议和 UDP 协议的主要区别是什么?
2. Socket 有什么用途?
3. 简单描述开发 UDP 程序的过程。
4. 设计网络井字棋游戏,具有"联机""悔棋""退出"功能。
5. 编写程序获取本机 IP。

第 11 章
I/O（输入/输出）

Java 语言提供了可以用于文件和目录（文件夹）操作的类，利用它们可以很容易地实现对文件的存储管理、对文件的读写等各种操作。本章介绍目录和文件基本操作和流的常规操作。

11.1 认识 I/O（输入/输出）操作

在变量、数组和对象中存储的数据是暂时存在的，程序结束后它们就会丢失。为了能够永久地保存程序创建的数据，可以将其保存在磁盘文件中，这样就可以在其他程序中使用它们。Java 的 I/O 操作可以将数据保存到文本文件、二进制文件甚至是 ZIP 压缩文件中，以达到永久性保存数据的要求。

什么是 I/O 操作？很简单，"I"是 Input 的简称，表示输入；"O"是 Output 的简称，表示输出。

以下是典型的输入例子：
① 从网络上接收数据。
② 从键盘输入数据。

以下是典型的输出例子：
① 将数据输出到打印机打印。
② 将数据保存到硬盘上的文件。

从表面上这两个词语比较容易理解，实际上和程序设计结合起来，初学者往往无法分辨 I/O 的区别。例如，将数据进行打印，为什么是输出呢？明明是将据输入给打印机呀?! 这里必须澄清一个概念，我们讲解的输入和输出全部是站在程序角度，或者说站在"内存"的角度。如果是从其他地方获取数据入内存称为输入，将数据从内存送到别处称为输出。一个操作，对于一方而言是输出，对于另一方而就变成了输入。因此，保存文件站在硬盘的角度就是输入，但是站在内存的角度又是输出。因此，大家一定要明白本章 I/O 操作的立足点是"内存"的角度。

Java 中，I/O 操作的支持 API 一般保存在 java.io 包中，所以本章的内容主要基于 java.io 包进行讲解。

11.2 File 类

File 类是 java.io 包下代表与平台无关的文件和目录，也就是说，如果希望在程序中操作文件和目录，都可以通过 File 类来完成。值得指出的是，不管是文件还是目录都是使用 File 类提供的各种方法来操作的。File 对象能新建、删除、重命名文件和目录，判断硬盘上某个文件是否存在，查询文件最后修改时间等，但是 File 对象不能访问文件内容。如果需要访问文件内容，则需要使用输入/输出流。

11.2.1 创建 File 对象

File 类提供了专门创建 File 对象的构造方法，见表 11-1。

表 11-1 File 类构造方法

方法声明	功能描述
File(String pathname)	通过指定的一个字符串类型的文件路径创建一个新的 File 对象
File(File parent,String child)	根据指定的 File 类的父路径和字符串类型的子路径（包括文件名称）创建一个 File 对象
File(String parent,String child)	根据指定的一个字符串类型的父路径和一个字符串类型的子路径（包括文件名称）创建一个 File 对象

在表 11-1 中，所有的构造方法都需要传入文件路径。例如：

```
File f1=new File("E:\\Youdao\\Dict\\a.txt");//第1种方式构造File对象
System.out.println(f1.getPath());      //getPath()返回该file的路径
File f 2=new File(new File("E:\\Youdao"),"Dict\\a.txt"); //第2种方式构造File对象
System.out.println(f2.getPath());
File f3=new File("E:\\Youdao\\Dict","a.txt"); //第3种方式构造File对象
System.out.println(f3.getPath());
```

需要注意的是，在创建 File 对象时传入的路径使用了"\\"，这是因为在 Windows 中的目录符号为反斜线"\"，但反斜线"\"在 Java 中是特殊字符，表示转义符，所以使用反斜线"\"时，前面应该再添加一个反斜线，即为"\\"。除此之外，目录符号还可以用正斜线"/"表示，如"D:/file/a.txt"。

11.2.2 File 类的常用方法

File 类提供了一系列方法，用于操作其内部封装的路径指向的文件或者目录。File 类的常用方法见表 11-2。一旦创建 File 对象后，就可以调用这些方法来访问文件或者目录。

第 11 章 I/O（输入/输出）

表 11-2 File 类的常用方法

方 法 声 明	功 能 描 述
boolean exists( )	判断 File 对象对应的文件或目录是否存在，若存在则返回 true，否则返回 false
boolean delete( )	删除 File 对象对应的文件或目录，若成功删除则返回 true，否则返回 false
boolean createNewFile( )	当 File 对象对应的文件不存在时，该方法将新建一个此 File 对象所指定的新文件，若创建成功则返回 true，否则返回 false
String getName( )	返回 File 对象表示的文件或文件夹的名称
String getPath( )	返回 File 对象对应的路径
String getAbsolutePath( )	返回 File 对象对应的绝对路径
String getParentFile( )	返回 File 对象对应目录的父目录（即返回的目录不包含最后一级子目录）
boolean canRead( )	判断 File 对象对应的文件或目录是否可读，若可读则返回 true，反之返回 false
boolean canWrite( )	判断 File 对象对应的文件或目录是否可写，若可写则返回 true，反之返回 false
boolean isFile( )	判断 File 对象对应的是否是文件（不是目录），若是文件则返回 true，反之返回 false
boolean isDirectory( )	判断 File 对象对应的是否是目录（不是文件），若是目录则返回 true，反之返回 false
boolean isAbsolute( )	判断 File 对象对应的文件或目录是否是绝对路径
long lastModified( )	返回 1970 年 1 月 1 日 0 时 0 分 0 秒到文件最后修改时间的毫秒值
long length( )	返回文件内容的长度
File createTempFile(String prefix,String suffix)	在默认的临时文件目录中创建一个临时文件，使用给定前缀、系统生成的随机数和给定后缀作为文件名。这是一个静态方法，可以直接通过 File 类调用

File 类有关目录（文件夹）操作的方法见表 11-3。

表 11-3 File 类有关目录（文件夹）操作的方法

方 法 声 明	功 能 描 述
String[ ] list( )	列出 File 对象当前目录下的所有文件名和子目录名，返回 String 数组
File[ ] listFiles( )	返回 File 对象当前目录下的所有文件和子目录的 File 数组
boolean mkdir( )	创建一个 File 对象所对应的一层目录，如果创建成功，则返回 true；否则返回 false。调用该方法时 File 对象必须对应一个路径，而不是一个文件
boolean mkdirs( )	创建此 File 对象指定的一层或多层目录，创建成功返回 true；否则返回 false。注意，此操作失败时也可能已经成功地创建了一部分必需的上层父目录
static File[ ] listRoots( )	列出系统所有的根路径，这是一个静态方法，可以直接通过 File 类来调用

（1）createNewFile( )方法

用来创建文件。

```
boolean createNewFile( )
```

当且仅当 File 实例对象代表的文件不存在时才可以创建新文件。下面的代码演示在 E:/test 文件夹下创建名为 1.txt 文件(假设不存在)和异常 1.jpg 文件(假设已存在)。

```
File file=new File("E:/test/1.txt");
File file2=new File("E:/test/异常1.jpg");
//以指定 File 对象来创建一个文件
System.out.println(file.createNewFile()); //结果是 true，不存在可以创建
```

245

```
System.out.println(file2.createNewFile());    //结果是false,已经存在无法创建
```
下面的代码演示在 c:\tempuploads 文件夹下创建名为 NewDirectory 的子目录。

```
File dir=new File("c:\\tempuploads\\NewDirectoty");
dir.mkdir();      //c:\tempuploads 文件夹已存在则可以
```

（2）exists( )方法

判断文件或者目录是否存在。

```
bool exists(string path)
```

下面的代码示例判断指定的目录 d:\MyDir 是否存在，如果不存在则创建。

```
File file=new File("d:\\MyDir");
if (!file.exists(path)) {
    file3.mkdir();                          //创建目录，仅仅一层，上一层必须存在
}
flag=new File("d:\\MyDir\\a\\b").mkdirs();  //可以创建多层目录
System.out.println(flag);
```

（3）delete( )方法

用于删除 File 实例对象对应的文件或目录。

```
boolean delete()
```

当删除目录时，必须目录下为空才可以删除，否则目录无法删除。

```
File file2=new File("d:\\xmj\\xmj3");
file2.delete();                          //d:\xmj\xmj3是空的目录才可以删除
File file=new File("E:/test/1.txt");
file.delete();                           //删除E:\test\1.txt 文件
```

（4）list( )方法

获取 File 对象当前目录下的所有文件名和子目录名。

```
String[] list()
```

返回 String 数组。如果 File 对象代表的不是一个目录则返回 null。下面的代码读出 d:\xmj 目录下的所有文件名和子目录名，并将其存储到字符串数组中。

```
File file=new File("d:\\xmj");
String[] fileList=file.list();
System.out.println("====当前路径下所有文件和子目录名如下====");
for(String fileName:fileList){
    System.out.println(fileName);
}
```

（5）renameTo( )方法

重命名此 File 对象所对应的文件或目录，如果重命名成功，则返回 true；否则返回 false。

```
boolean renameTo(File newName)
```

参数必须是 File 对象。例如，将 E:/test/1.txt 文件更名为 E:/test/new1.txt 代码如下：

```
File oldFile=new File("E:/test/1.txt");
```

```
File newFile=new File("E:/test/new1.txt");
if(oldFile.exists() && oldFile.isFile()) {
    oldFile.renameTo(newFile);
}
```

【例 11.1】File 类的示例。

程序如下：

```
package ch11.example.xmj;
import java.io.File;
import java.io.IOException;
public class FileTest {
    public static void main(String[] args) throws IOException {
        //以当前路径来创建一个 File 对象
        File file=new File("d:\\xmj\\aa.txt");
        //直接获取文件名,输出文件名
        System.out.println(file.getName());          //aa.txt
        //获取文件的父目录
        System.out.println(file.getParent());        //d:\xmj
        //获取绝对路径
        System.out.println(file.getAbsolutePath());//d:\xmj\aa.txt
        //获取上一级路径
        System.out.println(file.getParent());        //d:\xmj
        //在当前父目录下创建一个临时文件
        File temFile=File.createTempFile("aaa",".txt",
                                    file.getParent File());
        //指定 JVM 退出时删除该临时文件
        temFile.deleteOnExit();
        //listRoots()静态方法列出所有的磁盘根路径
        File[] roots=File.listRoots();
        System.out.println("====系统所有根路径如下====");
        for(File root:roots){
            System.out.println(root);
        }
    }
}
```

程序运行结果如下：

```
aa.txt
d:\xmj
d:\xmj\aa.txt
d:\xmj
====系统所有根路径如下====
C:\
D:\
E:\
```

【例 11.2】遍历指定目录 D:\chapter11 下的所有文件。

程序如下：

```
package ch11.example.xmj;
import java.io.File;
```

```
public class Example01{
    public static void main(String[] args) {
        //创建一个代表目录的File对象
        File file =new File("D:\\chapter11");
        fileDir(file);                          //调用FileDir()方法
    }
    public static void fileDir(File dir) {
        File[] files=dir.listFiles();   //获得表示目录下所有文件的数组
        for(File file:files) {              //遍历所有的子目录和文件
            if(file.isDirectory())
                fileDir(file);          //如果是目录,递归调用fileDir()方法
            System.out.println(file.getAbsolutePath());  //输出文件的绝对路径
        }
    }
}
```

11.3 文件操作

操作文件是通过流来实现的,流用来实现程序之间的通信,或读写外围设备和文件等。流为I/O操作,因此所有的文件操作都在java.io开发包中。

流中最重要的就是方向,根据方向的不同可以将流分为输入流和输出流两类。输入流只能读取信息,却不能执行写入信息操作,而输出流只能写入信息,却不能执行读取信息操作。流可以简单地理解为一个管道,其两端连接着文件和程序。

流还可以根据其操作对象分为字符流和字节流,字节流即此类流操作的对象类型是字节,其字节输入流的父类为InputStream,输出流的父类为OutputStream。而字符流操作的对象类型是字符,其字符输入流的父类为Reader,输出流的父类为Writer。

不管使用的是字节流还是字符流,其基本操作流程几乎是一样的,以文件操作为例:

① 根据文件路径创建字节流或字符流对象。
② 进行数据的读取或写入操作。
③ 关闭流,释放占用的系统资源。所有的资源处理操作(I/O操作、数据库操作、网络)最后必须要进行关闭。

下面简单介绍操作文件中常用的流。

11.3.1 字节流

计算机中,无论是文本、图片、音频还是视频,所有文件都是以字节形式存在的。而对于字节的输入/输出I/O流提供了一系列的流,统称字节流。

在JDK中,提供了两个抽象类:InputStream和OutputStream,它们是字节流的顶级父类,所有的字节输入流都继承自InputStream,所有的字节输出流都继承自OutputStream。为了方便理解,可以把InputStream和OutputStream比作两根"水管",如图11-1所示。

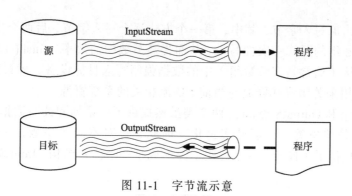

图 11-1　字节流示意

在图 11-1 中，InputStream 被看成一个输入管道，OutputStream 被看成一个输出管道，数据通过 InputStream 从源设备输入到程序，通过 OutputStream 从程序输出到目标设备，从而实现数据的传输。由此可见，I/O 流中的输入/输出都是相对于程序而言的。

在 JDK 中，InputStream 和 OutputStream 提供了一系列与读写数据相关的方法。InputStream 的常用方法见表 11-4。

表 11-4　InputStream 的常用方法

方 法 声 明	功 能 描 述
int read( )	从输入流读取一个 8 位的字节，把它转换为 0~255 之间的整数，并返回这一整数
int read(byte[ ] b)	从输入流读取若干字节，把它们保存到参数 b 指定的字节数组中，返回的整数表示读取字节的数目
int read(byte[ ] b,int off, int len)	从输入流读取若干字节，把它们保存到参数 b 指定的字节数组中，off 指定字节数组开始保存数据的起始下标，len 表示读取的字节数目
void close( )	关闭此输入流并释放与该流关联的所有系统资源

表 11-4 中，第一个 read( )方法是从输入流中逐个读入字节，而第二个和第三个 read( )方法则将若干字节以字节数组的形式一次性读入，从而提高读数据的效率。在进行 I/O 流操作时，当前 I/O 流会占用一定的内存，由于系统资源宝贵，因此，在 I/O 操作结束后，应该调用 close( )方法关闭流，从而释放当前 I/O 流所占的系统资源。

与 InputStream 对应的是 OutputStream。OutputStream 是用于写数据的，因此 OutputStream 提供了一些与写数据有关的方法。OutputStream 的常用方法见表 11-5。

表 11-5　OutputStream 的常用方法

方 法 声 明	功 能 描 述
void write(int b)	向输出流写入一个字节
void write(byte[ ] b)	把参数 b 指定的字节数组的所有字节写到输出流
void write(byte[ ] b,int off,int len)	将指定 byte 数组中从偏移量 off 开始的 len 个字节写入输出流
void flush( )	刷新此输出流并强制写出所有缓冲的输出字节
void close( )	关闭此输出流并释放与此流相关的所有系统资源

表 11-5 列举了 OutputStream 类的五个常用方法。前三个是重载的 write( )方法，

都是用于向输出流写入字节，其中，第一个方法逐个写入字节，后两个方法是将若干个字节以字节数组的形式一次性写入，从而提高写数据的效率。flush( )方法用来将当前输出流缓冲区（通常是字节数组）中的数据强制写入目标设备，此过程称为刷新。close( )方法是用来关闭流并释放与当前 I/O 流相关的系统资源。

InputStream 和 OutputStream 这两个类虽然提供了一系列和读写数据有关的方法，但是这两个类是抽象类，不能被实例化，因此，针对不同的功能，InputStream 和 OutputStream 提供了不同的子类，这些子类形成了一个体系结构。InputStream 子类如图 11-2 所示。

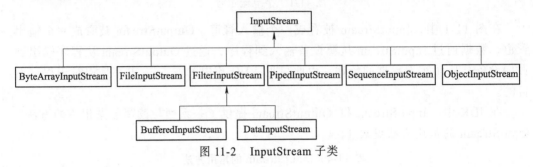

图 11-2　InputStream 子类

OutputStream 子类如图 11-3 所示。

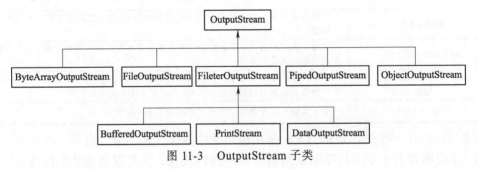

图 11-3　OutputStream 子类

从图 11-2 和图 11-3 中可见 InputStream 和 OutputStream 子类基本对应的。其中常用的两个字节流为文件输入流 FileInputStream 和文件输出流 FileOutputStream。

11.3.2　FileInputStream 读文件

InputStream 就是 JDK 提供的基本输入流。InputStream 并不是一个接口，而是一个抽象类，它是所有输入流的父类，而 FileInputStream 文件输入流是 InputStream 的子类，它是操作文件的字节输入流，专门用于读取文件中的数据。由于从文件读取数据是重复的操作，因此需要通过循环语句来实现数据的持续读取。

FileInputStream 类从文件中读取数据。它有以下构造方法：

（1）FileInputStream(File file)

参数 file 是 File 对象，指定文件的数据源。

（2）FileInputStream(String name)

参数 name 是文件名字符串，指定文件数据源。在参数 name 中包含文件路径信息。

其中，FileInputStream 文件输入流读取文件中数据的方法如下：

read( )：从此输入流中读取一个数据字节。

read(byte[ ] b)：从此输入流中读取最多 b.length 个字节的数据保存到 byte 数组 b 中。

read(byte[ ] b, int off, int len)：从输入流读取最多 len 个字节，把它们保存到参数 b 指定的字节数组中，off 指定字节数组开始保存数据的起始下标，len 表示读取的字节数目。

【例 11.3】FileInputStreamTester 类读取 test.txt 文件中的内容。

程序如下：

```java
package ch11.example.xmj;
import java.io.FileInputStream;
import java.io.IOException;
public class FileInputStreamTester {
    public static void main(String[] args) throws IOException {
        FileInputStream in=new FileInputStream("D:\\test.txt");
        int data;
        while ((data=in.read())!=-1)     //读取的字节为-1 结束循环
            System.out.print(data+", ");
        in.close();       //关闭此文件输入流并释放与此流有关的所有系统资源
    }
}
```

假定在 test.txt 文件中包含的字符串为"abc1 好"，并且假定文件所在的操作系统的默认字符编码为 UTF-8，那么在文件中实际存放的是这 5 个字符的 UTF-8 字符编码，字符"a"、"b"、"c"和"1"的 UTF-8 字符编码各占 1 字节，值分别是 97、98、99 和 49。"好"的 UTF-8 字符编码占 3 字节，值分别为 229、165 和 195。文件输入流的 read( ) 方法每次读取 1 字节，最终结果显示的就是文件"test.txt"中的 7 字节所对应的十进制数。因此以上程序的打印结果为：

97 , 98 , 99 , 49 , 229 , 165 , 189 ,

有时，在文件读取的过程中可能会发生错误。例如，文件不存在导致无法读取，没有读取权限等，这些错误都是由 Java 虚拟机自动封装成 IOException 异常并抛出。

如果读取过程中发生了 I/O 错误，InputStream 就无法正常关闭，资源也无法及时释放。对于这种问题可以使用 try...finally 来保证 InputStream 在无论是否发生 I/O 错误的时候都能够正确关闭。

```java
public class FileInputStreamTester {
    public static void main(String[] args) throws IOException {
        FileInputStream in=null;
        int data;
        try {
            in=new FileInputStream("D:\\test.txt");
            while((data=in.read())!=-1)
                System.out.print(data+" , ");
        } finally {
            if(in!=null)
                in.close(); //关闭此文件输入流并释放与此流有关的所有系统资源
```

```
            }
        }
}
```

11.3.3 FileOutputStream 写文件

OutputStream 是一个抽象类，如果使用此类，则首先必须通过子类实例化对象。FileOutputStream 文件输出流是 OutputStream 的子类，它是操作文件的字节输出流，专门用于把数据写入文件。

FileOutputStream 其构造方法都是通过文件的路径名来创建的，其实现代码如下：

```
FileOutputStream fos=new FileOutputStream(path);    //创建输出流
```

上述代码中的参数 path 为打开的文件路径，如打开 C 盘下的文件 file.txt 时，path 可以赋值为 c:/file.txt。

注意：输入流中的 path 路径指定的文件必须是存在并且可读的，而输出流中的 path 路径指定的文件如果存在，则必须是可以覆盖的；如果不存在此文件，则会新建一个文件。

使用 FileOutputStream 文件输出流写字节数据到文件方法如下：

- void write(int n)：该方法向目的文件写入单个字节。
- void write(byte b[ ])：该方法向目的文件写入一个字节数组。
- void write(byte b[ ],int off,int len)：该方法从给定字节数组中起始于偏移量 off 处取 len 个字节写到目的文件。

在应用程序中，I/O 流通常都是成对出现的，即输入流和输出流一起使用。

【例 11.4】在 C 盘根目录下新建一个名为 file.txt 的文档，并写入"程序开发"4 个汉字，然后通过流读出其中的内容。

程序如下：

```
import java.io.*;
public class Example04 {
    public static void main(String[ ] args) {
        FileInputStream fis=null;                        //定义输入流
        FileOutputStream fos=null;                       //定义输出流
        try {
            fos=new FileOutputStream("d:/file.txt");     //打开文件
            String str="程序开发";                        //定义字符串
            byte data[ ]=new byte[1024];                 //字节数组
            data=str.getBytes();              //字符串转换为字节数组
            fos.write(data);                             //写入文件
            fis=new FileInputStream("d:/file.txt");      //打开文件
            int length;                                  //定义长度
            length=fis.available();                      //获得文件内容长度
            fis.read(data,0,length);                     //读取文本内容
            System.out.println(new String(data,"gb2312").trim());
            fos.close();                                 //关闭流
            fis.close();
```

```
        } catch (Exception e) {
            System.out.println("此文件不存在");
        }
    }
}
```

第 7 行为打开文件，如果指定的 d 盘目录下存在 file.txt 文件，则将其覆盖；如果不存在，则新建此文件。

第 8～11 行表示把字符串转换为字节数组，并通过输出流把 str 字符串写进刚才建立或打开的文本文档中。

第 14、15 行通过输入流的 available( )方法获得文件内容的长度，并通过输入流的 read( )方法把此数据读取出来。

第 16 行表示把字节数组转换为字符串显示在控制台上，其中的 gb2312 为文件的编码格式，而 trim( )方法则表示把读取的所有空格都去掉。如果文本内容都为英文字符，那么可以通过其他方法来读取文本内容，其主要实现代码如下：

```
fis=new FileInputStream("c:/file.txt");    //打开文件
int num;                                    //记录位数
while((num=fis.read())!=-1){                //判断是否到文件末尾
    System.out.println((char)num);
}
```

第 3 行表示当读取到文件末尾时就不再继续执行，即文件的末尾返回值为-1，而 read( )方法返回的是数字，需要通过 char 强制转换成字符格式。

11.3.4 DataInputStream 和 DataOutputStream

在字节流中还有两个比较常用的数据流，即数据输入流 DataInputStream 和数据输出流 DataOutputStream，这两个数据流允许读写任何数据，并将 InputStream 和 OutputStream 作为输入流和输出流对象。其构造方法如下所示。

```
DataInputStream dis;                        //数据输入流
dis=new DataInputStream(InputStream is)
```

上述代码是以 InputStream 输入流作为参数来实现数据读取的。数据流一般应用在网络数据传输上。

【例 11.5】在 d 盘根目录下创建一个新文件，向其中输入不同类型的数据，然后再读取出来。

程序主要实现代码如下：

```
import java.io.*;
public class Example05 {
    public static void main(String[] args) {
        DataInputStream dis;                        //数据输入流
        DataOutputStream dos;                       //数据输出流
        InputStream is=null;
        OutputStream os=null;
        try {
            os=new FileOutputStream("d:/file.txt");//创建输出流
```

```
            is=new FileInputStream("d:/file.txt");      //创建输入流
            dos=new DataOutputStream(os);
            dis=new DataInputStream(is);
            dos.writeUTF("程序开发");                    //输入内容
            dos.writeChar('d');
            dos.writeBoolean(true);
            String str="";                              //字符串
            char c;                                     //字符
            boolean flag;                               //布尔值
            str=dis.readUTF();                          //读取内容
            c=dis.readChar();
            flag=dis.readBoolean();
            System.out.println("str=="+str+"||c=="+c+"||flag=="+flag);
        } catch (Exception e) {
            e.printStackTrace();
        }
    }
}
```

程序运行结果如下：

```
str==程序开发||c==d||flag==true
```

第 13~15 行表示把字符串、字符和 boolean 值都写入文件，根据不同的数据类型需要调用不同的写入方法，而这些方法还包括对其他数据类型的写入方法，这里不再一一列举，读者可以通过圆点操作符来查找对应的方法。

第 19~21 行表示把刚才写入文件的内容读取出来。

注意：流的读写操作是相反的，无论任何文件都必须知道其是怎么写入的，才能正确地读取出来。如果在上述代码中把读取顺序颠倒一下，那么将会抛出异常。

11.3.5 字符流

前面已经讲解过 InputStream 类和 OutputStream 类在读写文件时操作的都是字节。而字符编码方式不同，有时候一个字符使用的字节数也不一样，如 ASCII 方式编码的字符，占 1 字节；而 UTF-8 方式编码的字符，一个英文字符需要 1 字节，一个中文需要 3 字节。如果希望在程序中操作字符，使用这两个类就不太方便，为此 JDK 提供了字符流。同字节流一样，字符流也有两个抽象的顶级父类，分别是 Reader 和 Writer。其中 Reader 是字符输入流，用于从某个源设备读取字符。Writer 是字符输出流，用于向某个目标设备写入字符。

Reader 是字符输入流的抽象基类，它定义了以下方法：

- read( )：读取单个字符，但返回结果是一个 int，需要强制转换成 char；到达流的末尾时，返回-1。
- read(char[ ] cbuf)：读取 cbuf 数组长度个字符到 cbuf 数组中，返回结果是读取的字符数，到达流的末尾时，返回-1。
- close( )：关闭流，释放占用的系统资源。

Writer 是字符输出流的抽象基类,它定义了以下方法:
- write(char[ ] cbuf):往输出流写入一个字符数组。
- write(int c):往输出流写入一个字符。
- write(String str):往输出流写入一串字符串。
- write(String str, int off, int len):往输出流写入字符串的一部分。
- close( ):关闭流,释放占用的系统资源。

Reader 和 Writer 作为字符流的顶级父类,也有许多子类,常用子类如图 11-4 所示。

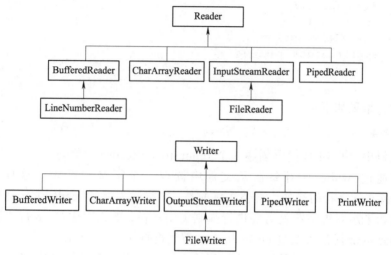

图 11-4　Reader 和 Writer 的常用子类

其中,常用的两个字符流为输入流 InputStreamReader 和输出流 OutputStreamWriter,其创建方法都以 InputStream 和 OutputStream 为对象进行操作。InputStreamReader 可以把 InputStream 中的字节数据流根据字符编码方式转成字符数据流。OutputStreamWriter 可以直接往流中写字符串数据,它内部会根据字符编码方式来把字符数据转成字节数据再写给输出流。

输入流 InputStreamReader 和输出流 OutputStreamWriter 重写了各自父类(Reader 和 Writer)的方法,其基本操作和字节流相同,这里不再赘述。可以通过下面的例子来了解字符流的用法。

【例 11.6】在 d 盘根目录下创建一个新文件,命名为 aa.txt,并把 Hello 字符串写入此文件,然后通过字符流读取出来。

程序主要实现代码如下:

```
import java.io.*;
public class Example06 {
    public static void main(String[ ] args) {
        FileInputStream fis=null;                //输入流
        FileOutputStream fos=null;               //输出流
        OutputStreamWriter osw;                  //字符输出流
        InputStreamReader isr;                   //字符输入流
        try {
            fos=new FileOutputStream("d:\\aa.txt");
```

```
            osw=new OutputStreamWriter(fos);
            osw.write("Hello 苹果");                    //写入数据
            osw.close();                                //关闭流
            fos.close();
            fis=new FileInputStream("d:\\aa.txt");
            isr=new InputStreamReader(fis);             //创建字符输入流
            int num;                                    //保存字符
            while((num=isr.read())!=-1){                //判断是否到文件末尾
                System.out.print((char)num);}
            fis.close();                                //关闭流
            isr.close();
        } catch (IOException e) {
            e.printStackTrace();
        }
}}
```

程序运行结果如下：

```
Hello 苹果
```

上述代码中，第 14 行代码创建一个 InputStreamReader 对象与文件关联。第 16~18 行代码通过 while 循环每次从文件中读取一个字符并打印，这样便实现了 FileReader 读文件字符的操作。需要注意的是，字符输入流的 read( )方法返回的是 int 类型的值，如果想获得字符就需要进行强制类型转换，如程序中第 18 行代码 System.out.print(char)num 就是将变量 ch 转为 char 类型再打印。

说明： 使用字节流和字符流从代码形式上区别不大。但是如果从实际开发来讲，字节流一定是优先考虑的，只有在处理中文时才会考虑字符流。

11.3.6 FileReader 和 FileWriter

FileReader 和 FileWriter 作为字符文件输入流和输出流，分别继承自 InputStreamReader 和 OutputStreamWriter，而 InputStreamReader 和 OutputStreamWriter 分别继承自 Reader 和 Writer。

1．读文件

在程序开发中，经常需要对文本文件的内容进行读取。如果想从文件中直接读取字符便可以使用字符输入流 FileReader，通过此流可以从关联的文件中读取一个或一组字符。FileReader 对象返回的字符流是 char，而 InputStream 对象返回的字符流是 byte，这就是两者之间最大的区别。

最常见的构造方法如下：

```
public FileReader(String name)
```

传入一个路径，实例化 FileReader 对象。该类还有一个构造方法：

```
public FileReader(File file)
```

传入一个 File 对象，实例化 FileReader 对象。

用户可以调用 FileReader 类里面的方法来进行文件操作，其主要是各个 read( ) 方法，其中使用较多的是将内容从文件以字符数组形式读入：

```
public int read(char[] cbuf)
```
该方法的参数是一个字符数组，不过，首先必须为字符数组开辟空间。

【例 11.7】读取 info.txt 文件的内容显示到屏幕。

程序如下：

```
import java.io.File;
import java.io.FileReader;
public class FileReadTest1 {
    public static void main(String[] args) throws Exception {
        File file=new File("info.txt");
        FileReader fr=new FileReader(file);
        char[] data=new char[(int)file.length()];
        fr.read(data);
        fr.close();
        String msg=new String(data);
        System.out.println(msg);
    }
}
```

2. 写文件

如果要以字符的形式将内容输出到文件就需要使用 FileWriter 类。最常见的构造方法是：

```
public FileWriter(String name)
```

传入一个路径，实例化 FileWriter 对象，如果文件不存在则创建，如果存在则删除之后再创建。

该类还有一个构造方法：

```
public FileWriter(String name,boolean append)
```

第二个参数如果选择 true，则表示在原有文件末尾添加新的内容。

可以调用 FileWriter 类里面的方法来进行文件操作，其主要是各个 write( )方法，其中使用较多的是将一个字符串写入文件，该函数从其父类继承：

```
public void write(String str)
```

【例 11.8】读取并显示指定文本文件的内容。

程序如下：

```
import java.io.FileWriter;
public class FileWriteTest1 {
    public static void main(String[] args) throws Exception {
        FileWriter fw=new FileWriter("c:\\info.txt");
        String msg="大家好";
        fw.write(msg);
        fw.close();
    }
}
```

如果一行一行地读写文件中的数据，则建议使用缓冲流 BufferedReader 和 BufferedWriter。

11.3.7 缓冲流

缓冲流是一种处理流,其套接在某个真正用来被读写数据的流之上,使得后者具备缓冲特性,从而改善读写性能并提供某些方便特性。缓冲流维护着一个用以暂存数据的内存缓冲区(其实质是一个字节或字符数组),并允许自定义缓冲区的大小以满足不同需要。

BufferedReader 和 BufferedWriter 用于对字符型数据进行缓冲读写,使用它们可以提高读写效率。它们重写了各自父类(Reader 和 Writer)的方法,并提供了以下方法使得按行读写文件:

① BufferedReader 提供了 readLine( )方法一次读取流中的一行字符串,该方法在以文本行为基本处理单位的应用中使用较多。

② BufferedWriter 提供了 newLine( )方法向输出流写一个换行字符,该方法会自动判断操作系统使用何种换行符,以提高程序的可移植性。

【例 11.9】字符缓冲输入、输出流演示。

程序如下:

```java
import java.io.*;
public class BufferedReaderWriterDemo {
    public static void main(String[] args) throws IOException {
        /**** 以下为写入文件 ****/
        int ch='A';                          //要写入的第一个字符
        String line;                         //存放写入或读取的一行字符串
        FileWriter out=new FileWriter("info.txt");
        BufferedWriter bw=new BufferedWriter(out);
        for (int i=0;i<3;i++) {  //3 行
            line="";
            for (int j=0;j<10;j++) {         //10 列
                line+=((char)(ch++));        //拼接字符串并准备下一字符
            }
            bw.write(line);                  //写入字符串
            bw.newLine();                    //写入换行字符
            bw.flush();                      //每写一行,刷新缓冲输出流
        }
        bw.close();
        /**** 以下为读取文件 ****/
        FileReader in=new FileReader("info.txt");
        BufferedReader br=new BufferedReader(in);
        while((line=br.readLine())!=null) {   //每次读取一行
            System.out.println(line);
        }
        br.close();
    }
}
```

程序运行结果如下:

```
ABCDEFGHIJ
KLMNOPQRST
```

UVWXYZ[\]^

使用缓冲输出流时，应注意以下细节：

① 为缓冲输出流的缓冲区指定不同大小（默认为 8 KB）会一定程度影响输出流的写出性能，在实际应用中，可以根据所处理数据的种类、大小等灵活设置。

② 一般来说，缓冲输出流会在适当时机（如缓冲区被填满了）自动将缓冲区中的数据刷新到输出流，但这可能会降低数据接收的实时性。

③ 当调用缓冲输出流 BufferedWriter 的 close( )方法时，流在关闭前会自动调用 flush( )方法。

④ 与 read( )、write( )等方法一样，flush( )方法应先于 close( )方法调用，否则会抛出异常。

⑤ 若既未显式调用 flush( )方法，也未关闭缓冲输出流，则很可能导致之前写到缓冲区的数据未被真正写到文件中。这种情况下就必须调用 flush( )方法强制刷新才能够得到完整数据。

11.4 应用案例——查单词软件

本案例实现简单的单词查找软件。有一个词库文件存储所有的英文单词及对应中文意思，内容形式如下：

```
Love=爱
I=我
China=中国
```

设计查单词软件时，首先从"词库.txt"读取所有单词信息，按行分割成一个个单词 word，并从 word 中按"="符分割出每个单词的<英文,中文>组成键值对加入 HashMap 中。查询单词时从 HashMap 中按 key 键查询即可。

程序如下：

```java
import java.io.File;
import java.io.FileReader;
import java.util.HashMap;
import java.util.Scanner;
public class FindWord {
    public static HashMap<String,String> readWord() throws Exception {
        File file=new File("词库.txt");
        FileReader fr=new FileReader(file);                    //字符文件输入流
        char[] data=new char[(int) file.length()];             //long→int
        fr.read(data);
        fr.close();
        String msg=new String(data).trim();
        System.out.println(msg);
        String[] word=msg.split("\\r\\n");
        //将读取的字符串按回车换行符分割
        HashMap<String,String> hm=new HashMap<String,String>();
        for (int i=0;i<word.length;i++) {
            String[] b=word[i].split("=");      //将每行按"="符分割
```

```
                String key=b[0];                    //英文
                String value=b[1];                  //中文
                hm.put(key, value);
            }
            return hm;
        }
        public static void main(String[] args) {
            HashMap<String,String>hm=new HashMap<String,String>();
            try {
                hm=readWord();
            } catch(Exception e) {
                System.out.println(e.getMessage());
            }
            System.out.println("请输入查询的单词");
            Scanner in=new Scanner(System.in);
            //控制台会一直等待输入，直到回车结束
            String s=in.nextLine();                  //用户通过控制台输入单词
            Boolean flag=false;
            for(String key:hm.keySet()) {
                if(s.equals(key)) {                  //是查询的英文单词
                    flag=true;
                    String value=hm.get(key);
                    System.out.println(value);
                }
            }
            if(flag==false)System.out.println("单词没找到!! ");
            in.close();
        }
    }
```

习 题

1. 编写程序，打开任意的文本文件，读出其中内容，判断该文件中某些给定关键字如"苹果"出现的次数。

2. 编写程序，打开任意的文本文件，在指定的位置产生一个相同文件的副本，即实现文件的复制功能。

3. 输入一个目录（文件夹）名，删除其下的所有文件。

4. 统计 test.txt 文件中大写字母、小写字母和数字出现的次数。

5. 编写程序统计调查问卷各评语出现的次数，将最终统计结果放入字典。

> 调查问卷结果:
> 不满意，一般，满意，一般，很满意，满意，一般，一般，不满意，满意，满意，满意，满意，一般，很满意，一般，满意，不满意，一般，不满意，满意，满意，满意，满意，满意，很满意，不满意，满意，不满意，不满意，一般，很满意

要求：问卷调查结果用文本文件 result.txt 保存并编写程序读取该文件后统计各评语出现的次数。

6. 文件 src.txt 存储的是一篇英文文章，将其中所有大写字母转换成小写字母输

出。假如 src.txt 里面存储内容为：

This is a Book

则输出内容应为：

this is a book

7. 文件 score.txt 中存储了运动比赛中 10 名评委给每一个运动员打的分，10 个分数在一行，形式如下：

运动员 1, 8.92, 7.89, 8.23, 8.93, 7.89, 8.52, 7.99, 8.83, 8.99, 8.89
运动员 2, 8.95, 8.86, 8.24, 8.63, 7.66, 8.53, 8.59, 8.82, 8.93, 8.89
……

从文件中读取数据，存入列表中，计算该名运动员的最终得分，最终得分的计算方式是 10 个评分去掉最高分，去掉最低分，然后求平均分。最终得分保留两位小数输出。

第 12 章 JDBC 技术

Java 程序通过使用 JDBC 可以方便地操作各种主流数据库。本章首先介绍数据库和 SQL 基本语法，然后介绍 JDBC 连接数据库和访问数据库，最后使用 JDBC 三层架构开发一个学生信息管理系统。

●视频
数据库概述
和 SQL

12.1 数据库概述

数据库（Database）是"按照数据结构来组织、存储和管理数据的仓库"，是由一批数据构成的有序集合，这些数据被存放在结构化的数据表里。数据表之间相互关联，反映客观事物间的本质联系。数据库能有效地帮助一个组织或企业科学地管理各类信息资源。

数据库是数据的集合，数据有多种表现形式，可以是数字、文字、图像、音频或视频，按统一的结构形式并存放于统一的存储介质内，是多种应用数据的集成，并可被各个应用程序所共享。常用的数据库有 Oracle、MySQL、SQL Server 等。

关系型数据库存储的格式可以直观地反映实体间的关系。关系型数据库和常见的表格类似，关系型数据库中表与表之间是有很多复杂的关联关系的。常见的关系型数据库有 MySQL、SQL Server 等。在轻量或者小型应用中，使用不同的关系型数据库对系统的性能影响不大，但是在构建大型应用时，则需要根据应用的业务需求和性能需求选择合适的关系型数据库。

12.1.1 MySQL 数据库

MySQL 是一个多用户、多线程的数据库，由瑞典 MySQL AB 公司开发，2010 年被甲骨文公司收购。其特点是体积小、速度快、总体拥有成本低，为开源软件，MySQL 已经成为目前最受欢迎的中小型企业数据库之一，被广泛地应用在 Internet 上的中小型网站中。

MySQL 是流行的 RDBMS（Relational Database Management System，关系数据库管理系统），使用常用的数据库管理语言——结构化查询语言（Structured Query Language，SQL）进行数据库管理。关系型数据库是建立在关系模型基础上的数据库，借助集合代数等数学概念和方法来处理数据库中的数据。关系数据库术语见表 12-1。

表 12-1 关系数据库术语

名 称	说 明
数据库	数据库是一些关联表的集合，一个数据库可以包含任意多个数据表
数据表	表是数据的矩阵。是一种按行与列排列的具有相关信息的逻辑组，在一个数据库中的表看起来像一个简单的电子表格
属性（字段）	数据表中的每一列称为一个字段，每个字段描述了它所含有的数据的意义。创建数据表时，为每个字段定义数据类型。字段可以是字符、数字、图形等
记录	表中的一行即为一个元组，或称为一条记录
属性值	行和列的交叉位置表示某个属性值
主键	一个数据表中只能包含一个主键，主键是用来确保表中记录的唯一性
外键	外键用于关联两个表
复合键	复合键（组合键）将多个列作为一个索引键，一般用于复合索引
索引	使用索引可快速访问数据库表中的特定信息。索引是对数据库表中一列或多列的值进行排序的一种结构，类似于书籍目录
冗余	存储两倍数据，降低了性能，但提高了数据的安全性

12.1.2 MySQL 安装配置

安装 MySQL 数据库需要在官网上下载，并进行配置，在配置时要注意选择支持中文的编码集。具体步骤如下：

登录 MySQL 官网站点，下载 MySQL 的最新版本。本书以 MySQL 8.0.27 为例进行介绍，读者可以根据自己的需求和 Windows 平台选择相应的 MSI Installer 安装文件。MySQL 官网提供了 mysql-installer-web-community 和 mysql-installer-community 两个版本。前者是联网安装，当安装时必须能访问互联网；后者是离线安装使用的，一般建议下载离线安装使用的版本。

下载后得到 mysql-installer-community-8.0.27.1.mis 安装文件，单击该文件进行安装。

① 开始安装后，单击 install MySQL Products 按钮，在出现的 license Agreement 界面勾选 I accept licens terms 复选框，然后单击 Next 按钮。在安装选项对话框中选择 Custom 类型，然后单击 Next 按钮。

② 选择安装的内容和路径，如图 12-1 和图 12-2 所示。

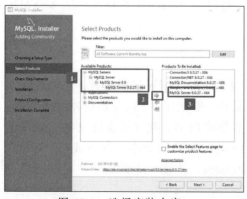

图 12-1 选择安装内容

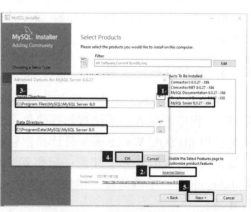

图 12-2 选择安装路径

③ 单击 Next 按钮，检验系统环境是否满足安装 MySQL 的要求，若满足所需的环境，则予以安装。

④ 单击 Next 按钮执行安装。安装成功出现图 12-3 所示安装成功对话框。

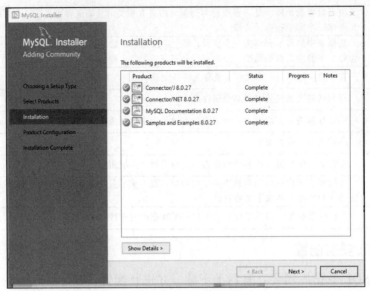

图 12-3　安装成功

⑤ 安装成功后接着配置 MySQL，在配置窗口选择 Standalone MySQL Server/Classic MySQL Replication 单选按钮，进行详细配置。

具体配置 MySQL 内容如下：
- 选择数据存储引擎；
- 选择配置类型和数据库连接方式；
- 选择身份验证方式；
- 设置账户密码；
- 配置 Windows 服务（即将 MySQL Server 配置为 Windows Service）；
- 单击 Next 按钮，选择配置类型和数据库连接方式，设置 root 账户密码，也可以添加更多的用户。

⑥ 安装成功后，可以在"开始"菜单中看到 MySQL→MySQL Server 8.27→MySQL 菜单项。

12.1.3　安装可视化工具

MySQL Workbench 是一款专为 MySQL 设计的 ER/数据库建模工具。它为数据库管理员、程序开发者和系统规划师提供可视化设计、模型建立，以及数据库管理功能。可是使用 MySQL Workbench 设计和创建新的数据库图示，建立数据库文档，以及进行复杂的 MySQL 迁移。注意一定要安装和 MySQL 对应的版本。安装成功 MySQL Workbench 后，单击运行，创建 MySQL Connections，并输入正确的用户名和密码进行登录。

12.1.4 创建数据库

打开 MySQL Workbench，并成功创建 MySQL Connections 连接后，可以创建数据库、创建数据库中的表，如图 12-4 所示。

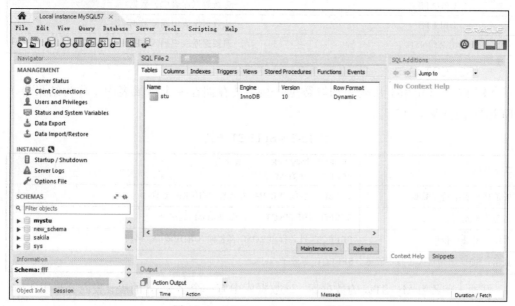

图 12-4　MySQL Workbench 界面

1．创建数据库

单击工具栏上的 按钮，创建新的数据库。在出现的对话框中输入数据库名，单击 Apply 按钮，在 Apply SQL Script to Database 对话框中出现数据库创建语句。单击 Apply 按钮，创建数据库。左侧出现新创建的数据库。

2．创建数据库表

双击建立好的数据库，在出现的菜单中右击 Tables，选择 Create new tables 命令，创建表，在出现的窗口中填写表名以及字段的信息，之后单击 apply，数据库表创建完成。

12.2　SQL 语法

SQL 是一种数据库查询和程序设计语言，用于存取数据以及查询、更新和管理关系数据库系统。SQL 是对所有关系数据库都通用的命令语句。它不要求用户指定对数据的存放方法，也不需要用户了解具体的数据存放方式，所以，具有完全不同底层结构的不同数据库系统，可以使用相同的结构化查询语言作为数据输入与管理的接口。

可以把 SQL 分为三部分：数据操作语言（DML）、数据定义语言（DDL）和数据控制语言（DCL）。SQL 主要是用于执行查询的语法，也包含用于更新、插入和删除记录的语法。查询和更新指令（见表 12-2）构成了 SQL 的 DML 部分，本小节主要介绍 DML。

表 12-2　SQL 数据操作语言

语　句	功　能
SELECT	从数据库表中获取数据
UPDATE	更新数据库表中的数据
DELETE	从数据库表中删除数据
INSERT INTO	向数据库表中插入数据

1. SELECT 语句

SELECT 语句用于从表中选取数据。结果被存储在一个结果表中（称为结果集）。SELECT 语法见表 12-3。

表 12-3　SELECT 语法

基本选取	SELECT 字段 FROM 表名称 SELECT * FROM 表名称
按条件从表中选取数据	SELECT 字段 FROM 表名称 WHERE 条件
不包含重复记录	SELECT DISTINCT 列名称 FROM 表名称
对结果集进行排序	SELECT 列名称 FROM 表名称 ORDER BY 字段
提示：SQL 语句对大小写不敏感。SELECT 等效于 select	

例如，有名为 My_STU 的数据库，该数据库中有一个名为 jsj 的表，表内容见表 12-4。

表 12-4　jsj 表

Id	Name	Age	City	Score
2022101	Adams	18	zhengzhou	85
2022102	Bush	20	beijing	75
2022103	Carter	19	chengdu	82
2022104	Candy	17	shanghai	95

实例 1：SELECT Name,Age FROM jsj

实例 2：SELECT DISTINCT Name FROM jsj

实例 3：SELECT * FROM jsj WHERE City='Beijing'

实例 4：SELECT Name, Age FROM jsj ORDER BY Age

得到的结果集分别如图 12-5（a）~（d）所示。

Name	Age
Adams	18
Bush	20
Carter	19
Carter	21

（a）

Name
Adams
Bush
Carter

（b）

Id	Name	Age	City	Score
2020102	Bush	20	beijing	91

（c）

Name	Age
Adams	18
Carter	19
Bush	20
Carter	21

（d）

图 12-5　得到的结果集

2. UPDATE

UPDATE 语句用于修改表中的数据。默认时，修改表中所有记录，通常会按照 WHERE 条件进行筛选，修改指定记录，语法如下：

```
UPDATE 表名称 SET 列名称=新值 WHERE 列名称=某值
```

例如：

```
UPDATE jsj SET City='Guangzhou' WHERE Name='Bush'
```

将记录中名字为 Bush 的城市改成 Guangzhou。

3. DELETE

DELETE 语句用于删除表中的行。通常会按照 WHERE 条件筛选，删除指定记录。语法如下：

```
DELETE FROM 表名称 WHERE 列名称=值
```

例如：

```
DELETE FROM jsj WHERE Name='Wilson'
```

删除名字为 Wilson 的记录。

4. INSERT INTO

INSERT INTO 语句用于向表格中插入新的行。语法如下：

```
INSERT INTO 表名称 VALUES(值1,值2,...)
```

也可以指定所要插入数据的列：

```
INSERT INTO table_name(列1,列2,...)VALUES(值1,值2,...)
```

例如：

```
INSERT INTO jsj VALUES('2020105','Bill','20','Beijing','85')
INSERT INTO Persons(LastName, Address)VALUES('Wilson',
         'Champs-Elysees')
```

12.3 JDBC 简介

Java 程序通过使用 Java 数据库连接 JDBC（Java Database Connectivity），可以方便地操作各种主流数据库。JDBC通过使用JDBC API 统一方式连接访问不同的数据库，通过执行标准的 SQL 语句，完成查询和更新数据库中的数据。使用 JDBC 开发的数据库应用可以跨平台运行，也可以是跨数据库（使用标准的 SQL）。例如，可以使用 MySQL 数据库，也可以使用 Oracle 数据库。总之，JDBC 是以统一的方式、非常方便地操作各种主流数据库。

视 频

JDBC 及 JDBC
连接数据库

12.3.1 JDBC 体系结构

为了实现 JDBC 程序可以跨平台，不同的数据库提供了相应的数据库驱动程序，通过 JDBC 驱动的转换，使用相同的 JDBC API 编写的程序，可以在不同的数据库系统上运行。JDBC 体系结构如图 12-6 所示。

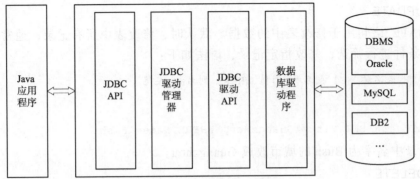

图 12-6 JDBC 体系结构

JDBC API 是为 Java 程序员提供的，其作用是屏蔽不同的数据库驱动程序之间的差别，使 Java 程序员有一个标准的、纯 Java 的数据库程序设计接口，使 Java 可以访问任意类型的数据库。

JDBC 驱动管理器（JDBC Driver Manager）工作在 Java 应用程序与数据库驱动程序之间，为应用程序加载和调用驱动程序。Java 应用程序首先使用 JDBC API 来与 JDBC Driver Manager 交互，由 JDBC Driver Manager 载入指定的数据库驱动程序，之后就可以由 JDBC API 直接存取数据库。

总而言之，Java 应用程序通过 JDBC API 界面访问 JDBC 管理器，JDBC 管理器通过 JDBC 驱动程序 API 访问不同的 JDBC 驱动程序，从而实现对不同数据库的访问。

12.3.2 JDBC 驱动程序的实现方式

大部分数据库有相应的 JDBC 驱动程序，当需要连接某个特定数据库时，必须有相应的数据库驱动程序。JDBC 驱动通常有四种类型：

第一类：JDBC-ODBC 桥接驱动程序（JDBC-ODBC Bridge Plus ODBC Driver）。是最早实现的 JDBC 程序，它是将 JDBC API 通过开放数据库连接 ODBC 驱动程序来连接数据库。这种方式在 Java 8 中已经被删除。

第二类：直接将 JDBC API 映射成数据库特定的客户 API。本地 API 部分用 Java 来编写的驱动程序。

第三类：支持三层结构的 JDBC 访问方式，主要用于 Applet 阶段，通过 Applet 访问数据库。

第四类：纯 Java 的，直接与数据库实例交互，称为本地协议纯 Java 驱动程序（Native-Protocol Pure Java Driver）。这种是目前最流行的 JDBC 驱动。

12.4 JDBC 连接数据库

使用 JDBC 进行数据库访问，需要使用 JDBC 体系中的多个接口和类。可以使程序员连接到指定的数据库，执行 SQL 语句和处理返回结果。使用 JDBC 访问数据库的步骤如下（见图 12-7）：

① 加载驱动程序。
② 建立数据库连接。
③ 创建数据库操作对象，执行 SQL。
④ 处理结果集。
⑤ 关闭 JDBC 对象。

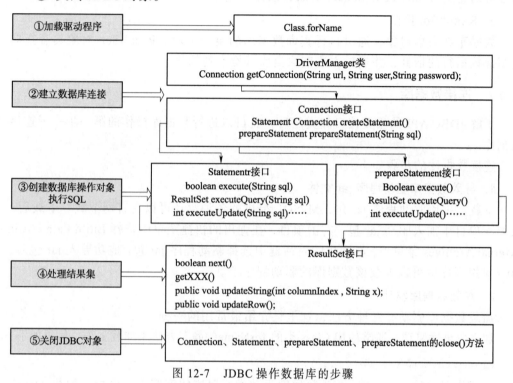

图 12-7　JDBC 操作数据库的步骤

12.4.1　JDBC API 的主要类和接口

在使用 Java 操作数据库之前，必须使用 class 类的静态方法 forName（String classname）加载能够连接数据库的驱动程序。

1．DriverManager 类

DriverManager 类是 JDBC 的管理层，用来管理数据库中的驱动程序，加载完连接数据库的驱动程序后，Java 会自动将驱动程序的实例注册到 DriverManager 类中，这时即可通过 DriverManager 类的 getConnection( )方法与指定数据库建立连接，获得 Connection 对象。

2．Connection 接口

数据库的连接对象，要想访问数据库必须获得数据库连接。可以通过该对象获取执行 sql 语句的 Statement 对象或 prepareStatement 对象，并返回结果。

3．Statement 接口

Statement 是 Java 执行数据库操作的一个重要接口，用于在已经建立数据库连接的基础上，向数据库发送要执行的 SQL 语句。Statement 对象用于执行不带参数的简单 SQL 语句。

4．PreparedStatement 接口

PreparedStatement 接口继承 Statement，可以包含已编译的 SQL 语句。包含于 PreparedStatement 对象中的 SQL 语句可具有一个或多个参数。由于 PreparedStatement 对象已预编译过，所以其执行速度要快于 Statement 对象。因此，多次执行的 SQL 语句经常创建为 PreparedStatement 对象，以提高效率。

5．ResultSet 接口

数据库结果集对象，通过执行查询数据库的语句生成。ResultSet 对象具有指向其当前数据行的指针，并提供方法获取当前行检索列的值。

12.4.2 连接数据库

了解 JDBC API 的相关接口和类之后，就可以进行数据库操作的第一步——连接数据库。

连接数据库的步骤如下：

1．导入数据库驱动程序 jar 文件

下载数据库驱动程序 jar 包，MySQL 提供的各种驱动可以在官网下载。下载后，需要在项目中加入驱动 jar 包。右击项目，在弹出的快捷菜单中选择 Build Path→Add external Archives 菜单项，在弹出的对话框中选择驱动程序 jar 包。成功导入 jar 包后，Java 应用程序就可以加载该数据库的驱动程序了。

2．加载数据库驱动

加载数据库驱动有三种方法，这里只介绍最常用的一种。

加载数据库驱动，通常使用 Class 类的 forName( )静态方法来加载驱动。代码如下：

```
Class.forName(driverClass);
```

上面代码中的 driverClass 是数据库驱动类所对应的字符串。例如，加载 Oracle 数据库的驱动采用字符串为"Oracle.jdbc.driver.OracleDriver"，加载 MySQL 的驱动采用的字符串为"com.mysql.jdbc.Driver"。因此，加载 MySQL 驱动的代码如下：

```
Class.forName("com.mysql.jdbc.Driver");
```

3．通过 DriverManager 建立数据库连接

加载数据库驱动后，即可用来与数据库建立连接。DriverManager 提供了 getConnection( )方法获取数据库连接，并返回该数据库的 Connection 对象。getConnection( )方法如下：

```
DriverManager.getConnection(String url,String user,String passwd);
```

其中三个参数说明如下：

- url：访问数据库的路径。数据库 URL 的规则遵循"jdbc:subprotocol:subname"。其中 jdbc 是固定的；subprotocol 指定连接到特定数据库的驱动；subname 是主机地址和数据库文件名称。
- user：登录数据库的用户名。
- passwd：登录数据库的用户密码。

假设该 MySQL 数据库的 root 用户密码是 "123456"，则获取 MY_STU 数据库连接的语句为：

```
Connection conn=DriverManager.getConnection(
            "jdbc:mysql://localhost:3306/MY_STU","root","123");
```

如果想了解特定数据库的 URL 的写法，可以查阅该数据库 JDBC 驱动文档。

【例 12.1】示范 JDBC 连接数据库的过程。

程序如下：

```
import java.sql.Connection;
import java.sql.DriverManager;
import java.sql.SQLException;
public class StuConnect {
    public static void main(String[] args) {
        try {
            Class.forName("com.mysql.jdbc.Driver");
            System.out.println("成功加载sql驱动");
        } catch(ClassNotFoundException e) {
            //TODO Auto-generated catch block
            System.out.println("找不到sql驱动");
            e.printStackTrace();
        }
        String url="jdbc:mysql://localhost:3306/MY_STU?useSSL=false";
        Connection conn=null;
        try {
            conn=(Connection) DriverManager.getConnection(url,
                                       "root","123456");
            System.out.print("成功连接到数据库! ");
            conn.close();
        } catch (SQLException e) {
            System.out.println("连接数据库失败");
            e.printStackTrace();
        }
    }
}
```

程序运行结果如下：

```
成功加载sql驱动
成功连接到数据库!
```

注意：在 MySQL 高版本需要指明是否进行 SSL 连接。解决方案是在 MySQL 连接字符串 url 中加入 useSSL=true 或者 useSSL=false，如：

"jdbc:mysql://localhost:3306/MY_STU?useSSL=false"

12.5　JDBC 访问数据库

JDBC 访问数据库

通过加载驱动，建立数据库连接，得到数据库连接 Connection 对象，该对象提供获取 Statement 对象和 PreParedStatement 对象的方法。PreParedStatement

对象是 Statement 对象的子类。获取 Statement 对象后才可以执行 SQL 语句。对数据表进行增（insert）、删（delete）、改（update）查（query）等操作。

12.5.1 Statement 对象

通过 Connection 接口中的 createStatement( ) 方法创建 Statement 对象，语法如下：

```
Statement createStatement();   //创建基本的 Statement 对象
```

Statement 用于执行不带参数的简单 SQL 语句。Statement 有如下三种方法执行 SQL 语句：

```
execute();              //可以执行任何 SQL 语句
executeUpdate();        //主要执行增、删、改
executeQuery();         //只能执行查询语句，执行后返回代表查询结果的 ResultSet 对象
```

【例 12.2】创建数据库连接，完成对数据库 MY_STU 中的 jsj 表的添加、删除和修改数据的操作。获取数据库连接后，对 jsj 表中学生信息进行添加、删除和修改数据的步骤如下：

① 获取 Statement 对象。
② 定义相应 SQL 语句。
③ 使用 Statement 对象执行 SQL 语句。
④ 关闭资源。

具体代码如下：

（1）插入一条记录

```
Statement st=null;
try {
    //1.获取 Statement 对象
    st=conn.createStatement();
    //2.创建 SQL 语句：向表中插入一条记录
    String sql="insert into jsj(Id,Name,Age,City,Score) ";
    sql+="values('2022101','grace',12,'hangzhou',80)";
    System.out.println(sql);
    //3.执行 SQL 语句
    st.executeUpdate(sql);
    //4.关闭资源
    st.close();
    conn.close();
}
catch(SQLException e){
    e.printStackTrace();
}
```

程序运行结果如下：

```
insert into jsj(Id,Name,Age,City,Score) values('2022101','grace',12,'hangzhou',80)
```

第 12 章 JDBC 技术

打开数据库表，在数据库表中插入了一行新数据，如图 12-8 所示。

Id	Name	Age	City	Score
2020101	Adams	18	zhengzhou	85
2020102	Bush	20	beijing	75
2021103	Carter	19	chengdu	82
2022102	grace	12	hangzhou	80
2022104	Candy	17	shanghai	95
NULL	NULL	NULL	NULL	NULL

图 12-8　数据库表中插入数据

（2）删除记录

```
st=conn.createStatement();
//2.创建SQL语句：删除记录
String sql1="delete from jsj where id=2022102";
System.out.println(sql1);
//3.执行SQL语句
st.executeUpdate(sql1);
```

（3）修改

```
st=conn.createStatement();
//2.创建SQL语句：修改记录
String sql="update jsj set Name='happyrabbit'";
sql+="where Name='Bush'";
System.out.println(sql);
//3.执行SQL语句
st.executeUpdate(sql);
```

注意：JDBC 中的数据库连接 Connection 对象、Statement 对象和 ResultSet 对象使用完一定要关闭，否则会占用大量内存资源。

12.5.2　PreParedStatement 对象

PreparedStatement 是 Statement 接口的子接口，属于预处理操作，与直接使用 Statement 不同，PreparedStatement 在操作时，可以传入带占位符的 SQL 语句。

如果反复执行结构相似的 SQL 语句，例如：

```
insert into jsj values('2022101','grace',12,'zhenghzou',85);
insert into jsj values('2022109','Candy',15,'beijing',79);
insert into jsj values('2022105','Jack',13,'wuhan',83);
```

这三条 SQL 语句的结构相似，只是插入数据的值不同。因此，可以使用带有占位符（?）参数的 SQL 语句来代替：

```
insert into jsj values(?,?,?,?,?);
```

Statement 不能执行带有占位符参数的 SQL 语句，JDBC 提供了 PreparedStatement 接口，用于实现带有占位符参数的 SQL 语句。PreparedStatement 可以预编译 SQL 语句，并存储在 PreparedStatement 对象中，可以使用该对象多次有效地执行此 SQL 语句。

创建 PreparedStatement 对象使用 Connection 的 prepareStatement(java.lang.String) 方法，该方法参数是包含一个或多个占位符 "?" 的 SQL 语句字符串。如下代码所示：

```
PreparedStatement pstmt=con.prepareStatement("UPDATE EMPLOYEES SET SALARY=? WHERE ID=?");
```

PreparedStatement 对象提供了 ResultSet executeQuery( ) 方法执行查询，并返回该查询生成的 ResultSet 对象。executeUpdate( ) 方法执行此 PreparedStatement 对象中的 SQL 语句（包括增、删、改）。

PreparedStatement 对象预编译 SQL 语句时，该 SQL 语句包含占位符参数，可以使用 PreparedStatement 提供的各 setXxx(int parameterIndex,Xxx sqlType)方法传入值。其中第一个参数 parameterIndex 是设置的 SQL 语句中的参数的索引（从 1 开始）；第二个参数 sqlType 是传入的值。如下代码所示：

```
PreparedStatement pstmt=con.prepareStatement("UPDATE EMPLOYEES SET SALARY=? WHERE ID=?");
    pstmt.setBigDecimal(1,153833.00);
    pstmt.setInt(2,110592);
```

【例 12.3】创建数据库连接，利用 PreparedStatement 对象完成对数据表 jsj 的添加、删除和修改的操作。获取数据库连接后，对 jsj 表进行添加、删除和修改数据的步骤如下：

① 定义带有占位符 "?" 的 SQL 语句。

② 使用 Connection 的 prepareStatement(java.lang.String)方法获取 PreparedStatement 对象，并传入预定义好的包含一个或多个占位符 "?" 的 SQL 语句。

③ 使用 PreparedStatement 对象 setXxx(int parameterIndex,Xxx sqlType)方法，给 SQL 语句的占位符参数传入相应的值。注意占位符参数参数传入时要根据参数的类型调用相应的 setXxx( )方法。

④ 使用 execute( )、executeQuery( )、executeUpdate( )等方法执行增加、删除、修改的 SQL 语句。

⑤ 关闭资源。

（1）利用 PreparedStatement 对象完成插入记录

```
public static void main(String[] args){
    Scanner sc=new Scanner(System.in);
    int i=0;
    try {
        Class.forName("com.mysql.jdbc.Driver");
    }
    catch (ClassNotFoundException e) {
        //TODO Auto-generated catch block
        System.out.println("找不到sql驱动");
        e.printStackTrace();
    }
```

```java
        String url="jdbc:mysql://localhost:3306/MY_STU?useSSL=false";
        Connection conn=null;
        try {
            conn=(Connection) DriverManager.getConnection(url,"root",
                                                          "123456");
        }
        catch (SQLException e){
            System.out.println("连接数据库失败");
            e.printStackTrace();
        }
        //1.预编译sql语句
        String sql="insert into jsj(Id,Name,Age,City,Score)
                                values (?,?,?,?,?)";//?是占位符
        PreparedStatement ps=null;
        System.out.println("请输入学生的姓名 年龄 城市和成绩");
        try {
            //2.返回PreparedStatement的实例
            ps=conn.prepareStatement(sql);
            for(i=1;i<=2;i++){
            //3.填充占位符
                ps.setInt(1,2022700+i);
                ps.setString(2,sc.next());//输入学生的姓名
                ps.setInt(3,sc.nextInt());//输入学生的年龄
                ps.setString(4,sc.next());//输入学生的城市
                ps.setInt(5,sc.nextInt());//输入学生的成绩
            //4.执行操作
                ps.execute();
            }
            //5.关闭资源
            ps.close();
            conn.close();
        }
        catch (SQLException e) {
            //TODO Auto-generated catch block
            e.printStackTrace();
        }
        System.out.println("添加了"+Integer.toString(i-1)+"个学生");
    }
}
```

程序运行结果如下:

```
请输入学生的姓名 年龄 城市和成绩
lihua 18 nanjing 67
zhang 19 wuhan 83
添加了2个学生
```

打开数据库表，在数据库中插入了两行新数据，如图 12-9 所示。

Id	Name	Age	City	Score
2020101	Adams	18	zhengzhou	85
2020102	happyrabbit	20	beijing	75
2021103	Carter	19	chengdu	82
2022104	Candy	17	shanghai	95
2022701	lihua	18	nanjing	67
2022702	zhang	19	wuhan	83
NULL	NULL	NULL	NULL	NULL

图 12-9　数据库中插入数据

（2）利用 PreparedStatement 对象完成删除记录

```
//1.预编译sql语句
String sql="delete from jsj where id=?";
PreparedStatement ps=null;
try {
    //2.返回PreparedStatement的实例
    ps=conn.prepareStatement(sql);
    System.out.println("请输入要删除的学号");
    //3.填充占位符
    ps.setInt(1,sc.nextInt());        //输入要删除的学号
    //4.执行操作
    ps.executeUpdate();
    //5.关闭资源
    ps.close();
    conn.close();
}
catch (SQLException e) {
    //TODO Auto-generated catch block
    e.printStackTrace();
}
```

（3）利用 PreparedStatement 对象完成记录修改

```
//1.预编译sql语句
String sql="update jsj set Score=? where Name=?";
PreparedStatement ps=null;
try {
    //2.返回PreparedStatement的实例
    ps=conn.prepareStatement(sql);
    System.out.println("请输入要修改的学生名和修改后的成绩");
    //3.填充占位符
    ps.setString(2, sc.next());
    ps.setInt(1,sc.nextInt());        //输入要删除的学号
    //4.执行操作
    ps.executeUpdate();
    //5.关闭资源
```

```
            ps.close();
            conn.close();
    }
    catch(SQLException e) {
            //TODO Auto-generated catch block
            e.printStackTrace();
    }
```

通常认为 PreparedStatement 对象比 Statement 对象更有效,特别是带有不同参数的同一 SQL 语句被多次执行的时候。PreparedStatement 对象允许数据库预编译 SQL 语句,以便在随后的运行中可以节省时间并增加代码的可读性。PreparedStatement 对象无须拼接 SQL 语句,编程更简单。PreparedStatement 可以防止 SQL 注入,安全性更好。

12.5.3 管理结果集

结果集(ResultSet)是通过执行查询数据库的语句得到的查询结果对象。结果集不仅仅具有存储的功能,同时还具有操纵数据的功能,可能完成对数据的更新等。

使用 Connection 对象获得一个 Statement,Statement 中的 executeQuery(String sql) 方法执行查询,并返回一个结果集 ResultSet。通过遍历这个结果集,可以获得 select 语句的查询结果。ResultSet 对象有一个游标指向当前数据行,最初游标位于第一行。next( )方法会操作游标从第一条记录开始读取,直到最后一天记录。next( )方法在 ResultSet 对象中没有更多行时返回 false。

ResultSet 接口提供 getXXX( )方法。可以使用列的索引号(列从 1 编号)或列的名称来检索值,返回的是对应的 XXX 类型的值。使用 getString( )方法可以返回所有的列的值,不过返回的都是字符串类型的。

【例 12.4】创建数据库连接,利用 ResultSet 对象完成对数据表 jsj 中查询数据的显示。

程序如下:

```
public static void main(String[] args){
    String url="jdbc:mysql://localhost:3306/MY_STU?useSSL=false";
    Connection conn=null;
    try {
            Class.forName("com.mysql.jdbc.Driver");
            conn=(Connection)DriverManager.getConnection(url,
                "root","123456");
            String sql="select Id,Name,Age,City from jsj";     //查询语句
            Statement state=conn.createStatement();
            //执行查询并返回结果集
            ResultSet rs=state.executeQuery(sql);
            while(rs.next()){       //通过 next 来索引:判断是否有下一个记录
            //得到第一列的值,因为第一列类型为 int,所以调用了 ResultSet.getInt()
                int id=rs.getInt(1);              //使用列的索引号,取值
                String name=rs.getString("Name");  //使用列的字段名,取值
                int age=rs.getInt(3);
                String city=rs.getString(4);
                System.out.println("id="+id+",name="+name+",age="+age+",
```

```
                                        city="+city);
        }
        rs.close();
        state.close();
        conn.close();
    }
    catch (ClassNotFoundException e) {
        e.printStackTrace();    }
    catch (SQLException e) {
        e.printStackTrace();    }
}
```

程序根据查询语句，查询了数据库表 jsj 中的数据行，并全部输出出来。程序运行结果如下：

```
id=2020101,name=Adams,age=18,city=zhengzhou
id=2020102,name=happyrabbit,age=20,city=beijing
id=2021103,name=Carter,age=19,city=chengdu
id=2022104,name=Candy,age=17,city=shanghai
id=2022702,name=zhang,age=19,city=wuhan
```

上面例题是使用默认的方式创建了 ResultSet 对象，是不可更新的。如果希望创建可以更新的 ResultSet，则需要在创建 Statement 或 PrepareedStatement 时传入参数。如下所示：

```
Statement st =conn.createStatement(int resultSetType,
                                int resultSet Concurrency)
ResultSet rs=st.executeQuery(sqlStr)
```

其中两个参数的意义是：

① resultSetType：设置 ResultSet 对象的类型可滚动，或者是不可滚动。取值如下：

- ResultSet.TYPE FORWARD ONLY：只能向前滚动。
- ResultSet. TYPE_SCROLL_INSENSITIVE：可以实现任意的前后滚动，底层数据的改变不会影响 ResultSet 的内容。
- Result. TYPE_SCROLL_SENSITIVE 可以实现任意的前后滚动，底层数据的改变会影响 ResultSet 的内容。

实现任意的前后滚动的 ResultSet 对象，可以使用其方法向前或向后移动。

```
boolean previous()              //将光标移动到此 ResultSet 对象中的上一行
boolean last()                  //将光标移动到此 ResultSet 对象中的最后一行
boolean absolute(int row)       //将光标移动到此 ResultSet 对象给定行号
boolean relative(int rows)      //将光标移动到正或负的相对行数
```

② resultSetConcurency：设置 ResultSet 对象是否能够修改。取值如下：

- ResultSet.CONCUR_READ_ONLY：设置为只读类型的参数。
- ResultSet.CONCUR_UPDATABLE：设置为可修改类型的参数。

下面代码通过带两个参数的方法创建了 Statement 对象，使用该 Statement 对象创建的 ResultSet 对象可以滚动，可更新结果集。

```
Statement st=coon.createstatement(ResultSet.TYPE_SCROLL_INSENSITIVE,
                                  ResultSet.CONCUR_UPDATABLE)
```

通过上面的 Statement 创建的 ResultSet 对象,是可以滚动和更新的。利用 ResultSet 接口中定义的新方法,可以执行更新记录集、删除记录集、插入记录集等。比如,插入记录,更新某行的数据,而不是靠执行 SQL 语句,这样就大大方便了程序开发工作。ResultSet 接口中新添加的部分方法见表 12-5。

表 12-5 更新记录集方法

方法	描述
public boolean rowDeleted( )	检索行是否被删除。如果检索到空位的存在,返回 true;如果没有探测到空位的存在,返回 false
public boolean rowInserted( )	检索当前行是否有插入。如果当前记录集中插入了一个新行,该方法将返回 true,否则返回 false
public boolean rowUpdated( )	检索当前行是否已更新。如果当前记录集的当前行的数据被更新,该方法返回 true,否则返回 false
public void insertRow( )	将插入行的内容插入到此 ResultSet 对象中并进入数据库
public void updateRow( );	将当前行的新内容更新底层数据库
public void deleteRow( );	删除当前记录集的当前行
public void updateString(int columnIndex , String x);	更新当前记录集当前行某列的值

【例 12.5】创建数据库连接,创建可更新的、可滚动的结果集,并实现对结果集的更新操作。将 jsj 表中年龄为 19 岁的学生所在城市更改为"guangzhou"。

程序如下:

```java
public static void main(String[] args){
        String url="jdbc:mysql://localhost:3306/MY_STU?useSSL=false";
        Connection conn=null;
        try {
            Class.forName("com.mysql.jdbc.Driver");
            conn=(Connection) DriverManager.getConnection(url,
                "root","123456");
            String sql="select Id,Name,Age,City from jsj where Age=19";
            //查询语句
            Statement state=conn.createStatement(ResultSet.TYPE_
            SCROLL_INSENSITIVE,ResultSet.CONCUR_UPDATABLE);
            //执行查询并返回结果集
            ResultSet rs=state.executeQuery(sql);
            rs.last();
            int rowcount=rs.getRow();
            System.out.println(rowcount);
            for(int i=rowcount;i>0;i--)
            {
                rs.absolute(i);
                System.out.println("id="+rs.getString(1)+",
                    name=" +rs.getString(2)+",
                    age="+rs.getString(3)+",city="+rs.getString(4));
                //修改所指向记录"City"字段的值
                rs.updateString("City", "guangzhou");
```

```
            //提交修改
            rs.updateRow();
        }
        System.out.println("更新后……");
        for(int i=rowcount;i>0;i--)
        {
            rs.absolute(rowcount);
            System.out.println("id="+rs.getString(1)+",
                name="+rs.getString(2)+",
                age="+rs.getString(3)+",city="+rs. getString(4));
        }
        rs.close();
        state.close();
        conn.close();
    }
    catch (ClassNotFoundException e) {
        e.printStackTrace();   }
    catch (SQLException e) {
        e.printStackTrace(); }
}
```

程序运行结果如下：

```
2
id=2022702,name=zhang,age=19,city=wuhan
id=2021103,name=Carter,age=19,city=chengdu
更新后……
id=2022702,name=zhang,age=19,city=guangzhou
id=2022702,name=zhang,age=19,city=guangzhou
```

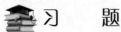

习　　题

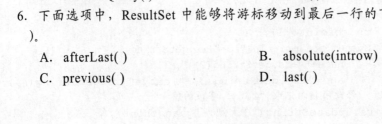

1. JDBC 访问数据库的基本步骤是什么？
2. execute( )、executeQuery( )、executeUpdate( )方法的区别是什么？
3. PreparedStatement 和 Statemen 的作用和区别是什么？
4. 在 JSP 中负责管理 JDBC 驱动程序的类是（　　）。

　　A．Connection 类　　　　　　　B．DriverManager 类

　　C．ResultSet 类　　　　　　　　D．Statement 类

5. Statement 类提供三种执行方法，用来执行更新操作的是（　　）。

　　A．executeUpdate( )　　　　　　B．query( )

　　C．executeQuery( )　　　　　　D．next( )

6. 下面选项中，ResultSet 中能够将游标移动到最后一行的下一个位置的方法是（　　）。

　　A．afterLast( )　　　　　　　　B．absolute(introw)

　　C．previous( )　　　　　　　　D．last( )

7. 已知 MySQL 数据库 school，在其中建立表 student，并向表里插入几条记录。

```
create table student(
    id int PRIMARY KEY auto_increment,
    name varchar(20) not null,
    score float not null);
insert into student values(null,'李丽',86);
insert into student values(null,'王五',99);
insert into student values(null,'张三',88);
```

功能要求：将表操作封装成类，将功能封装成类的方法。

（1）向表中增加记录并显示所有记录（数据自己指定）。

（2）从表中删除 id=1 的记录，并显示所有记录。

（3）修改表中记录：查询条件 id=2，将 name 修改为"中原工学院"，修改完毕显示所有记录。

（4）查询表中 id=3 的记录并显示。

8. 使用数据库存储实现第 8 章拓展阅读应用案例用户管理系统的登录和用户注册功能。用户能够注册自己的账号、密码、姓名、性别和部门信息和密码验证登录管理系统。

参 考 文 献

[1] 宋晏，杨国兴. Java 程序设计及应用开发[M]. 北京：机械工业出版社，2019.

[2] 郭克华，刘小翠，唐雅媛. Java 程序设计与应用开发[M]. 北京：清华大学出版社，2017.

[3] 黑马程序员. Java 基础案例教程[M]. 2 版. 北京：人民邮电出版社，2021.

[4] 沈泽刚. Java 基础入门[M]. 北京：清华大学出版社，2021.

[5] 李西明，陈立为. Java 设计实战教程[M]. 北京：人民邮电出版社，2021.